上海科技专著出版资金资助项目

"十二五"国家重点图书出版规划项目

BIM 应用·导论

主　编　李建成
副主编　王广斌

U0323280

同济大学出版社
TONGJI UNIVERSITY PRESS

内 容 提 要

本书为"建筑信息模型 BIM 应用丛书"的分册之一,列选为"十二五"国家重点图书出版规划项目、上海科技专著出版资金资助项目。

本书定位为导论性质的图书,由 BIM 领域的高校科研团队、建筑企业和软件研发机构的一线工程师共同编写,具有知识性、理论性、综合性和实践指导性的特点。本书既介绍 BIM 相关的概念、发展历程、应用过程、标准和软件,也介绍相关的理论、方法和综合应用案例,旨在推动 BIM 在建设项目全生命周期的理论研究和应用实践,推动建设工程信息化建设。全书共 7 章,即 BIM 概述、BIM 应用概述、与 BIM 技术相关的标准、支持 BIM 应用的软硬件及技术、基于 BIM 的工程项目 IPD 模式、BIM 实施的规划与控制、BIM 在建设项目中的应用。最后为两个附录,分别介绍 buildingSMART 和 NBIMS,以使读者对 BIM 的相关知识有基本的了解。

本书内容新颖、系统性强,是国内第一本深入、丰富、贴近实际的 BIM 导论性图书,可供建筑行业的管理人员和技术人员使用,其中包括建筑工程各阶段的专业人员、BIM 应用的组织管理者及 BIM 工程师,也可以作为高等院校建筑、土木、工程管理等专业师生进行专业学习的参考。

图书在版编目(CIP)数据

BIM 应用·导论 / 李建成主编. -- 上海:同济大学
出版社,2015.3
(建筑信息模型 BIM 应用丛书/丁士昭主编)
ISBN 978-7-5608-5778-7

Ⅰ.①B… Ⅱ.①李… Ⅲ.①建筑设计—计算机辅助
设计—应用软件 Ⅳ.①TU201.4

中国版本图书馆 CIP 数据核字(2015)第 033298 号

"十二五"国家重点图书出版规划项目
本书出版由上海科技专著出版资金资助

BIM 应用·导论

主 编 李建成		**副主编** 王广斌					
责任编辑 赵泽毓	**助理编辑** 张富荣	**责任校对** 徐春莲	**封面设计** 朱奕凡	潘向蓁			

出版发行	同济大学出版社 www.tongjipress.com.cn
	(地址:上海市四平路 1239 号 邮编:200092 电话:021-65985622)
经 销	全国各地新华书店、建筑书店、网络书店
印 刷	上海中华商务联合印刷有限公司
开 本	787 mm×1092 mm 1/16
印 张	22
字 数	549 000
版 次	2015 年 3 月第 1 版 2016 年 10 月第 2 次印刷
书 号	ISBN 978-7-5608-5778-7
定 价	88.00 元

建筑信息模型 BIM 应用丛书编委会

主　　　任：丁士昭
常务副主任：李建成
副　主　任：马智亮
编　　　委（按姓氏笔画排序）：

　　　　　丁士昭　丁烈云　马智亮　王广斌
　　　　　许　蓁　李建成　陈建国　龚　剑

本书编委会

主　　　编：李建成
副　主　编：王广斌
编　　　委（按姓氏笔画排序）：

　　　　　马智亮　王广斌　李建成　张学生　周红波
　　　　　袁　烽　郭伟新　葛　清　臧　伟　熊　诚

BIM

总 序

BIM 作为建筑业的一个新生事物,出现在我国已经有十年了。在这十年中,通过不断的推广与实践,BIM 技术的应用在不断发展,在近两三年,更出现井喷之势。目前,BIM 技术的应用范围越来越广,成果越来越多。人们通过理论探索和应用实践,逐步认识到:

(1) BIM 不仅限于在设计工作中的应用,它的应用领域涉及建设项目的全生命周期,即包括建设项目决策期(前期论证分析)、实施期(设计阶段、施工阶段、采购活动等)与运营(运行)期;

(2) BIM 技术可为建设项目各参与方(投资方、开发方、政府管理方、设计方、施工方、工程管理咨询方、材料设备供货方、设施运行管理方等)服务,并为其提供了一个高效的协同工作平台;

(3) BIM 技术的应用可减少由于项目参与各方工作的不协同而引起的投资损失,并通过强化协同工作,有利于加快建设进度和提高工程质量;

(4) BIM 模型是建设项目信息的载体,BIM 模型的数据库是分布式的、动态变化的,在应用过程中将不断更新、丰富和充实;

(5) 工程建设信息化的发展趋势是基于 BIM 的数字化建造,在此基础上建筑业的生产组织形式和管理方式将会发生与此趋势相匹配的巨大变革。

通过十年 BIM 的实践应用,人们取得了一个共识:BIM 已经并将继续引领建设领域的信息革命。随着 BIM 应用的逐步深入,建筑业的传统架构将被打破,一种以信息技术为主导的新架构将取而代之。BIM 的应用完全突破了技术范畴,将成为主导建筑业进行变革的强大推动力。这对于整个建筑行业而言,是挑战,更是机遇。

美国 BIM 技术的应用在世界上先行一步,并十分注重相关理论的研究。美国 buildingSMART alliance(bSa)曾经对美国工程建设领域 BIM 的应用情况作过详细调查,总结出目前美国市场上 BIM 在建设项目全生命周期中各阶段的 25 种不同应用并加以分析研究,用于指导实际工程中 BIM 的应用。另外,美国 Charles Eastman 教授等编著的 *BIM Handbook:A Guide to Building Information Modeling for Owners, Managers, Designers, Engineers, and Contractors* 则按照建设项目全生命周期中各参与者应用进行 BIM 应用分类。以上介绍的不同类型的分类框架对于我国 BIM 的应用也有很好的借鉴作用。我们可以结合目前国内 BIM 技术的发展现状、市场对 BIM 应用的接受程度以及我国建筑业的特点,对 BIM 的典型应用进行归纳和分析,以指导 BIM 的应用实践。

目前,国内 BIM 应用正在不断发展,形势一片大好,住建部颁布了《2011—2015 建筑业信息化发展纲要》,在总体目标中提出了"加快建筑信息模型(BIM)、基于网络的协同工作等新技术在工程中的应用,推动信息化标准建设"的目标,同时住建部启动了中国 BIM 标准的制订工作。我国政府这一系列的措施必定对我国的 BIM 应用产生巨大的推动作用。

在当前 BIM 正蓬勃发展的大好形势下,对我国在这十年应用 BIM 的过程中业界在理论上和实践上所收获的很多成果进行总结和整理,无疑对推动 BIM 在下一阶段的应用和发展是大有裨益的。

同济大学出版社策划并组织"建筑信息模型 BIM 应用丛书"出版项目是一件很好的事,丛书编委会确定了本丛书的编写目的:阐述 BIM 技术在建设项目全生命周期中应用相关的基本知识和基础理论;介绍和分析 BIM 技术在国内外建设项目全生命周期中的实践应用及 BIM 应用的实施计划体系和实施计划的编制方法;以推动 BIM 技术在我国建设项目全生命周期中的应用。希望它成为一套较为系统、深入、内容丰富和贴近实践的 BIM 应用丛书。

本丛书编写团队由对 BIM 理论有深入研究的高校教师、科研人员以及对 BIM 应用有丰富经验的设计和施工企业的资深专家组成,来自十余家单位的近五十位专家参与了丛书的编写。这种多元化结构的写作团队十分有利于吸纳不同领域的专家从不同视角对 BIM 的认识,有利于共同探讨 BIM 的基本理论、应用现状和未来前景。

本丛书被列选为"十二五"国家重点图书出版规划项目,包括如下三个分册:《BIM 应用·导论》、《BIM 应用·设计》、《BIM 应用·施工》。本丛书是一套开放的丛书,随着 BIM 理论研究和实践应用的深入和发展,还将继续组织编写其他分册,并根据 BIM 在中国建筑业的应用进程推出新版。

　　本丛书旨在系统介绍 BIM 理念,以及国内目前 BIM 在建设项目全生命周期中的应用,因此,本丛书的读者对象主要为:建筑行业的管理人员(包括领导)和技术人员,其中包括建筑工程各阶段的专业人员、BIM 应用的组织管理者及 BIM 工程师。本丛书也可以作为高等院校建筑、土木、工程管理等专业师生进行专业学习的参考。

　　感谢本丛书编写团队的每一位成员对丛书编写和出版所作出的贡献,感谢读者群体对本丛书出版的支持和关心,感谢上海科技专著出版资金资助,感谢“建筑信息模型 BIM 应用丛书”成为首套列为“十二五”国家重点图书出版规划项目的 BIM 系列图书。感谢同济大学出版社为这套丛书的出版所做的大量卓有成效的工作。

　　BIM 技术在我国开始应用和推广的时间不长,是一项在不断发展中的新技术,限于相关知识的理解深度和有限的实践应用经验,丛书中谬误之处在所难免,恳请各位读者提出宝贵意见和指正。

2014 年 10 月 3 日于上海

BIM

前言

从近几年的应用 BIM 的生产实践来看,BIM 的应用并不单纯是新软件的应用。BIM 应用要取得成功,需要有一整套的体系、计划、方法,并且执行团队与之相匹配;应用 BIM 的建筑业从业人员也需要掌握 BIM 的相关知识才能把 BIM 应用得比较好,并且通过系统集合更大限度实现 BIM 应用的价值。

"建筑信息模型 BIM 应用丛书"作为一套面向建设工程生产实践应用的丛书,在向读者介绍 BIM 的实践应用时,需要对读者在 BIM 的知识方面进行总体引导和必要的知识介绍,本书就定位为一本导论性质的书。

考虑到本书在丛书中上述的定位,因此本书在丛书中具有知识性、理论性和综合性的特点,它既介绍 BIM 相关的概念、发展历程、应用过程、标准和软件,也介绍相关的理论、方法和综合应用案例。

按照以上的思路,本书一共分为 7 章,即:BIM 概述、BIM 应用概述、与 BIM 技术相关的标准、支持 BIM 应用的软硬件及技术、基于 BIM 的工程项目 IPD 模式、BIM 实施的规划与控制、BIM 在建设项目中的应用,在后面还安排了两个附录,介绍 buildingSMART 和 NBIMS。我们希望通过这样的安排,使读者对 BIM 的相关知识有基本的了解。

本书的付梓是本书写作团队集体智慧的结晶,从确定写作大纲到具体写作,整个过程无不凝聚着整个写作团队的心血。感谢这个团队中的每一位成员为本书所作出的努力与贡献!

本书的编写分工如下:

主　编：李建成［华南理工大学］

副主编：王广斌［同济大学］

第 1 章：李建成［华南理工大学］

第 2 章：李建成［华南理工大学］

第 3 章：马智亮［清华大学］

第 4 章：臧伟［同济大学］、袁烽［同济大学］、张学生［欧特克（中国）软件研发有限公司］

第 5 章：王广斌［同济大学］、刘守奎［同济大学］、何贵友［同济大学］、郭伟新［深圳市建筑工务署］、周红波［上海建科工程咨询有限公司］

第 6 章：王广斌［同济大学］、郭伟新［深圳市建筑工务署］、周红波［上海建科工程咨询有限公司］

第 7 章　7.1：葛清［上海中心大厦建设发展有限公司］、赵斌［上海中心大厦建设发展有限公司］、靳金［上海中心大厦建设发展有限公司］

第 7 章　7.2：熊诚［上海城建（集团）公司］、李治［上海市地下空间设计总院有限公司］、蒋剑［上海市地下空间设计总院有限公司］

附录 A：李建成［华南理工大学］

附录 B：李建成［华南理工大学］

马智亮还对各章节的书稿提出了建设性的修改意见。

在本书编写的过程中，得到了多方面的支持和帮助。华南理工大学建筑设计研究院郭昊栩高级工程师为本书提供了资料；广州优比建筑咨询公司张家立副总经理为本书提供了实际案例资料；清华大学土水学院研究生张东东、杨之恬、马健坤为本书写作收集了有关的资料；欧特克（中国）软件研发有限公司、达索系统、BENTLEY 软件（北京）有限公司、易士软件（上海）有限公司等机构为本书提供了丰富的资料；滕丽博士反复审阅了部分稿件并提出了建设性的修改意见；上海大学胡珉教授为 7.2 节的案例做了大量基础性研究工作。感谢同济大学丁士昭教授等专家对本书进行了详细的审阅并提出了很多宝贵的意见。感谢同济大学出版社为本套丛书所做的大量策划与组织工作，以此搭建起集合国内 BIM 领域高校学者、资深专家及工程师的交流平台，这对 BIM 在国内的推广应用是非常有价值的。我们对以上个人及机构给予的帮助表示诚挚的感谢。

囿于我们的水平，书中不当之处甚至错漏在所难免，衷心希望各位读者给予批评指正。

本书编委会

2014 年 8 月

BIM

目　录

1

1 BIM 概述

1.1 BIM 的概念

进入 21 世纪后，一个被称之为"BIM"的新事物出现在全世界建筑业中。"BIM"是源自于"Building Information Modeling"的缩写，中文译为"建筑信息模型"。BIM 问世后不断在各国建筑界中施展"魔力"。许多接纳 BIM、应用 BIM 的建设项目，都不同程度地出现了建设质量和劳动生产率提高、返工和浪费现象减少、建设成本得到节省而建设企业的经济效益得到改善等令人振奋的景象。

在 2007 年，美国斯坦福大学（Stanford University）设施集成工程中心（Center for Integrated Facility Engineering，CIFE）就建设项目使用 BIM 以后有何优势的问题对 32 个使用 BIM 的项目进行了调查研究，得出如下调研结果[1]：

① 消除多达 40％的预算外更改；

② 造价估算精确度在 3％范围内；

③ 最多可减少 80％耗费在造价估算上的时间；

④ 通过冲突检测可节省多达 10％的合同价格；

⑤ 项目工期缩短 7％。

增加经济效益的重要原因就是因为应用了 BIM 后在工程中减少了各种错误，缩短了项目工期。

据美国 Autodesk 公司的统计，利用 BIM 技术可改善项目产出和团队合作 79％，3D 可视化更便于沟通，提高企业竞争力 66％，减少 50％～70％ 的信息请求,缩短 5% ~ 10% 的施工周期,减少 20% ~ 25% 的各专业协调时间。[2]

在国家电网上海容灾中心的建设过程中,由于采用了 BIM 技术,在施工前通过 BIM 模型发现并消除的碰撞错误 2 014 个,避免因设备、管线拆改造成的预计损失约 363 万元,同时避免了工程管理费用增加约 105 万元。[3]

在我国北京的世界金融中心项目中,负责建设该项目的香港恒基公司通过应用 BIM 发现了 7 753 个错误,及时改正后挽回超过 1 000 万元的损失,以及 3 个月的返工期。[4]

在本书第 7 章中介绍的上海中心建设项目,由于应用了 BIM,大大减少了施工返工造成的浪费,据保守估计,因此能节约至少超过 1 亿元。

在建筑工程项目中应用 BIM 以后增加经济效益、缩短工期的例子还有很多。建筑业在应用 BIM 以后确实大大改变了其浪费严重、工期拖沓、效率低下的落后面貌。BIM 果然是个好东西。

那么,这个 BIM 究竟是什么东西呢?

1.1.1　BIM 不同概念的比较

现在,在建筑业内听说过 BIM 的人越来越多了,但是人们对什么是 BIM 并不是都很了解,也曾听到一些诸如"BIM 是一种软件"、"BIM 是建筑数据库"、"BIM 是 3D 模拟新技术"、"BIM 是建筑设计的新方法"等的说法。因此,有必要一开始就把 BIM 的概念说清楚。

2002 年,时任美国 Autodesk 公司副总裁菲利普·伯恩斯坦(Philip G. Bernstein)首次在世界上提出 Building Information Modeling 这个新的建筑信息技术名词术语,于是它的缩写 BIM 也作为一个新术语应运而生。

其实,在术语 BIM 诞生前,计算机的 3D 绘图技术已经日臻完善,建筑信息建模的研究也取得了不少的成果,当时已经可以在计算机上应用参数化技术实现 3D 建模以及将建筑构件的相关信息附加在 3D 模型的构件对象上。这样就产生了一种想法,在建筑工程中可以先在计算机上建立起一个虚拟的建筑物,这个虚拟建筑物上的每一个构件的几何属性、物理属性等各种属性和在实际地点要建的真实建筑物具有一一对应的关系,这个虚拟的建筑物其实就是计算机上附加了建筑物相关信息的建筑 3D 模型,是一个信息化的建筑模型(图 1-1)。这样,在建筑工程项目的整个设计和施工过程中都可以利用这个信息化的建筑模型进行工程分析和科学管理,将设计和施工的各种错误消灭在模型阶段然后才进行真实建筑物的建造,从而使错误的发生降低到最少,保证工期和工程质量。以上这种想法的本质就是应用 BIM 来实现建筑工程项目的高效、优质、低耗,那个信息化的建筑模型就是后面要介绍的 BIM 模型。

(a) 虚拟建筑物（三维BIM模型）   (b) 真实建筑物

图 1-1　虚拟建筑物与真实建筑物一一对应

以上的做法其实可以延续到建筑物的运维阶段,覆盖建筑物的全生命周期。

在术语 BIM 问世后最初的一段时间里,人们对 BIM 的认识还比较肤浅,对它会产生各种各样的认识。随着对 BIM 应用的不断扩大,研究的不断深入,人们对 BIM 的认识也就不断深化。

2004 年,Autodesk 公司印发了一本官方教材 *Building Information Modeling with Autodesk Revit*[5],该教材导言的第一句话就说:"BIM 是一个从根本上改变了计算在建筑设计中的作用的过程。"[1]而 BIM 的提出者、Autodesk 公司副总裁伯恩斯坦[6]5 在 2005 年为《信息化建筑设计》一书撰写的序言是这样介绍 BIM 的,BIM"是对建筑设计和施工的创新。它的特点是为设计和施工中建设项目建立和使用互相协调的、内部一致的及可运算的信息"。[2]对照关于 BIM 的这两段介绍,都只是涉及 BIM 的特点而没有涉及其本质。从现在的眼光看,当时对 BIM 的认识还比较初步。

随后人们逐渐认识到 BIM 并不是单指 Building Information Modeling,还有 Building Information Model 的含义。2005 年出版的《信息化建筑设计》[6]17 这本书对 BIM 是这样阐述的:"建筑信息模型,是以 3D 技术为基础,集成了建筑工程项目各种相关的工程数据模型,是对该工程项目相关信息详尽的数字化表达。……建筑信息模型同时又是一种应用于设计、建造、管理的

---

① Greenwold S. Building Information Modeling with Autodesk Revit[R]. San Rafael: Autodesk Inc., 2004。其原文为:Building Information Modeling is a process that fundamentally changes the role of computation in architectural design.

② 赵红红,李建成. 信息化建筑设计[M].北京:中国建筑工业出版社,2005.

数字化方法,这种方法支持建筑工程的集成管理环境,可以使建筑工程在整个进程中显著提高效率和大量减少风险。"①这里分别从 Building Information Model 和 Building Information Modeling 两个方面对 BIM 进行阐述,阐述的范围比前面所提及的 BIM 含义扩展了。

随后,美国国家建筑科学研究院（National Institute of Building Sciences,NIBS)的设施信息委员会(Facilities Information Council,FIC)在制订美国 BIM 标准（National Building Information Modeling Standard, NBIMS)的过程中曾不定期在网上给出 BIM 的工作定义(working definition)向公众征求意见,在 2006 年 2 月给出的工作定义是:"一个建筑信息模型,或 BIM,应用前沿的数字技术创建一个对设施所有的物理和功能特性及其相关项目/生命周期信息的可运算的表达,并在设施的拥有人和管理运行人员对设施在整个生命周期的使用和维护中,作为一个信息的储存库。"②这个工作定义显然是从 Building Information Model 的角度阐述 BIM。

2007 年 4 月,我国的建筑工业行业标准 JG/T 198—2007《建筑对象数字化定义(Building Information Model Platform)》[7]颁布。该标准把建筑信息模型(Building Information Model)定义为:"建筑信息完整协调的数据组织,便于计算机应用程序进行访问、修改或添加。这些信息包括按照开放工业标准表达的建筑设施的物理和功能特点以及其相关的项目或生命周期信息。"③

这两个定义虽然表达的文字不尽相同,其内容也有不一致的地方,但是两者都明确 Building Information Model 包括建筑设施的物理特性和功能特性的信息,并覆盖建筑全生命周期。

美国总承包商协会（Associated General Contractors,AGC)[8]通过其编制的《BIM 指南》(The Contractors' Guide to BIM, Edition 1)发布了 AGC 关于建筑信息模型的定义:"Building Information Model 是一个数据丰富的、面向对象的、智能化和参数化的关于设施的数字化表示,该视图和数据适合不同用户的需要,从中可以提取和分析所产生的信息,这些信息可用于作出决策和改善设施交付的过程。"④AGC 的这个定义,强调了应用 BIM 是要把信息用于

① 赵红红,李建成. 信息化建筑设计[M]. 北京:中国建筑工业出版社,2005.

② http://www.nibs.org/newsstory1.html. 2006-02-20。其原文为:A Building Information Model, or BIM, utilizes cutting edge digital technology to establish a computable representation of all the physical and functional characteristics of a facility and its related project/life-cycle information, and is intended to be a repository of information for the facility owner/operator to use and maintain throughout the life-cycle of a facility.

③ 建设部标准定额研究所. JG/T 198—2007 建筑对象数字化定义[S]. 北京:中国标准出版社,2007.

④ 参见 http://www.arcnebuilding.com。其原文是:a Building Information Model, is a data-rich, object-oriented, intelligent and parametric digital representation of the facility, from which views and data appropriate to various users' needs can be extracted and analyzed to generate information that can be used to make decisions and improve the process of delivering the facility.

作出决策支持和改善设施交付的过程。

到了 2007 年底，NBIMS-US V1（美国国家 BIM 标准第一版）①正式颁布，该标准对 Building Information Model（BIM）和 Building Information Modeling（BIM）都给出了定义。

其中对前者的定义为："Building Information Model 是设施的物理和功能特性的一种数字化表达。因此，它从设施的生命周期开始就作为其形成可靠的决策基础信息的共享知识资源。"②该定义比起前述的几个定义更加简洁，强调了 Building Information Model 是一种数字化表达，是支持决策的共享知识资源。

而对后者的定义为："Building Information Modeling 是一个建立设施电子模型的行为，其目标为可视化、工程分析、冲突分析、规范标准检查、工程造价、竣工的产品、预算编制和许多其他用途。"③该定义明确了 Building Information Modeling 是一个建立电子模型的行为，其目标具有多样性。

NBIMS-US V1 对 Building Information Model 和 Building Information Modeling 给出的定义，简明、准确，得到建筑业界的认同。请注意在这两个定义中，都用到 facility（设施）这个词，这意味着 BIM 的适用范围已超越了单纯的 building（建筑物）了，可以包含像桥梁、码头、运动场这样的设施。

在 NBIMS-US V1 颁布之后，陆陆续续有不少国家也颁布了有关 BIM 的规范或技术标准，例如，英国颁布的 *AEC（UK）BIM Standard*（（联合王国）建筑业 BIM 标准）、新加坡颁布的 *Singapore BIM Guide*（新加坡 BIM 指南）等，这些文件中都有给出 BIM 的定义，尽管其定义的文字有所不同，但其含义都没有超出 NBIMS 所定义的范围。

值得注意的是，NBIMS-US V1 的前言关于 BIM 有一段精彩的论述："BIM 代表新的概念和实践，它通过创新的信息技术和业务结构，将大大消除在建筑行业的各种形式的浪费和低效率。无论是用来指一个产品——Building Information Model（描述一个建筑物的结构化的数据集），还是一个活动——Building Information Modeling（创建建筑信息模型的行为），或者是一个系统——Building Information Management（提高质量和效率的工作以及通信的业务结构），BIM 是一个减少行业废料、为行业产品增值、减少环境

---

① 参见 NIBS。United States National Building Information Modeling Standard，Version 1-Part 1：Overview. Principles，Methodologies[S]. 2007.

② 其原文为：A Building Information Model（BIM）is a digital representation of physical and functional characteristics of a facility. As such it serves as a shared knowledge resource for information about a facility forming a reliable basis for decisions during its life-cycle from inception onward.

③ 其原文为：Building Information Modeling is the act of creating an electronic model of a facility for the purpose of visualization，engineering analysis，conflict analysis，code criteria checking，cost engineering，as-built product，budgeting and many other purposes.

破坏、提高居住者使用性能的关键因素。"① NBIMS-US V1 在其第 2 章中又重申了上述的观点。

NBIMS-US V1 关于 BIM 的上述论述引发了国际学术界的思考,国际上关于 BIM 最权威的机构是 bSI②,其网站上有一篇文章题为《用开放的 BIM 不断发展 BIM》(The BIM Evolution Continues with OPEN BIM),该文也发表了类似的观点,这篇文章对"什么是 BIM"是这样论述的:

BIM 是一个缩写,代表三个独立但相互联系的功能:

Building Information Modelling:是一个在建筑物生命周期内设计、建造和运营中产生和利用建筑数据的业务过程。BIM 让所有利益相关者有机会通过技术平台之间的互用性同时获得同样的信息。

Building Information Model:是设施的物理和功能特性的数字化表达。因此,它作为设施信息共享的知识资源,在其生命周期中从开始起就为决策形成了可靠的依据。

Building Information Management:是对在整个资产生命周期中,利用数字原型中的信息实现信息共享的业务流程的组织与控制。其优点包括集中的、可视化的通信,多个选择的早期探索,可持续发展的、高效的设计,学科整合,现场控制,竣工文档等——使资产的生命周期过程与模型从概念到最终退出都得到有效地发展。③

从以上可以看出,BIM 的含义比起它问世时已大大拓展,它既是 Building

---

① 其原文为:BIM stands for new concepts and practices that are so greatly improved by innovative information technologies and business structures that they will dramatically reduce the multiple forms of waste and inefficiency in the building industry. Whether used to refer to a product-Building Information Model (a structured dataset describing a building), an activity-Building Information Modeling (the act of creating a Building Information Model), or a system-Building Information Management (business structures of work and communication that increase quality and efficiency), BIM is a critical element in reducing industry waste, adding value to industry products, decreasing environmental damage, and increasing the functional performance of occupants.

② bSI 即 buildingSMART International 的缩写,参看本书附录 A。

③ http://www. buildingsmart. org/organization/OPEN％ 20BIM％ 20ExCom％ 20Agreed％ 20Description％2020120131. pdf. 其原文为:BIM is an acronym which represents three separate but linked functions:/Building Information Modelling:Is a BUSINESS PROCESS for generating and leveraging building data to design, construct and operate the building during its lifecycle. BIM allows all stakeholders to have access to the same information at the same time through interoperability between technology platforms. /Building Information Model:Is the DIGITAL REPRESENTATION of physical and functional characteristics of a facility. As such it serves as a shared knowledge resource for information about a facility, forming a reliable basis for decisions during its life-cycle from inception onwards. /Building Information Management:Is the ORGANIZATION & CONTROL of the business process by utilizing the information in the digital prototype to effect the sharing of information over the entire lifecycle of an asset. The benefits include centralised and visual communication, early exploration of options, sustainability, efficient design, integration of disciplines, site control, as built documentation, etc. -effectively developing an asset lifecycle process and model from conception to final retirement.

Information Modeling,同时也是 Building Information Model 和 Building Information Management。

结合前面有关 BIM 的各种定义,连同 NBIMS-US V1 和 bSI 这两段的论述,可以认为,BIM 的含义应当包括三个方面:

(1) BIM 是设施所有信息的数字化表达,是一个可以作为设施虚拟替代物的信息化电子模型,是共享信息的资源,即 Building Information Model。在本书下文中,将把 Building Information Model 称为 BIM 模型。

(2) BIM 是在开放标准和互用性基础之上建立、完善和利用设施的信息化电子模型的行为过程,设施有关的各方可以根据各自职责对模型插入、提取、更新和修改信息,以支持设施的各种需要,即 Building Information Modelling,称为 BIM 建模。

(3) BIM 是一个透明的、可重复的、可核查的、可持续的协同工作环境,在这个环境中,各参与方在设施全生命周期中都可以及时联络,共享项目信息,并通过分析信息,做出决策和改善设施的交付过程,使项目得到有效的管理。也就是 Building Information Management,称为建筑信息管理。

在以上的三点中,第一点是其后两点的基础,因为第一点提供了共享信息的资源,有了资源才有发展到第二点和第三点的基础;而第三点则是实现第二点的保证,如果没有一个实现有效工作和管理的环境,各参与方的通信联络以及各自负责对模型的维护、更新工作将得不到保证。而这三点中最为主要的部分就是第二点,它是一个不断应用信息完善模型、在设施全生命周期中不断应用信息的行为过程,最能体现 BIM 的核心价值。但是不管是哪一点,在BIM 中最核心的东西就是"信息",正是这些信息把三个部分有机地串联在一起,成为一个 BIM 的整体。如果没有了信息,也就不会有 BIM。

清华大学张建平[9]教授也发表过相似的观点。她认为:

BIM 由三方面构成:产品模型,过程模型,决策模型①。

① 产品模型:指建筑组件和空间与非空间的关系;包括空间信息,如建筑构件的空间位置、大小、形状以及相互关系等;非空间信息,如建筑结构类型、施工方、材料属性、荷载属性、建筑用途等。

② 过程模型:指建筑物运行的动态模型与建筑组件相互作用,不同程度地影响建筑组件在不同时间阶段的属性,甚至会影响到建筑成分本身的存在与否。

③ 决策模型:指人类行为对建筑模型与过程模型所产生的直接和间接作用的数值模型。BIM 不全等于或不等于 3D 模型的信息,因为没有描写它的过程,只是产品模型。

---

① 张建平. 国内 BIM 应用典型问题与对策[EB/OL]. (2014-03-10)[2014-05-10]. http://gz. house. sina. com. cn/news/2014-03-10/17263977448_3. shtml.

1.1.2 狭义 BIM 和广义 BIM

有一种讲法,在项目某一个工序阶段应用 BIM,这时的 BIM 是狭义的 BIM;如果把 BIM 应用于建设项目全生命周期,那就称为广义 BIM。

如果回溯到 2002 年时任 Autodesk 公司副总裁菲利普・伯恩斯坦初次提出 BIM 时的本意,当时认为 BIM 就是 Building Information Modeling,当时他也只是认为 BIM 主要应用在建筑设计上,可以看出,此时对 BIM 的认识还比较初步。当时不单是认识上比较初步,在应用上也比较粗浅,主要是在建设项目中某一个阶段甚至某一个工序上孤立地应用,例如用于建筑设计、碰撞检测等。因此从这个意义上来说,当时对 BIM 的认识还比较局限,是狭义的 BIM ①。

而到了今天,BIM 的含义已经大大扩展,如同前面所介绍的那样,BIM 包含了三大方面的内容,其中一个方面就是建筑项目管理。的确,把 BIM 扩展到整个项目生命周期的运行管理,包括设计管理、施工管理、运营维护管理,使 BIM 的价值得到巨大提升。BIM 不仅仅在跨越全生命周期这个纵向上得到充分应用,而且在应用范围的横向上也得到广泛应用,也许从这个范围上来理解 BIM 的广义性会更为合适一些。

BIM 还在不断发展之中,BIM 的应用范围也许更为宽泛一些,广义 BIM 所覆盖的内容也许更多一些。

现在 BIM 的应用已经超越了建设对象是单纯建筑物的局限,越来越多地应用在桥梁工程、水利工程、城市规划、市政工程、风景园林建设等多个方面[10],这也使我们看到 BIM 的应用范围越来越宽阔。

图 1-2 是 NBIMS-US V1 中的信息等级关系图(NBIMS Hierarchical Relationships),图中给出了 BIM 的适用范围,包含三种类型的设施或建造项目(Facility/Built):

（1）Building,即建筑物,如一般办公楼房、住宅建筑等;

（2）Structure,即构筑物,如水闸、水坝、厂房等;

（3）Linear Structure,即线性形态的基础设施,如道路、桥梁、铁道、隧道、管道等。

从上可以看出,现在 BIM 的覆盖范围大大超出了一般专业规范所覆盖的范围,也说明了 BIM 得到了越来越多其他专业的认同,BIM 的应用领域越来越宽广。

值得注意的是,BIM 的应用已经开始和地理信息系统（Geographic Information System,GIS)结合起来,两者的结合已经成为了 BIM 应用研究的新课题。本来,BIM 要定义的信息是建筑内部的信息,随着应用的发展,也需要一些建筑外部空间的信息以支持进行多种类型的应用分析,例如结构设计

---

① 图片来源:NBIMS-US V1。

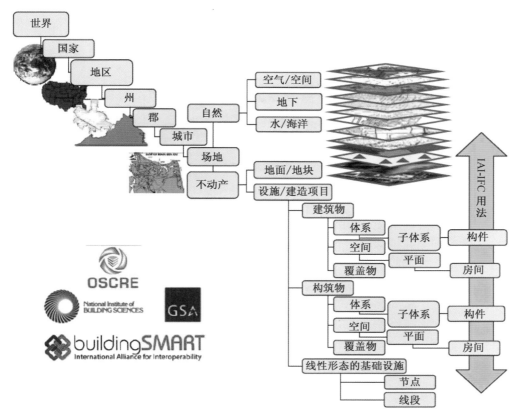

图 1-2　NBIMS 的信息等级关系图①

需要地质资料信息,节能设计需要气象资料信息,而这些在地球表层(包括大气层)空间中与地理分布有关的数据都可以借助 GIS 得到。反过来,通过 BIM 和 GIS 的集成,BIM 可以给 GIS 环境带来了更多的信息,从而扩展了 GIS 的应用,提升了 GIS 的应用水平。因此 BIM 和 GIS 的结合是一种发展的趋势(图 1-3)。

　　随着智能建筑、智慧城市的发展,由于牵涉到设备、构件在设施内的定位,物联网(the Internet of Things,IOT)②与 BIM 的结合越来越密切,除了在设施的施工阶段可以应用物联网来管理预制构件外,物联网更大量的应用是在设施的安装与运营阶段。因此,BIM 与物联网的结合将是 BIM 应用发展的又一个方向。可以想象,BIM 与 GIS 以及物联网的结合,将为智慧城市的发展开辟广阔的前景。

---

　　① 图片来源:NBIMS-US V1。

　　② 物联网是利用条码、无线射频识别(radio frequency identification devices,RFID,又称为电子标签)、传感器、全球定位系统、激光扫描器等信息传感设备,按约定的协议,实现人与人、人与物、物与物的在任何时间、任何地点的连接,从而进行信息交换和通讯,以实现智能化识别、定位、跟踪、监控和管理的庞大网络系统。

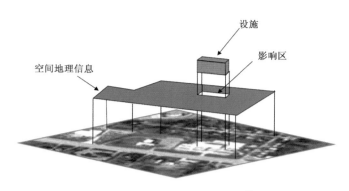

图 1-3　BIM 与 GIS 的关系①

随着数字技术的广泛应用,也许还有更多新的 BIM 应用领域有待于我们去发现和开拓。从这个意义上说,这是更为广义的 BIM。

1.1.3　BIM 模型的架构

前面已经提及,BIM 模型(Building Information Model)是设施所有信息的数字化表达,是一个可以作为设施虚拟替代物的信息化电子模型,是共享信息的资源,也是 Building Information Modeling 和 Building Information Management 的基础。下面就具体分析一下 BIM 模型的架构。

人们常常以为 BIM 模型是个单一模型。在 BIM 问世之初,当时确实曾经认为 BIM 模型是个单一模型。随着 BIM 应用的不断深入发展,人们对 BIM 的认识也在不断加深,对 BIM 模型的架构有了新的认识。

如果只是从认知层面上的理解,确实可以认为 BIM 模型是一个模型。但到了实际的操作层面,由于项目所处的阶段不同、专业分工不同、实现目标不同等多种原因,项目的不同参与方还必须拥有各自的模型,例如场地模型、建筑模型、结构模型、设备模型、施工模型、竣工模型等。这些模型是从属于项目总体模型的子模型,但规模比项目的总体模型要小,在实际的操作中,这样有利于不同目标的实现。

那么,众多的子模型又是如何构成呢？如上所说,这些子模型是从属于项目总体模型的,它们是因为各自所处的阶段不同、专业分工不同而形成了不同的子模型,例如机电子模型、给排水子模型等。但不管哪个子模型都是在同一个基础模型上面生成的,这个基础模型包括了这座建筑物最基本的架构:场地的地理坐标与范围、柱、梁、楼板、墙体、楼层、建筑空间……而专业的子模型就在基础模型的上面添加各自的专业构件形成的,这里专业子模型与基础模型的关系就相当一个引用与被引用的关系,基础模型的所有信息被各个子模型共享。

有人会觉得,建筑子模型与基础模型是一回事,但实际上是有区别的。

---

①　图片来源:NBIMS-US V1。

柱、梁、楼板、墙体、楼层、建筑空间好像也是属于建筑子模型,没错,这些元素是作为基础模型的元素被建筑子模型引用的,也成为了建筑子模型的一部分。建筑子模型还有它专有的组成元素,如门、窗、扶手、顶棚、遮阳板等。同样,基础模型的柱、梁、楼板、墙体、楼层、建筑空间等也被给排水子模型引用了,它们成为了给排水子模型的一部分。但是给排水子模型还有它专有的组成元素,如管道、管道连接件、管道支架、水泵等。

所以,BIM 模型的架构其实有四个层次,最顶层是子模型层,接着是专业构件层,再往下是基础模型层,最底层则是数据信息层(图 1-4)。

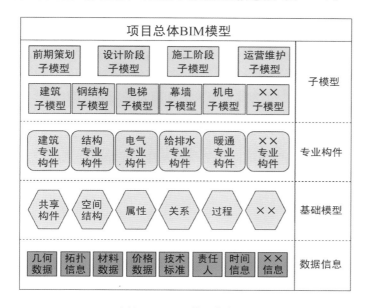

图 1-4   BIM 模型架构图

BIM 模型中各层应包括的元素如下:

(1)子模型层包括按照项目全生命周期中的不同阶段创建阶段的子模型,也包括按照专业分工建立专业的子模型;

(2)专业构件层应包含每个专业特有的构件元素及其属性信息,如结构专业的基础构件、给排水专业的管道构件等;

(3)基础模型层应包括基础模型的共享构件、空间结构划分(如场地、楼层)、相关属性、相关过程(如任务过程、事件过程)、关联关系(如构件连接的关联关系、信息的关联关系)等元素,这里所表达的是项目的基本信息、各子模型的共性信息以及各子模型之间的关联关系;

(4)数据信息层应包括描述几何、材料、价格、时间、责任人、物理、技术标准等信息所需的基本数据。

这四层全部总体合成为项目的 BIM 模型。

以上从认知层面、操作层面分析了 BIM 模型的架构,其实还可以从逻辑的层面来分析 BIM 模型的结构。

如果从逻辑的层面上来划分,BIM 的模型架构其实还是一个包含有数据模型和行为模型的复合结构。其行为模型支持创建建筑信息模型的行为,支持设施的集成管理环境,支持各种模拟和仿真的行为。正因为如此,BIM 能够支持日照模拟、自然通风模拟、紧急疏散模拟、施工计划模拟等各种模拟,使得 BIM 能够具有良好的模拟性能。

1.1.4　BIM 技术

1) BIM 技术的概念

什么是 BIM 技术? 从 BIM 的定义出发,可以得出如下关于 BIM 技术的描述。

BIM 技术是一项应用于设施全生命周期的 3D 数字化技术,它以一个贯串其生命周期都通用的数据格式,创建、收集该设施所有相关的信息并建立起信息协调的信息化模型作为项目决策的基础和共享信息的资源。

这里有一个关键词"一个贯串其生命周期都通用的数据格式",为什么这是关键?

因为应用 BIM 想解决的问题之一就是在设施全生命周期中,希望所有与设施有关的信息只需要一次输入,然后通过信息的流动可以应用到设施全生命周期的各个阶段。信息的多次重复输入不但耗费大量人力物力成本,而且增加了出错的机会。如果只需要一次输入,又面临如下问题:设施的全生命周期要经历从前期策划,到设计、施工、运营等多个阶段,每个阶段又能分为不同专业的多项不同工作(例如,设计阶段可分为建筑创作、结构设计、节能设计……多项;施工阶段也可分为场地使用规划、施工进度模拟、数字化建造……多项)。每项工作用到的软件都不相同,这些不同品牌、不同用途的软件都需要从 BIM 模型中提取源信息进行计算、分析,提供决策数据给下一阶段计算、分析之用,这样,就需要一种在设施全生命周期各种软件都通用的数据格式以方便信息的储存、共享、应用和流动。

什么样的数据格式能够当此大任?

这种数据格式就是在本书后面要介绍到的 IFC (Industry Foundation Classes,工业基础类)标准[①]的格式,目前 IFC 标准的数据格式已经成为全球不同品牌、不同专业的建筑工程软件之间创建数据交换的标准数据格式。

世界著名的工程软件开发商如 Autodesk、Bentley、Graphisoft、Gehry Technologies、Tekla 等为了保证其软件所配置的 IFC 格式的正确性,并能够与其他品牌的软件通过 IFC 格式正确地交换数据,它们都把其开发的软件送到 bSI[②] 进行 IFC 认证[③]。一般认为,软件通过了 bSI 的 IFC 认证标志着该软

---

① IFC 标准在本书第 3 章中有介绍。

② bSI 就是 buildingSMART International 的缩写,请参看本书附录 A 的介绍。

③ 通过 bSI 认证的软件产品包装上有 buildingSMART 的认证标志。

件产品真正采用了 BIM 技术。

2）BIM 技术的特点

从 BIM 的概念、BIM 技术的概念出发，得出了 BIM 技术的四个特点：

（1）操作的可视化

可视化是 BIM 技术最显而易见的特点。BIM 技术的一切操作都是在可视化的环境下完成的，在可视化环境下进行建筑设计、碰撞检测、施工模拟、避灾路线分析……一系列的操作。

而传统的 CAD 技术，只能提交 2D 的图纸。为了使不懂得看建筑专业图纸的业主和用户看得明白，就需要委托效果图公司出一些 3D 的效果图，达到较为容易理解的可视化方式。如果一两张效果图难以表达得清楚，就需要委托模型公司做一些实体的建筑模型。虽然效果图和实体的建筑模型提供了可视化的视觉效果，这种可视化手段仅仅是限于展示设计的效果，却不能进行节能模拟、不能进行碰撞检测、不能进行施工仿真，总之一句话，不能帮助项目团队进行工程分析以提高整个工程的质量，那么这种只能用于展示的可视化手段对整个工程究竟有多大的意义呢？究其原因，是这些传统方法缺乏信息的支持。

现在建筑物的规模越来越大，空间划分越来越复杂，人们对建筑物功能的要求也越来越高。面对这些问题，如果没有可视化手段，光是靠设计师的脑袋来记忆、分析是不可能的，许多问题在项目团队中也不一定能够清晰地交流，就更不要说深入地分析以寻求合理的解决方案了。BIM 技术的出现为实现可视化操作开辟了广阔的前景，其附带的构件信息（几何信息、关联信息、技术信息等）为可视化操作提供了有力的支持，不但使一些比较抽象的信息（如应力、温度、热舒适性）可以用可视化方式表达出来，还可以将设施建设过程及各种相互关系动态地表现出来。可视化操作为项目团队进行的一系列分析提供了方便，有利于提高生产效率、降低生产成本和提高工程质量。

（2）信息的完备性

BIM 是设施的物理和功能特性的数字化表达，包含设施的所有信息，从 BIM 的这个定义就体现了信息的完备性。BIM 模型包含了设施的全面信息，除了对设施进行 3D 几何信息和拓扑关系的描述，还包括完整的工程信息的描述。如：对象名称、结构类型、建筑材料、工程性能等设计信息；施工工序、进度、成本、质量以及人力、机械、材料资源等施工信息；工程安全性能、材料耐久性能等维护信息；对象之间的工程逻辑关系等。[1]

信息的完备性还体现在 Building Information Modeling 这一创建建筑信息模型行为的过程，在这个过程中，设施的前期策划、设计、施工、运营维护各个阶段都连接了起来，把各阶段产生的信息都存储进 BIM 模型中，使得 BIM 模型的信息来自单一的工程数据源，包含设施的所有信息。BIM 模型内的所有信息均以数字化形式保存在数据库中，以便更新和共享。

信息的完备性使得 BIM 模型能够具有良好的基础条件，支持可视化操作、优化分析、模拟仿真等功能，为在可视化条件下进行各种优化分析（体量分析、空间分析、采光分析、能耗分析、成本分析等)和模拟仿真(碰撞检测、虚拟施工、紧急疏散模拟等)提供了方便的条件。

(3)信息的协调性

协调性体现在两个方面:一是在数据之间创建实时的、一致性的关联,对数据库中数据的任何更改,都马上可以在其他关联的地方反映出来;二是在各构件实体之间实现关联显示、智能互动。

这个技术特点很重要。对设计师来说,设计建立起的信息化建筑模型就是设计的成果,至于各种平、立、剖 2D 图纸以及门窗表等图表都可以根据模型随时生成。这些源于同一数字化模型的所有图纸、图表均相互关联,避免了用 2D 绘图软件画图时会出现的不一致现象。而且在任何视图(平面图、立面图、剖视图)上对模型的任何修改,都视同为对数据库的修改,会马上在其他视图或图表上关联的地方反映出来,而且这种关联变化是实时的。这样就保持了 BIM 模型的完整性和健壮性,在实际生产中就大大提高了项目的工作效率,消除了不同视图之间的不一致现象,保证项目的工程质量。

这种关联变化还表现在各构件实体之间可以实现关联显示、智能互动。例如,模型中的屋顶是和墙相连的,如果要把屋顶升高,墙的高度就会随即跟着变高。又如,门窗都是开在墙上的,如果把模型中的墙平移,墙上的门窗也会同时平移;如果把模型中的墙删除,墙上的门窗马上也被删除,而不会出现墙被删除了而窗还悬在半空的不协调现象。这种关联显示、智能互动表明了 BIM 技术能够支持对模型的信息进行计算和分析,并生成相应的图形及文档。信息的协调性使得 BIM 模型中各个构件之间具有良好的协调性。

这种协调性为建设工程带来了极大的方便,例如,在设计阶段,不同专业的设计人员可以通过应用 BIM 技术发现彼此不协调甚至引起冲突的地方,及早修正设计,避免造成返工与浪费。在施工阶段,可以通过应用 BIM 技术合理地安排施工计划,保证整个施工阶段衔接紧密、合理,使施工能够高效地进行。

(4)信息的互用性(Interoperability)

应用 BIM 可以实现信息的互用性,充分保证了信息经过传输与交换以后,信息前后的一致性。

具体来说,实现互用性就是 BIM 模型中所有数据只需要一次性采集或输入,就可以在整个设施的全生命周期中实现信息的共享、交换与流动,使 BIM 模型能够自动演化,避免了信息不一致的错误。在建设项目不同阶段免除对数据的重复输入,可以大大降低成本、节省时间、减少错误、提高效率。

这一点也表明 BIM 技术提供了良好的信息共享环境。BIM 技术的应用不应当因为项目参与方所使用不同专业的软件或者不同品牌的软件而产生信息交流的障碍,更不应当在信息的交流过程中发生损耗,导致部分信息的丢失,而应保证信息自始至终的一致性。

实现互用性最主要的一点就是 BIM 支持 IFC 标准。另外,为方便模型通过网络进行传输,BIM 技术也支持 XML(Extensible Markup Language,可扩展标记语言)①。

正是 BIM 技术这四个特点大大改变了传统建筑业的生产模式,利用 BIM 模型,使建筑项目的信息在其全生命周期中实现无障碍共享,无损耗传递,为建筑项目全生命周期中的所有决策及生产活动提供可靠的信息基础。BIM 技术较好地解决了建筑全生命周期中多工种、多阶段的信息共享问题,使整个工程的成本大大降低、质量和效率显著提高,为传统建筑业在信息时代的发展展现了光明的前景。

3) 哪些技术不属于 BIM 技术

目前,BIM 在工程软件界中是一个非常热门的概念,许多软件开发商都声称自己开发的软件是采用 BIM 技术。由于很多人对什么是 BIM,什么是 BIM 技术存在模糊的认识,使不少软件的用户也就相信开发商的话,认为他们已经在使用 BIM 技术了。

到底这些软件是不是使用了 BIM 技术呢?

对 BIM 技术进行过非常深入研究的伊斯曼教授②等在《BIM 手册》中列举了以下 4 种建模技术不属于 BIM 技术:[12]19

(1) 只包含 3D 数据而没有(或很少)对象属性的模型

这些模型确实可用于图形可视化,但在对象级别并不具备智能。它们的可视化做得较好,但对数据集成和设计分析只有很少的支持甚至没有支持。例如,非常流行的 SketchUp,它在快速设计造型上显得很优秀,但对任何其他类型的分析的应用非常有限,这是因为在它的建模过程中没有知识的注入,成为一个欠缺信息完备性的模型,因而不算是 BIM 技术建立的模型。它的模型只能算是可视化的 3D 模型而不是包含丰富的属性信息的信息化模型。

(2) 不支持行为的模型

这些模型定义了对象,但因为它们没有使用参数化的智能设计,所以不能调节其位置或比例。这带来的后果是需要大量的人力进行调整,并且可导致其创建出不一致或不准确的模型视图。

前面介绍过,BIM 的模型架构是一个包含有数据模型和行为模型的复合结构。其行为模型支持集成管理环境、支持各种模拟和仿真的行为。在支持这些行为时,需要进行数据共享与交换。不支持行为的模型,其模型信息不具有互用性,无法进行数据共享与交换,不属于用 BIM 技术建立的模型。因此,这种建模技术难以支持各种模拟行为。

---

① XML 是用于标记电子文件使其具有结构性的标记语言,可以用来标记数据、定义数据类型,是一种允许用户对自己的标记语言进行定义的源语言。许多专业都开发与自己的特定领域有关的标记语言,例如用于数学的有 MathML,用于建筑业的 aecXML,用于处理 IFC 标准的 ifcXML,用于 BIM 和绿色建筑分析软件进行数据交换的 gbXML 等。

② 伊斯曼教授的简介在本章 1.2 节有介绍。

（3）由多个定义建筑物的 2D 的 CAD 参考文件组成的模型

由于该模型的组成基础是 2D 图形，这是不可能确保所得到的 3D 模型是一个切实可行的、协调一致的、可计算的模型，因此也不可能该模型所包含的对象能够实现关联显示、智能互动。

（4）在一个视图上更改尺寸而不会自动反映在其他视图上的模型

这说明了该视图与模型欠缺关联，这反映出模型里面的信息协调性差，这样就会使模型中的错误非常难以发现。一个信息协调性差的模型，就不能算是 BIM 技术建立的模型。

目前确有一些号称应用 BIM 技术的软件使用了上述不属于 BIM 技术的建模技术，这些软件能支持某个阶段计算和分析的需要，但由于其本身的缺陷，可能会导致某些信息的丢失从而影响到信息的共享、交换和流动，难以支持在设施全生命周期中的应用。

1.1.5　BIM 在建筑业中的地位

1）BIM 技术已成为建筑业的主流技术

下面将从 BIM 技术应用的广度和深度两方面的分析来说明 BIM 技术已成为建筑业的主流技术。

BIM 技术目前已经在建筑工程项目的多个方面得到广泛的应用（图 1-5）。

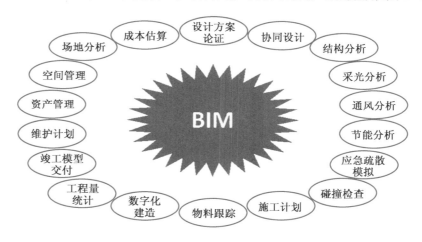

图 1-5　BIM 技术在建筑工程项目多个方面的应用

其实图 1-5 并未完全反映 BIM 技术在建筑工程实践中的应用范围，美国宾夕法尼亚州立大学的计算机集成化施工研究组（The Computer Integrated Construction Research Program of the Pennsylvania State University）发表的《BIM 项目实施计划指南》[13]（*BIM Project Execution Planning Guide*（第二版））中，总结了 BIM 技术在美国建筑市场上常见的 25 种应用。这 25 种应用跨越了建筑项目全生命周期的四个阶段，即规划阶段（项目前期策划阶段）、设计阶段、施工阶段、运营阶段。迄今为止,还没有哪一项技术像 BIM 技术那样可以覆盖建筑项目全生命周期的。本书将在第 2 章将对 BIM 技术在美国建筑市场上常见的 25 种应用作进一步介绍。

BIM 技术应用的广度还体现在不止是房屋建筑在应用 BIM 技术,在各种类型的基础设施建设项目中,越来越多的项目在应用 BIM 技术。前面的图 1-2 已经介绍过 BIM 技术在各种类型工程的应用。其实在桥梁工程、水利工程、铁路交通、机场建设、市政工程、风景园林建设……各类工程建设中,都可以找到 BIM 技术应用的范例,以及不断扩大应用的趋势。

BIM 技术应用的广度还包括应用 BIM 技术的人群相当广泛。当然,各类基础设施建设的从业人员是 BIM 技术的直接使用者,但是,建筑业以外的人员也有不少需要应用到 BIM 技术。在 NBIMS-US V1 的第二章中,列出了与 BIM 技术应用有关的 29 类人员,其中有业主、设计师、工程师、承包商、分包商这些和工程项目有着直接关系的人员,也有房地产经纪、房屋估价师、贷款抵押银行、律师等服务类的人员,还有法规执行检查、环保、安全与职业健康等政府机构的人员,以及废物处理回收商、抢险救援人员等其他行业相关的人员。由此可以看出,BIM 技术的应用面真是很宽很广。可以说,在建设项目的全生命周期中,BIM 技术是无处不在,无人不用。

除了上面所反映 BIM 技术应用的广度之外,BIM 技术应用的深度已经日渐被建筑业内的从业人员所了解。在 BIM 技术的早期应用中,人们对它了解得最多的是 BIM 技术的 3D 应用,大家津津乐道的可视化。但随着应用的深入发展,发现 BIM 技术的能力远远超出了 3D 的范围,可以用 BIM 技术实现 4D(3D+时间)、5D(4D+成本)、甚至 nD(5D+各个方面的分析),应用深度达到了较高的水平。本书将在第 2 章和第 7 章对各种应用作一些简要的介绍。

以上充分说明了 BIM 模型已经被越来越多的设施建设项目作为建筑信息的载体与共享中心,BIM 技术也成为提高效率和质量、节省时间和成本的强力工具。一句话,BIM 技术已经成为了建筑业中的主流技术。

2）BIM 模型成为设施建设项目中共同协作平台的核心

以前建筑工程项目为什么会出现设计错误,进而造成返工、工期延误、效率低下、造价上升? 其中一个重要的原因就是信息流通不畅和信息孤岛的存在。

随着建筑工程的规模日益扩大,建筑师要承担的设计任务越来越繁重,不同专业的相关人员进行信息交流也越来越频繁,这样才能够在信息充分交换的基础上搞好设计。因此,基于 BIM 模型建立起建筑项目协同工作平台(图 1-6)有利于信息的充分交流和不同参与方的协商,还可以改变信息交流中的无序现象,实现了信息交流的集中管理与信息共享。

在设计阶段,应用协同工作平台可以显著减少设计图中的缺漏错碰现象,并且加强了设计过程的信息管理和设计过程的控制,有利于在过程中控制图纸的设计质量,加强了设计进程的监督,确保了交图的时限。

设施建设项目协同工作平台的应用覆盖从建筑设计阶段到建筑施工、运行维护整个建筑全生命周期。由于建筑设计质量在应用了协同工作平台后显著提高，施工方按照设计执行建造就减少了返工，从而保证了建筑工程的质量、缩短了工期。施工方还可以在这个平台上对各工种的施工计划安排进行协商，做到各工序衔接紧密，消除窝工现象。施工方在这个平台上通过与供应商协同工作，让供应商充分了解建筑材料使用计划，做到准时按质按量供货，减少了材料的积压和浪费。

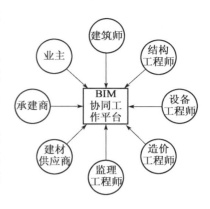

图 1-6　基于 BIM 的建筑项目协同工作平台

这个平台还可以在建筑物的运营维护期使用，充分利用平台的设计和施工资料对房屋进行维护，直至建筑全生命周期的结束。

3）BIM 已成为主导建筑业进行大变革的推动力

在推广 BIM 的过程中，发觉原有建筑业实行了多年的一整套工作方式和管理模式已经不能适应建筑业信息化发展的需要。这些陈旧的组织形式、作业方式和管理模式立足于传统的信息表达与交流方式，所用的工程信息用 2D 图纸和文字表达，信息交流采用纸质文件、电话、传真等方式进行，同一信息需要多次输入，信息交换缓慢，影响到决策、设计和施工的进行。这些有悖于信息时代的工作方式已经严重阻碍着建筑业的发展，使建筑业长期处于返工率高、生产效率低、生产成本高的状态，更成为有碍于 BIM 应用发展的阻力。因此，非常有必要在推广应用 BIM 的过程中对建筑业来一次大的变革，建立起适应信息时代发展以及 BIM 应用需要的新秩序。

显然，BIM 的应用已经触及传统建筑业许多深层次的东西，包括工作模式、管理方式、团队结构、协作形式、交付方式等方方面面，这些方面不实行变革，将会阻碍 BIM 的深入应用和整个建筑业的进步。随着 BIM 应用的逐步深入，建筑业的传统架构将被打破，一种新的架构将取而代之。BIM 的应用完全突破了技术范畴，已经成为主导建筑业进行大变革的推动力。本书将在第 5 章、第 6 章对此作进一步介绍。

4）推广 BIM 应用已成为各国政府提升建筑业发展水平的重要战略

随着这几年各国对 BIM 的不断推广与应用，BIM 在建筑业中的地位越来越重要，BIM 已经从一个技术名词变成了在建筑业各个领域中无处不在，成为提高建筑业劳动生产率和建设质量，缩短工期和节省成本的利器。从各国政府发展经济战略的层面来说，BIM 已经成为提升建筑业生产力的主要导向，是开创建筑业持续发展新里程的理论与技术。因此，各国政府正因势利导，陆续颁布各种政策文件、制订相关的 BIM 标准来推动 BIM 在各国建筑业中的应用发展，提升建筑业发展水平的重要战略。可以预料，建筑业在 BIM 的推广和应用中会变得越来越强大。

5）BIM 成为我国实现建筑业信息化的强大推动力

我国建筑业自改革开放开始就大力推广信息技术的应用，20 世纪 90 年代全国轰轰烈烈的"甩掉图板搞设计"的行动，至今记忆犹新。但是一直以来，信息技术都只是在建筑企业不同部门或者不同专业独立应用，彼此之间的资源和信息缺乏综合的、系统的分析和利用，形成了很多"信息孤岛"。再加上企业机构的层次多，造成横向沟通困难，信息传递失真，影响到整个企业的信息技术应用水平低下。虽然都用上了信息技术，但效率并没有得到有效提高。由此看出，消除"信息孤岛"，强化信息的交流与共享，通过对信息的综合应用做出正确的决策，是提高建筑企业信息应用水平和经营水平的关键。多年以来，我国在实现建筑企业信息化的过程中进行了许多探索和努力，现在终于发现，BIM 是实现建筑企业信息化最为合适的载体和关键技术，大力发展 BIM 的应用，就会推动我国建筑企业信息化迈向一个更新、更高的层次。

在最近十年中，我国建筑业经历了对 BIM 从初步了解到走向应用的过程，特别在近几年对 BIM 的应用越来越重视，应用的力度不断加大。在初期，只有一少部分设计人员在应用 BIM 技术搞设计，逐渐扩展到设计、施工都在应用 BIM 技术，已经有少数项目在运营阶段也尝试应用 BIM 技术。成功应用 BIM 技术的案例日渐增多，特别是一些具有影响力的大型项目，例如，上海中心、青岛海湾大桥、广州东塔等在 BIM 技术应用中取得的成绩，为其他项目应用 BIM 技术做出了示范。应用 BIM 技术所带来的好处正在被国内越来越多的建筑从业人员所了解。

BIM 技术的应用推广得到了我国政府的重视。在"十一五"期间，科技部就设立了国家科技支撑计划重点项目"建筑业信息化关键技术研究与应用"的课题，其中将"基于 BIM 技术的下一代建筑工程应用软件研究"列为重点开展的研究工作[14]。在"十二五"期间，住建部下达的《2011—2015 年建筑业信息化发展纲要》[15]中将"加快建筑信息模型（BIM）、基于网络的协同工作等新技术在工程中的应用"列为"十二五"期间发展的重点，这说明了 BIM 在中国建筑业中的地位显著加强。

2012 年 1 月，住建部正式启动了中国 BIM 标准的制订工作，其中包含了5 项有关 BIM 的工程建设国家标准：《建筑工程信息模型应用统一标准》、《建筑工程信息模型存储标准》、《建筑工程设计信息模型交付标准》、《建筑工程设计信息模型分类和编码标准》、《制造工业工程设计信息模型应用标准》。[16]这些标准在颁布后将会有力地指导和规范 BIM 的应用。

政府对 BIM 应用的重视以及有关国家标准的编制工作启动预示着我国建筑业在"十二五"乃至"十三五"期间 BIM 的应用将会有迅猛的发展，2011—2020 年间，我国的 BIM 应用将呈现大推广、大发展的局面。正如前面所介绍的那样，随着 BIM 应用的深入，建筑业的传统架构将被一种适应 BIM 应用的新架构取而代之，BIM 已经成为主导建筑业进行大变革，提升建筑业生产力的强大推动力。我国各建筑企业应当抓住这一机遇，通过 BIM 的推广和应用，把企业的发展推向一个新的高度。

1.1.6　BIM 应用的评估

在 BIM 技术的应用中,其中有一些项目,BIM 技术应用的覆盖面比较大,也有一些项目只是在某一个工序上应用了一点 BIM 技术。这些项目都标榜自己应用了 BIM 技术,究竟该如何判断一个项目是否可以称得上是一个 BIM 技术项目呢? 特别是在当前建筑市场的激烈竞争中,不少建筑公司都会以"掌握 BIM 技术"作为招牌争取客户,客户亟需有一个客观的评估标准来评估建筑公司应用 BIM 技术的水平。

再从另一个角度讲,有些用户已经在几个项目上都在应用 BIM 技术了,但总感到应用水平没有显著提高,他们很想找出提高水平的努力方向。那么有什么办法可以为用户的应用水平进行评估,在评估的基础上找出存在问题和改进的方向呢?

对 BIM 应用的评估方法的研究正在发展之中,出现了一些定位不同、策略不同的评估方法。有的评估方法比较简单[①]。在这里介绍的是 NBIMS 采用的评估方法。

1) NBIMS 提出的最低 BIM 的概念

针对 BIM 应用如何评估的问题,NBIMS 提出了最低 BIM(Minimum BIM)的概念。

最低 BIM 是一个衡量 BIM 应用是否达到最低水平的标志。至于如何衡量 BIM 的应用水平,NBIMS 同时也提出了 BIM 能力成熟度模型(BIM Capability Maturity Model,BIM CMM)。用户可应用 BIM CMM 用来评价 BIM 的实施水平与改进范围。

2) CMU 提出的能力成熟度模型的概念

BIM CMM 其实是在能力成熟度模型(Capability Maturity Model,CMM)的影响下出现的。CMM 的起源应当追溯到 1986 年,美国国防部为降低计算机软件的采购风险,委托卡耐基梅隆大学(Carnegie-Mellon University,CMU)的软件工程研究所(Software Engineering Institute,SEI)对软件承包商的能力评价问题研究"过程成熟度框架",制定软件过程改进、评估模型。CMU SEI 于 1991 年正式推出软件能力成熟度模型(Capability Maturity Model for Software,CMM)1.0 版。CMM 定义了过程成熟度的 5 个级别:初始级、可重复级、已定义级、已管理级、优化级,通过基于软件过程每一个成熟度级别内容,检验其实践活动,并针对特定需要建立过程改进的优先次序,是一套针对软件过程的管理、评估和改进的模式和方法。[17]

CMM 作为一种评估工具,在两个方面有着广泛的应用:一是用于对软件过程能力成熟度的评估,包括由客户进行的评估以及企业的自我评估;二是企业

---

① 参考:http://www. vicosoftware. com/resources/calculating-bim-score/tabid/273811/Default. aspx? source=newsletter.

在评估的基础上,对自身软件过程进行改进,逐步提高软件过程的能力成熟度。CMM 的核心是过程持续改进的系统化方法,指出了一个软件企业逐步形成一个成熟的、有规律的软件过程所必经的途径,为组织软件过程的改进提出了一个循序渐进的、稳步发展的模式。CMM 自问世以来得到了广泛应用,成为衡量软件公司软件开发管理水平的重要参考和软件过程改进事实上的工业标准。

虽然 CMM 是诞生在软件工程行业,但在其影响下也有不少行业展开了本行业领域内的能力成熟度模型研究。到目前为止,国际上已经被企业和组织使用的项目管理成熟度模型有 30 多种。[18]

3) NBIMS 提出的 BIM 能力成熟度模型

前面提及最低 BIM 是衡量 BIM 应用是否达到最低水平的标志。一个项目应用 BIM 水平的高低,是否能达到最低 BIM 的水平,就交由 NBIMS 参照 CMM 的评估体系而提出的 BIM CMM 来进行评估。

在 BIM CMM 的评价体系中,NBIMS 采用了 11 个评价指标。下面对这 11 个指标的含义进行简单的介绍:

(1) 数据丰富度(Data Richness)

BIM 模型作为建筑的物理特性和功能特性的数字化表达,是建筑的信息共享的知识资源,也是其生命周期中进行相关决策的可靠依据。通过建立起的 BIM 模型,使最初那些彼此并无关联的数据,整合为具有极高应用价值的信息模型,实现了数据的丰富度和完整性,足以支持各种分析的需要。

(2) 生命周期(Lifecycle Views)

一个建筑的全生命周期是可以分为很多个阶段的,我们需要的 BIM 应用应当是能够发展到覆盖全生命周期的所有阶段,在每一个阶段都应当把来自权威信息源的信息收集整合起来,并用于分析和决策。

(3) 角色或专业(Roles or Disciplines)

角色是指在业务流程以及涉及信息流动中的参与者,信息共享往往涉及不同专业多个信息的提供者或使用者。在 BIM 项目中,我们希望真正的信息提供者提供权威可靠的信息,在整个业务流程中使得各个不同专业可以共享这些信息。

(4) 变更管理(Change Management)

在实施 BIM 中,可能会使原有业务流程发生改变。如果发现业务流程有缺陷需要改进,应当随之对问题的根本原因进行分析(Root Cause Analysis,RCA),然后在分析的基础上调整业务流程。当然,最好是希望通过信息技术基础设施库(Information Technology Infrastructure Library,ITIL)的程序来变更管理过程,ITIL 能够对信息管理提供一套最佳的实践方法。

(5) 业务流程(Business Process)

在应用 BIM 中,如果把数据和信息的收集作为业务流程的一部分,那么数据收集的成本将大为节省。但如果把数据收集作为一个单独的进程,那么数据可能会不准确而且成本会增加。我们的目标是在实时环境中收集和保存数据,维护好数据。

（6）及时/响应（Timeliness/Response）

在 BIM 的实际应用中，对信息的请求最好能做到实时响应，最差的可能是需要对请求重新创建信息。越接近准确的实时信息，对做好决策的支持力度也就越大。

（7）提交方式（Delivery Method）

信息的提交方式是否安全、便捷也是 BIM 应用是否成功的关键。如果信息仅可用在一台机器上，而其他机器除了通过电子邮件或硬拷贝外都不能进行共享，这显然不是我们的目标。如果信息在一个结构化的网络环境中集中存储或处理，那就会实现一些共享。最理想的是模型是一个网络中的面向服务的体系结构（Service Oriented Architecture，SOA）的系统。为了保障信息安全，在所有阶段都要做好信息保障工作。

（8）图形信息（Graphical Information）

可视化表达是 BIM 技术的主要特点之一，实现可视化表达的主要手段就是图形。从 2D 的非智能化图形到 3D 的智能化图形，再加上能够反映时间、成本的 nD 图形，反映了图形信息由低级到高级的发展。

（9）空间能力（Spatial Capability）

在 BIM 实际应用中，搞清楚设施的空间位置具有重要意义。建筑物内的人员需要知道避灾逃生的路线；建筑节能设计，就必须知道室外的热量从哪个地方传入室内。最理想的是 BIM 的这些信息和 GIS 集成在一起。

（10）信息准确度（Information Accuracy）

这是一个在 BIM 应用中确保实际数据已落实的关键因素，这意味着实际数据已经被用于计算空间、计算面积和体积。

（11）互用性/IFC 支持（Interoperability/IFC Support）

应用 BIM 的目标之一是确保不同用户信息的互连互通，实现共享，也就是实现互用。而实现互用最有效的途径就是使用支持 IFC 标准的软件。使用支持 IFC 标准的软件保证了信息能在不同的用户之间顺利地流动。

从以上的分析可以看出，BIM 的应用并不只是换个软件来画图这么简单，而是在 BIM 的应用中，必须顾及到这 11 个方面。这 11 个方面全面覆盖了 BIM 中信息应当具有的特性，因此在 BIM 应用的评价体系中作为评价指标是合适的。通过对这 11 个指标不同应用水平的衡量，综合起来就可以对 BIM 应用水平的高低进行评价了。

11 个评价指标已经给出，那么该如何评价 BIM 应用水平的高低呢？这里就需要应用到 BIM CMM 来评价。

表 1-1[①] 就是一个表格化的 BIM CMM。

---

① 按照 NBIMS US-V1 的提示，从 http://www.facilityinformationcouncil.org/bim/pdfs/BIM_CMM_v1.8.xls 下载的 Capability Maturity Model workbook 内有一个 Tabular BIM Capability Maturity Model，而在 NBIMS US-V1 的条文中也有一个 Tabular BIM Capability Maturity Model（见 NBIMS US-V1 中的图4-2.1），但二者的内容略有差别。表 1-1 是根据从上述网址下载的 Tabular BIM Capability Maturity Model 翻译的。

表 1-1　BIM能力成熟度水平分级

成熟度水平	数据丰富度	生命周期	角色或专业	变更管理	业务流程	及时/响应	提交方式	图形信息	空间能力	信息准确度	互用性/IFC支持
1	基本核心数据	没有完整的项目阶段	没有完全支持单一角色	没有CM能力	分离的流程没有整合在一起	大部分信息需人工重做(较慢)	无信息保障下的单点接入	主要是文字无技术图形	没有空间定位	没有实际数据	没有互用
2	扩展数据集	规划和设计	仅支持单一角色	知道变更管理	极少数业务流程信息	大部分信息需人工重做	有限信息保障下的单点接入	2D非智能设计图	基本空间定位	初步的实际数据	勉强的互用
3	增强数据集	加入施工和供应	部分支持两个角色	知道CM与RCA	部分业务流程信息	数据请求不在BIM中,但大多数其他数据在BIM中	基本信息保障下的网络接入	NCS的2D非智能设计图	空间位置确定	有限的实际数据-内部空间	有限的互用
4	数据加上若干信息	包含施工和供应	完全支持两个角色	知道CM/RCA与反馈	大部分业务流程收集信息	有限的响应信息在BIM中可用	完全信息保障下的网络接入	NCS的2D智能化设计图	位置确定与有限信息共享	全部实际数据-内部空间	有限信息在软件产品间转换
5	数据加上扩展信息	包含施工,供应和预制	部分支持规划,设计和施工	实施CM	全部业务流程收集信息	大部分信息在BIM中可用	有限启用网络服务	NCS的2D智能化竣工图	空间位置确定与元数据	有限实际数据-内部与外部空间	大部分信息在软件产品间转换
6	数据以及有限的权威信息	加入有限的运营与维修保养	支持规划,设计和施工	初始CM过程实施	极少数业务流程维护信息	所有响应信息在BIM中可用	完全网络应用服务	NCS的2D实时智能化图	位置确定与信息完全共享	全部实际数据-内部与外部空间	所有信息在软件产品间转换

续表

成熟度水平	数据丰富度	生命周期	角色或专业	变更管理	业务流程	及时/响应	提交方式	图形信息	空间能力	信息准确度	互用性/IFC支持
7	数据以及大部分权威信息	包含运营与保修	部分支持运营维护	CM过程与早期实施RCA	部分业务流程收集与维护信息	及时从BIM获取所有响应信息	具有信息保障的完全网络应用服务	3D智能化图形	部分信息集成到有限GIS中	有限的计算区域与实际数据	有限信息应用IFC互用
8	全部权威信息	加入财务	支持运营与维护	CM/RCA能力实施与应用	全部业务流程收集与维护信息	有限的实时访问BIM	安全保障下的网络应用服务	3D实时智能化图形	部分信息集成到较完整GIS中	完全计算区域与实际数据	更多信息应用IFC互用
9	有限知识管理	设施全生命周期的数据采集	支持设施生命周期所有角色	业务流程由RCA和反馈的CM支持	部分业务实时收集与维护信息	完全实时访问BIM	基于CAC接入网络中心的SOA	4D(加入时间)	全部信息集成到完整GIS中	以有限度计算实际数据	大部分信息应用IFC互用
10	完全知识管理	支持外部努力	支持内部和外部的所有角色	日常业务流程由CM/RCA和反馈循环支持	全部业务实时收集与维护信息	实时访问与动态响应	基于CAC网络中心SOA作用	nD(加入时间与成本等)	全部信息流集成到GIS中	以全度量准则计算实际数据	全部信息应用IFC互用

注：①CM—Change Management（变更管理）；②RCA—Root Cause Analysis（根本原因分析）；③CAC—Connections Admission Control（连接接入控制）；④SOA—Service Oriented Architecture（面向服务的体系结构）；⑤NCS—National CAD Standard（美国国家CAD标准）；⑥COTS—Commercial off-the-shelf（商用货架产品，表示已经制作好可以向公众销售的软件或硬件产品）；⑦IFC—Industry Foundation Classes（工业基础类，是开放的建筑产品信息表达与交换的国际标准）。

在 CMM 中,把能力成熟度划分为 5 个等级,而 BIM CMM 对每个指标则划分成 10 个不同水平的能力成熟度等级,其中 1 级表示最不成熟,10 级表示最成熟。表 1-1 给出了各个指标不同的能力成熟度等级的描述。用户可以对照自己的实际应用情况确定各个指标的能力成熟度等级。

确定了一个项目在 BIM 应用中上述 11 个指标的成熟度等级后,就可以结合表 1-2 提供的 BIM CMM 中各项评价指标的权重系数来计算其 BIM 能力成熟度的得分。

表 1-2　　　　　　　BIM CMM 中各评价指标的权重系数[①]

指标	数据丰富度	生命周期	角色或专业	变更管理	业务流程	及时/相应	提交方式	图形信息	空间能力	信息准确度	互用/IFC 支持
权重系数	0.84	0.84	0.9	0.9	0.91	0.91	0.92	0.93	0.94	0.95	0.96

从表 1-2 可以看出,11 个评价指标的权重系数从左到右呈上升趋势,以"数据丰富度"和"生命周期"的权重系数为最低,"互用/IFC 支持"的权重系数为最高。这反映了 BIM CMM 研制人员对这些评价指标重要性的研究,也反映了在 BIM 中第一位重要的是信息的共享与互用。

为了统计某个项目应用 BIM 的成熟度得分,可以先确定该项目的各个评价指标的成熟度等级,然后再将这个等级数乘以该指标的权重因子得到这一项指标的成熟度得分,将 11 个指标的成熟度得分相加就得到该项目应用 BIM 的成熟度得分。表 1-3 是一个算例。

表 1-3　　　应用 BIM CMM 计算 BIM 能力成熟度总得分的算例

指标	数据丰富度	生命周期	角色或专业	变更管理	业务流程	及时/相应	提交方式	图形信息	空间能力	信息准确度	互用/IFC 支持
级别	2	1	3	1	2	2	3	3	1	2	2
得分	1.68	0.84	2.7	0.9	1.82	1.83	2.76	2.76	0.94	1.9	1.92
总得分	20.03										

根据 NBIMS 的规定,2008 年,BIM 能力成熟度总得分为 30 分才能达到最低 BIM 的标准(也就是说表 1-3 这个算例没有达到最低 BIM 的标准),到了 2009 年,总得分就要达到 40 分才算达到最低 BIM 的标准,满 50 分才能通过 BIM 认证,而到达 70 分则为白银级 BIM,80 分为黄金级 BIM,90 分以上为最高级的铂金级 BIM。

BIM CMM 除了可以作为一个量化了的 BIM 评价体系之外,它还为改善 BIM 的应用指出了改进的方向。表 1-1 清楚地列出了每一个指标不同水平

---

① 参考 NIBS。United States National Building Information Modeling Standard,Version 1-Part 1: Overview,Principles,Methodologies[S]. 2007。

的成熟度等级的描述情况,在确定了当前项目每个指标的等级后,再查阅其相应指标较高等级的描述,就可以清楚地了解今后的努力方向。这样就为改善BIM 的应用提供了一个循序渐进的、稳步发展的目标。

4) BIM CMM 的应用

BIM CMM 诞生后,已经有一批项目采用它来评估应用 BIM 的能力成熟度。

首先介绍的是位于美国田纳西州的一个建筑面积达 555 000 平方英尺的项目总承包商,在该项目建造过程中,注意将 BIM 的应用和精益建造(Lean Construction)①结合起来。因为实施精益建造,在项目实施的过程中,经常要会遇到涉及不同环节的调整。有了 BIM CMM 后,他们就可以在调整时应用它作为一个评估准则,评估如何调整可以使得项目有较高的 BIM 能力成熟度得分。项目完成后,其 BIM 能力成熟度得分为82.6,达到了黄金级 BIM 的应用水平。通过应用 BIM CMM 评估后,发现在"变更管理"和"信息准确度"方面得分较低,这就为今后如何改善BIM 的应用明确了目标。[19]

另一个案例是我国天津的一个综合商业体,建筑面积 14 万 m^2。该项目在建设过程中应用了 BIM 技术,以 Revit 为核心建模软件,Etabs,Tekla Structures,Rhino,MagiCAD 等专业软件相配合,顺畅地实现了 BIM 理念,大大缩短了项目设计时间,加快了项目构件加工的速度,提高了施工安装的精度,极大地节约了各参建方尤其业主方的时间成本和资金成本[20]。最后对项目应用 BIM 进行总结,认为其 BIM 能力成熟度得分为 81.89。该项目的"生命周期"、"及时/响应"和"提交方式"三个指标的得分较低,这将是他们今后在应用 BIM 时的努力方向[21]。

小结与展望

建立 BIM 应用能力成熟度模型作为量化了的 BIM 评价体系,对于评价不同项目 BIM 的应用水平具有积极的作用。除此之外,还可以通过它分析我们在 BIM 应用过程中存在的问题,为改善 BIM 的应用找出改进的方向。这样就可以逐步提高我们 BIM 的应用水平,循序渐进使 BIM 的应用逐步达到较高的层次。

NBIMS 提出的 BIM CMM 是在美国的环境下诞生的,采用了美国的国家标准,适合美国的国情,将其全盘照搬过来在中国应用并不一定很合适。但是这套评估体系对于建立我国 BIM 应用的评估体系,还是有非常实际的参考价值。对我国正在不断发展的 BIM 的应用可以起到积极的推动作用。

---

① 精益建造是一种面向建筑产品的全生命周期,持续地减少和消除浪费,最大限度地满足顾客要求的系统性的方法,从而实现建筑企业的利润最大化,是制造业精益制造(Lean Manufacturing)原理(零等待、零浪费、零库存等)在工程建设领域的一种应用。

国内对建立我国 BIM 应用的评估体系[22]的研究刚刚起步①,尚不是很成熟,还有待于国内的有关专家对此开展进一步的深入研究,以期早日建立起我国的 BIM 应用评估体系,促进我国 BIM 的应用水平的提高。

1.2　BIM 的起源与发展

BIM 的出现是与当今时代科技的发展分不开的。本节将对 BIM 的起源和发展进行介绍,希望这些介绍能够加深各位读者对 BIM 理念的理解。

1.2.1　在信息时代建筑业发展面临的挑战

近年来,随着建筑物越建越高,建筑物的功能越来越复杂,应用的新材料、新工艺越来越多,导致了建筑工程的规模越来越大,再加上环保、低碳、智能化等的要求,工程的复杂程度越来越高,技术含量也越来越大。由此引发的是,附加在工程项目上的信息量也越来越大,如何管理好这些信息,已经成了建筑工程项目实施过程中一个必须认真处理的重要问题。人们已经认识到:与工程项目有关的信息会对整个工程的项目管理乃至整个建筑物生命周期都会产生重要的影响,各种原始资料、设计图纸、施工数据对项目的生产成本及工期、使用后的维护都密切相关。所有与整个工程相关的信息利用得好、处理得好,就能够提升设计质量,节省工程开支,缩短工期,也可以惠及使用后的维护工作。因此,十分需要在建筑工程全生命周期中广泛应用信息技术,快速处理与建设工程有关的各种信息,减少工程项目中的各种差错以及由于各种原因所造成的工程损失以及工期延误。一句话,就是必须在整个建筑全生命周期中,实现对信息的全面管理。

2004 年,美国商务部和劳动统计局发布了一项研究报告,其研究发现,在1964—2003 年这 40 年间,美国非农业行业的劳动生产率增长了一倍多,而唯独美国建筑业同期的劳动生产率不升反降,越来越低(图 1-7)。

从 1964 年到 2003 年这 40 年,正好是信息技术从起步到迅速发展的时期,非农业行业利用了信息技术的发展成果促进了本行业的进步,而建筑业却没有能够与时俱进,依然采用传统的技术来建设越来越大的项目,因而显得力不从心,效率每况愈下。

---

① 崔晓. BIM 应用成熟度模型的研究[D]. 哈尔滨:哈尔滨工业大学,2012。该硕士学位论文根据我国建筑业的现状,按照技术因素、过程组织因素、政策因素设立了 10 个评价指标,按照应用水平的不同划分了从 0 至 5 共六个成熟度等级,同时运用层次分析法的思想建立了评价指标体系,设定了评价标准和成熟度评价方法,从而构建项目级的 BIM 应用成熟度模型。

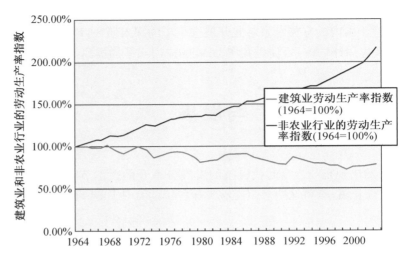

图 1-7　1964—2003 年间美国非农业行业与建筑业的劳动生产率的比较①

其实从国际数据公司（International Data Corporation，IDC）在 2002 年提供的一项研究佐证了以上的分析。研究表明，当时全球制造业和建筑业的规模相差无几，大约为 3 万亿美元，但是这两个行业各自在信息技术方面的花费却有着显著差别，制造业每年花费在信息技术方面的金额大约 81 亿美元，而建筑业的投入约为 14 亿美元，仅为制造业的 17%②。

在缺乏信息技术的条件下，建筑业中不少人还墨守传统的工作方式和惯例，他们以纸质媒介为基础进行管理，用传统的档案管理方式来管理设计文件、施工文件和其他工程文件。这些手工作业缓慢而繁琐，还不时会出现一些纰漏、差错，给工程带来损失。尽管设计过程是使用计算机进行的，但是由于设计成果是以图纸的形式而不是以电子文件方式提供，因此，更多的设计后续工作例如概预算、招投标、项目管理等等都是以图纸上的信息为根据，重新进行输入而进行下一步工作的。

在纽约出版的《经济学人》杂志早在 2000 年初刊登的一项研究报告就指出，由于管理过程的手工操作而给建设工程带来了庞大开支，"在美国，每年花在建筑工程上的 6 500 亿美元中有 2 000 亿被耗在低效、错误和延误上……一个典型的 1 亿美元的项目就能产生 15 万个各自独立的文件：技术图纸、合同、订单、信息请求书以及施工进度表等"。③其实建筑工程从一个项目到另一个项目一直

①　图表来源：Teicholz P. Labor Productivity Declines in the Construction Industry：Causes and Remedies［EB/OL］. ［2010-07-09］. http://www. aecbytes. com/viewpoint/2004/issue_4. html。

②　参考 Anne Lu. Worldwide IT Spending by Vertical Market 2002 Forecast and Analysis，2001—2006［R］. IDC，2002。

③　参见 New wiring：Construction and the Internet［J/OL］. The Economist，2000-01-13［2012-08-21］. http://www. economist. com/node/273886。

都在重复着初级的工作,有研究指出,事实上多达 80％的输入都是重复的。

NBIMS-US V1 的序言指出:"美国的建筑工程在 2008 年估计要耗费 1.288 万亿美元。建造业研究学会估计,在我们目前的商业模式中有多达 57％的无价值的工作或浪费。这意味着该行业每年的浪费可能超过 6 000 亿美元。"①

中国房地产业协会商业地产专业委员会[23]在 2010 年对地产商、施工企业和建筑设计企业所作的一项调查表明,对"在设计阶段有否因图纸的不清或混乱而引致项目或投资上的损失?"的问题,有 77％的受访者选择"是";对"在过去的项目中,是否有招标图纸中存在重大的错误(改正成本超过 100 万元)的情况?"的问题,有 45％的受访者选择"是"。虽然这个调查的范围还不够广泛,但可以肯定一点,我国建设工程因建筑设计的原因造成浪费的情况也不容乐观。

从上面可看出,造成建设工程项目效率低下和浪费严重的现象相当普遍,造成的原因是多方面的,但由于"信息孤岛"造成信息流不畅是信息丢失的主要原因之一。

在整个建设工程项目周期中,项目的信息量应当如同图 1-8 上面那条曲线那样,是随着时间不断增长的;而实际上,在目前的建设工程中,项目各个阶段的信息并不能够很好地衔接,使得信息量的增长如同图 1-8 下面那条曲线那样,在不同阶段的衔接处出现了断点,出现了信息丢失的现象。正如前面所提及的那样,现在应用计算机进行建筑设计最后成果的提交形式都是打印好的图纸,作为设计信息流向的下游,例如,概预算、施工等阶段就无法从上游获取在设计阶段已经输入到电子媒体上的信息,实际上还需要人工阅读图纸才能应用计算机软件进行概预算、组

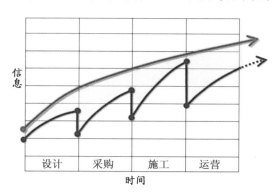

图 1-8　建筑工程中的信息回流

织施工,信息在这里明显出现了丢失。这就是为什么上文会说"多达 80％的输入都是重复的"。

参与工程建设各方之间基于纸介质转换信息的机制是一种在建筑业中应用了多年的做法。可是,随着信息技术的应用,在设计和施工过程中,都会在数字媒介上产生更为丰富的信息。虽然这些信息是借助于信息技术产生的,但由于它仍然是通过纸张来传递,因此当信息从数字媒介转换为纸质媒介时,许多数字化的信息就丢失了。

----

① 参见 NBIMS-US V1。

造成这种信息丢失现象的原因有很多,其中一个重要原因,就是在建设工程项目中没有建立起科学的、能够支持建设工程全生命周期的建筑信息管理环境。

1.2.2　查尔斯·伊斯曼与建筑描述系统 BDS

在 20 世纪 60 年代,计算机图形学的诞生,推动了计算机辅助设计(Computer-Aided Design,CAD)的蓬勃发展。在建筑界也开展了计算机辅助建筑设计(Computer-Aided Architectural Design,CAAD)的研究。到了 20 世纪 70 年代,CAAD 系统已进入了实用阶段,在设计沙特阿拉伯吉达航空港和其他地方的一些高层建筑获得了成功(图 1-9)。

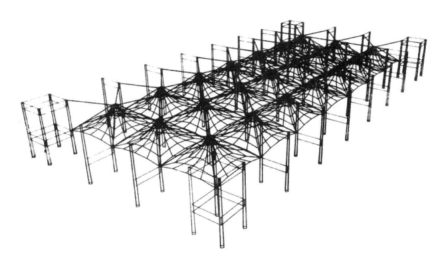

图 1-9　美国 SOM 建筑师事务所在 20 世纪 70 年代用计算机对
沙特阿拉伯的吉达机场候机棚做的模拟设计

就在 CAAD 一步一步地发展的过程中,有一位在 CAAD 发展史上具有重要地位的先驱人物看到了发展中存在的问题,这位先驱人物就是查理斯·伊斯曼(Charles Eastman,图 1-10)。

伊斯曼 1965 年毕业于美国加州大学伯克利分校(University of California,Berkeley)建筑系,两年后获得硕士学位。在攻读硕士学位期间,深受具有英国剑桥大学数学硕士学位的著名建筑大师克里斯托弗·亚历山大(Christopher Alexander)的影响,对数学逻辑分析的方法产生了浓厚的兴趣,这些方法深刻地影响到他后来所从事的 CAAD 研究。

伊斯曼先后在美国多所大学任教,一直从事 CAAD 的研究,其研究领域包括设计认知与

图 1-10　查理斯·伊斯曼

协作(design cognition and collaboration)、实体和参数化模型(solids and parametric modeling)、工程数据库(engineering databases)、产品模型和互用性(product models and interoperability)等多个方面。①

正是伊斯曼具有横跨建筑学、计算机科学两个学科的广博知识,使他早在 20 世纪 70 年代就对 BIM 技术做了开创性研究。1974 年 9 月,他和他的合作者在论文《建筑描述系统概述》(*An Outline of Building Description System*)[24]中指出了如下一些问题:

(1) 建筑图纸是高度冗余的,建筑物的同一部分要用几个不同的比例描述。一栋建筑至少由两张图纸来描述,一个尺寸至少被描绘两次。设计变更导致需要花费大量的努力使不同图纸保持一致。

(2) 但是即使有这样的努力,在任何时刻,至少会有一些图中所表示的信息不是当前的或者是不一致的。因此,一组设计师可能是根据过时的信息做出决策,这使得他们未来的任务更加复杂化。

(3) 大多数分析需要的信息必须由人工从施工图纸上摘录下来。数据准备这最初的一步在任何建筑分析中都是主要的成本。

基于伊斯曼对以上问题的精辟分析,他提出了应用当时还是很新的数据库技术建立建筑描述系统(Building Description System,BDS)以解决上述问题的思想,并在同一篇论文中提出了 BDS 的概念性设计。对于如何实现 BDS,他在文中分别就硬件、数据结构、数据库、空间查找、型的输入、放置元素、排列的编辑、一般操作、图形显示、建筑图纸、报告的生成、建筑描述语言、执行程序等多个方面进行了分析论述。

伊斯曼通过总结分析,认为 BDS 可以降低设计成本,使草图设计和分析的成本减少 50% 以上。虽然,BDS 只是一个研究性实验项目,但它已经直接面对在建筑设计中要解决的一些最根本的问题。

伊斯曼随后在 1975 年 3 月出版的 *AIA Journal* 上发表的论文《在建筑设计中应用计算机而不是图纸》(*The use of computers instead of drawings in building design*)介绍了 BDS,并高瞻远瞩地陈述了以下一些观点[25]:

(1) 应用计算机进行建筑设计是在空间中安排 3D 元素的集合,这些元素包括强化横杠、预制梁板或一个房间;

(2) 设计必须包含相互作用且具有明确定义的元素,可以从相同描述的元素中获得剖面图、平面图、轴测图或透视图等;对任何设计安排上的改变,在图形上的更新必须一致,因为所有的图形都取之于相同的元素,因此可以一致性地作资料更新;

(3) 计算机提供一个单一的集成数据库用作视觉分析及量化分析,测试空间冲突与制图等功用;

(4) 大型项目承包商可能会发现这种表达方法便于调度和材料的

① 参见 Charles Eastman (Chuck) 个人网页 http://dcom.arch.gatech.edu/chuck/。

订购。

20 多年后出现的 BIM 技术证实了伊斯曼教授上述观点的预见性,他在这里已经明确提出了在未来的三四十年间建筑业发展需要解决的问题。他提出的 BDS 采用了数据库技术,其实就是 BIM 的雏形。

伊斯曼在 1977 年启动的另一个项目 GLIDE(Graphical Language for Interactive Design,互动设计的图形语言)展现了现代 BIM 平台的特点。

伊斯曼继续从事实体建模、工程数据库、设计认知和理论等领域的研究,发表了一系列很有影响力的论文,不断推动研究向深入发展。比较有代表性的论文有 1980 年发表的《原型整合的建筑模型》(*Prototype Integrated Building Model*)[26]、1984 年的《基于完整性验证的实体形状建模综述》(*A review of solid shape modelling based on integrity verification*)[27]、1991 年的《在设计问题的概念建构中使用数据建模》(*Use of Data Modeling in the Conceptual Structuring of Design Problems*)[28]、1992 年的《建筑数据库数据模型的模块化和可扩展性分析》(*A Data Model Analysis of Modularity and Extensibility in Building Databases*)[29]、1996 年的《设计信息流管理的完整性》(*Management Integrity in Design Information Flow*)[30]、1997 年的《建筑模型的设计应用集成》(*Integration of Design Applications with Building Models*)[31]、1999 年的《支持设计中渐进的产品模型开发的数据库》(*A Database Supporting Evolutionary Product Model Development for Design*)[32]等。

1999 年,伊斯曼教授出版了一本专著《建筑产品模型:支撑设计和施工的计算机环境》(*Building Product Models: Computer Environments, Supporting Design and Construction*)[33],这本书是 20 世纪 70 年代开展建筑信息建模研究以来的第一本专著。在专著中他回顾了 20 多年来散落在各种期刊、会议论文集和网络上的研究工作,介绍了 STEP 标准和 IFC 标准,论述了建模的概念、支撑技术和标准,并提出了开发一个新的、用于建筑设计、土木工程和建筑施工的数字化表达方法的概念、技术和方法。这本书勾画出尚未解决的研究领域,为下一代的建筑模型研究奠定了基础,书中还介绍了大量的实例。这是一本在 BIM 发展历史上很有代表性的著作。

在 2008 年,他和一批 BIM 的专家,一起编写出版了专著《BIM 手册》(*BIM Handbook*)。该书的第二版在 2011 年出版,现已成为 BIM 领域内具有广泛影响的重要著作。30 多年来,查理斯・伊斯曼教授一直孜孜不倦地从事 BIM 的研究,不愧为 BIM 的先驱人物。由于他在 BIM 的研究中所作的开创性工作,他也被人们称为"BIM 之父"。

1.2.3 建筑信息建模的研究与实践不断发展到 **BIM** 的正式提出

20 世纪 80 年代到 90 年代是建筑信息技术从探索走向广泛应用并得到

蓬勃发展的年代。

随着微型计算机和图形工作站的采用,廉价而功能很强的微处理器和储存芯片的出现,使分布式计算机网络和分布式数据库得到充分的发展;更多的计算机工作由大型机转移到工作站甚至微机上。计算机网络通讯技术的飞速发展,因特网开始进入到各行各业和普通人们的生活,给计算机的应用带来了新的发展,也给建筑信息技术带来了新的发展,为 BIM 的诞生提供了硬件基础。

1) 学术界有关建筑信息建模的研究不断走向深入

自从伊斯曼发表了建筑描述系统 BDS 以来,学术界十分关注建筑信息建模的研究并发表了大量有关的研究成果,特别是进入到 20 世纪 90 年代后,这方面的研究成果大量增加。

CUMINCAD(http://cumincad.scix.net/cgi-bin/works/home)是国际上专门收录高水平 CAAD 论文的著名网站,里面也收录了大量研究建筑信息建模的论文。根据对于该网站收录论文摘要的统计,在 1990—1999 年间研究信息建模的论文是 1980—1989 年间的 5 倍多,表明这方面的研究越来越得到学术界的重视。

上一节介绍了伊斯曼教授的一系列研究论文,这些研究把建筑信息建模研究不断引向深入;上一节也介绍了他在 1999 年出版的一本专著 *Building Product Models：Computer Environments，Supporting Design and Construction*,这本书是在 BIM 发展历史上具有里程碑意义的著作。该著作出版后,受到学术界的高度重视,该著作的研究成果被学术界广泛引用。

1988 年在由美国斯坦福大学教授保罗·特乔尔兹(Paul Teicholz)博士建立的设施集成工程中心(CIFE)是 BIM 研究发展进程的一个重要标志。CIFE 在 1996 年提出了 4D 工程管理的理论,将时间属性也包含进建筑模型中。4D 项目管理信息系统将建筑物结构构件的 3D 模型与施工进度计划的各种工作相对应,建立各构件之间的继承关系及相关性,最后可以动态地模拟这些构件的变化过程。这样就能有效地整合整个工程项目的信息并加以集成,实现施工管理和控制的信息化、集成化、可视化和智能化。在 2001 年,CIFE 又提出了建设领域的虚拟设计与施工(Virtual Design and Construction，VDC)的理论与方法,在工程建设过程中通过应用多学科、多专业的集成化信息技术模型,来准确反映和控制项目建设的过程,以帮助项目建设目标尽可能好地实现。今天,4D 工程管理与 VDC 都是 BIM 的重要组成部分。

2) 相关国际标准的制订奠定了 BIM 的技术基础

对 BIM 影响最大的国际标准有两个,这就是 STEP 标准和 IFC 标准。有关这两个标准的介绍,请参看本书第 3 章。

目前,IFC 标准已经成为了主导建筑产品信息表达与交换的国际技术标准,随着 BIM 技术的迅速发展,IFC 已经成为 BIM 应用中不可或缺的主要技术。

3）制造业在产品信息建模方面的成功给予建筑业有益的启示

在 20 世纪 70 年代，在制造业 CAD 的应用中也开始了产品信息建模（Product Information Modeling，PIM）研究。产品信息建模的研究对象是制造系统中产品的整个生命周期，目的是为实现产品设计制造的自动化提供充分和完备的信息。研究人员很快注意到，除几何模型外，工程上其他信息如精度、装配关系、属性等，也应该扩充到产品信息模型中去，因此要扩展产品信息建模的能力。

制造业对产品信息模型的研究，也经历了由简到繁、由几何模型到集成化产品信息模型这样的发展阶段，其先后提出的产品信息模型有以下几种：面向几何的产品信息模型、面向特征的产品信息模型、基于知识的产品信息模型、集成的产品信息模型。特别是在 STEP 标准发布后，对集成的产品信息模型的研究起了积极的推动作用，使 PIM 技术研究得到飞速的发展。

在 20 世纪 90 年代，美国波音公司研究应用 PDM[①] 技术，完成了波音 777 飞机的无纸化设计与制造管理，美国福特汽车公司应用 C3P（CAD/CAE/CAM/PDM）技术研发成功具有世界先进水平的产品开发系统。而 PDM 的核心技术就是 PIM 技术。PDM 系统能够管理产品全生命周期内的全部信息，就是依靠建立统一的、集成的产品信息模型来实现。[34]

制造业以上的研究工作对建筑业产生了深远的影响。查理斯·伊斯曼教授在回忆他开始进行实体参数化建模研究时谈到，当时他的研究就是参考了通用汽车和波音公司 3D 实体建模的研究工作[35]。他领衔编写的 *BIM Handbook* 一书中也专门提到波音 777 飞机是如何实现参数化建模的。这充分反映了制造业信息建模研究对建筑业的影响。

非常有意思的是，目前在 BIM 领域里大放异彩的 Revit 系列软件，其核心的始创团队与机械设计软件 ProEngineer[②] 的核心始创团队是同一批技术人员。ProEngineer 是采用参数化设计的产品信息建模软件，在全球机械制造业中占据主流地位。从这里可以看到 PIM 技术对 BIM 技术的直接影响。

4）软件开发商的不断努力实践

在 20 世纪 80 年代出现了一批不错的建筑软件。英国 ARC 公司研制的 BDS 和 GDS 系统，通过应用数据库把建筑师、结构工程师和其他专业工程师的工作集成在一起，大大提高了不同工种间的协调水平。日本的清水建设公司和大林组公司也分别研制出了 STEP 和 TADD 系统，这两个系统实现了不同专业的数据共享，基本实现了能够支持建筑设计的每一个阶段[36]12。英国

①　PDM 是 Product Data Management（产品数据管理）的缩写，是管理与产品有关的信息、过程及其人员与组织的技术。

②　在 2010 年 10 月，ProEngineer 的开发商 PTC 公司宣布，ProEngineer 更名为 Creo。

GMW 公司开发的 RUCAPS（Really Universal Computer Aided Production System）软件系统采用 3D 构件来构建建筑模型,系统中有一个可以储存模型中所有构件的关系数据库,还包含有多用户系统,可满足多人同时在同一模型上工作。以上软件的许多概念与今天许多 BIM 软件上的概念是相同的。

随着对信息建模研究的不断深入,软件开发商也逐渐建立起名称各异的、信息化的建筑模型。最早应用 BIM 技术的是匈牙利的 Graphisoft 公司①,他们在 1987 年提出虚拟建筑（Virtual Building,VB）的概念,并把这一概念应用在 ArchiCAD 3.0 的开发中。Graphisoft 公司声称:虚拟建筑就是设计项目的一体化 3D 计算机模型,包含所有的建筑信息,并且可视、可编辑、可定义。运用虚拟建筑不但可以实现对建筑信息的控制,而且可以从同一个文件中生成施工图、渲染图、工程量清单,甚至虚拟实境的场景。虚拟建筑概念可运用在建筑工程的各个阶段:设计、出图、与客户的交流和建筑师之间的合作。自此,ArchiCAD 就成为运行在个人计算机上最先进的建筑设计软件。

VB 的概念其实就是 BIM 的概念,只不过当时还没有 BIM 这个术语。随后,美国 Bentley 公司则提出了一体化项目模型（Integrated Project Models,IPM）的概念,并在 2001 年发布的 MicroStation V8 中,应用了这个新概念。

美国 Revit 技术公司（Revit Technology Corporation）在 1997 年成立后,研发出建筑设计软件 Revit。该软件采用了参数化数据建模技术,实现了数据的关联显示、智能互动,代表着新一代建筑设计软件的发展方向。美国 Autodesk 公司在 2002 年收购了 Revit 技术公司,后者的软件 Revit 也就成了 Autodesk 旗下的产品。在推广 Revit 的过程中,Autodesk 公司首次提出建筑信息模型（Building Information Modeling,BIM）的概念。至此,BIM 这个技术术语正式来到了世间。

目前,BIM 这一名称已经得到学术界和其他软件开发商的普遍认同,建筑信息模型的研究也在不断深入。

1.2.4　BIM 在全球的蓬勃发展

作为技术术语 BIM 正式问世至今已经有十余年了。在术语 BIM 问世前,其实 BIM 理念已经在实际中应用,但对建筑业的影响面不大。而在术语 BIM 问世后这十余年中,BIM 得到了前所未有的大发展,从不为人所知到广为人知,应用规模从小到大,应用范围越来越广,现在正处于蓬勃发展的阶段。

---

① 在 2007 年,Graphisoft 公司被德国的 Nemetschek 集团收购后已成为 Nemetschek 旗下的一个子公司。

1）BIM 的应用范围日益扩大，效益显著

以下根据美国著名的 McGraw Hill Construction 公司对 BIM 应用开展较好的北美、欧洲所做的一系列调查研究报告中的数据和图表来说明当前 BIM 应用不断发展的情况。

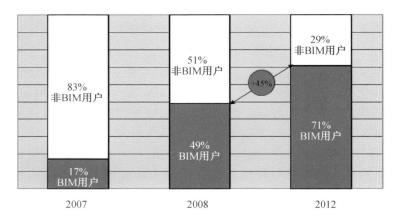

图 1-11 北美 2007—2012 年间建筑工程中全面采用 BIM 技术的用户在不断增长[37]

当前应用 BIM 的队伍不断壮大，用户越来越多。图 1-11 反映了北美全面采用 BIM 技术的用户从 2007 年的 17%，2009 年的 49%，发展到 2012 年的 71%。在后 3 年的增长率达到了 45%，而 5 年间的增长率超过 400%。

根据 2010 年对西欧英、法、德三国建筑专业人员的调查，被调查人员中采用 BIM 技术的百分比已达到 36%，其中，英、法、德三国分别为 35%，38% 和 36%（图1-12），处于北美 2007 年的 17% 和 2009 年的 49% 之间。

BIM 用户比例的上升意味着应用 BIM 技术的用户增加。图 1-13 比较了北美不同类型的专业公司在 2009—2012 年间应用 BIM 技术的比例。总体来说，各类型公司中应用 BIM 技术的数量都是呈现增长的趋势，其中承包商公司应用 BIM 技术的比例在 2012 年

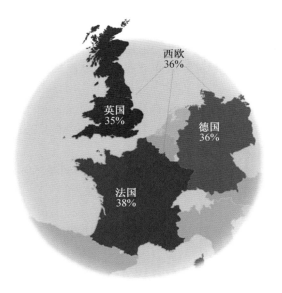

图 1-12 2010 年西欧采用 BIM 技术的用户比例示意图[38]

已经达到 74％,超过了以往 BIM 技术采用率较高的建筑师事务所。

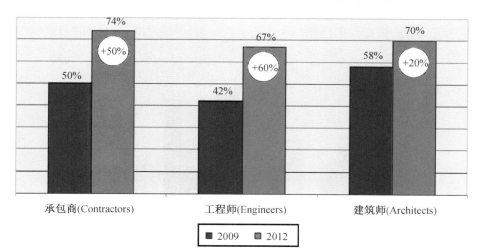

图 1-13 北美建筑业各类型专业公司 2009 年和
2012 年 BIM 技术采用率情况的比较[37]

BIM 的应用并不是仅仅限于房屋的建设,在各种类型的基础设施建设项目中,越来越多的项目应用 BIM。图 1-14 是 2013 年北美基础设施建设中,BIM 应用超过 50％的项目类型,并且与 2009 年和 2011 年对同一问题作调查的结果进行比较。这说明了 BIM 的应用范围在不断扩大,水利设施、交通设施……项目已大多数都在应用 BIM。

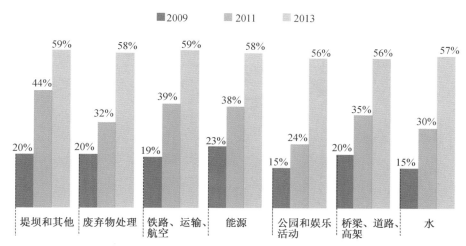

图 1-14 在北美基础设施建设中,BIM 应用超过 50％的项目类型[10]

在基础设施建设中,采用 BIM 的比例以及 BIM 应用水平的快速增长,意味着在 BIM 的应用中,得到较好的投资回报。根据 2010 年对北美和西欧的调查研究,北美有 72％的用户在应用 BIM 的基础设施建设项目中获得了积极的投资回报,其中投资回报率在 25％以上的占了 32％;而在西欧则更为乐观,他们有 82％的用户获得了积极的投资回报,其中投资回报率在 25％以上的占了 46％,接近一半,如图 1-15 所示。

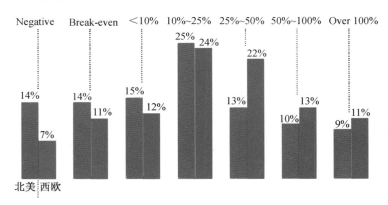

图 1-15　2010 年北美和西欧 BIM 用户投资回报率的比较[38]

刚开始应用 BIM 时,只是在项目的某一两个阶段尝试一下,随着应用的深入,项目中 BIM 应用的比例越来越大。图 1-16 反映了 BIM 应用这种发展的趋势。根据 2012 年对北美当前用户的调查,希望在 2013 年的基础设施建设项目中,投资回报率应当有不少于 25％的部分应用 BIM 的用户占 79％。这比起 2009 年的 27％和 2011 年 43％大大增加了。这反映了用户已经体会到应用 BIM 所带来的显著效益,计划要在今后项目中不断扩大 BIM 的应用覆盖面,以期取得更好的效益。

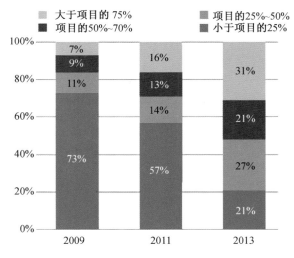

图 1-16　从 2009 年到 2013 年在北美基础设施建设中,BIM 技术
应用在项目中所占的比例在不断提高[10]

虽然以上的资料只是以美欧的资料为主,但从以上的研究结果分析可以

看出,当前 BIM 已经被越来越多的人接受,应用 BIM 的队伍不断壮大,用户越来越多,应用范围越来越广。越来越多的项目在应用 BIM 后,实现了缩短工期、提升效率、节约成本、提高质量的目标。

2) 各个国家和地区的政府纷纷制定鼓励政策,各种技术标准相继发布,推动 BIM 应用健康发展

(1) 国际标准化组织

国际标准化组织迄今为止已公布了如下一系列与 BIM 有关的国际标准:

① ISO 10303-11:2004 Industrial automation systems and integration—Product data representation and exchange—Part 11: Description methods: The EXPRESS language reference manual(工业自动化系统与集成 — 产品数据的表达与交换 — 第 11 部分:描述方法:EXPRESS 语言参考手册)。

这个标准就是上一小节提及的 STEP 标准的 EXPRESS 语言。

② ISO 16739:2013 Industry Foundation Classes (IFC) for data sharing in the construction and facility management industries[用于建筑与设施管理业数据共享的工业基础类(IFC)]。

这个标准就是上一小节提到过的 IFC 标准。现在,这个国际标准已成为用于 BIM 数据交换和建筑业或设施管理业从业人员所使用的应用软件之间实现共享的一个开放的国际标准。

③ ISO/TS 12911:2012 Framework for building information modelling (BIM) guidance(建筑信息模型指导框架)。

这是一个技术规范,该规范建立了一个为调试 BIM 模型提供规范的技术框架。

④ ISO 29481-1:2010 Building information modelling—Information delivery manual—Part 1: Methodology and format(建筑信息模型 — 信息传递手册 — 第 1 部分:方法与格式)。

ISO 29481-2:2012 Building information models—Information delivery manual—Part 2: Interaction framework(建筑信息模型 — 信息传递手册 — 第 2 部分:交互框架)。

这两个国际标准是有关信息传递手册(Information Delivery Manual, IDM)[①]的相关规定,分别规定了 BIM 应用中信息交换的方法与格式以及交互框架。

⑤ ISO 12006-3:2007 Building construction—Organization of information about construction works—Part 3: Framework for object-oriented information(建筑施工 — 施工工作的信息组织—第 3 部分:面向对象的信息框架)。

国际字典框架(International Framework for Dictionaries, IFD)[②]也是支

---

① 有关 IDM 的进一步介绍请参看本书第 3 章。

② 有关 IFD 的进一步介绍请参看本书第 3 章。

撑 BIM 的主要技术之一,而建立 IFD 库的概念就是源于这个国际标准的。

ISO[①] 这一系列标准在第 3 章中将有进一步的介绍,这些标准在全球对规范、指导和推动 BIM 的发展起到了积极的作用。

(2) 美国

美国是最早推广 BIM 应用的国家。它的一些政府机构在 BIM 的应用方面也走得比较早。美国总务管理局(General Services Administration,GSA)在 2003 年就提出了国家 3D-4D-BIM 计划[39],GSA 鼓励所有的项目团队都执行 3D-4D-BIM 计划,GSA 要求从 2007 年起所有招标的大型项目都必须应用 BIM。美国陆军工程兵团(United States Army Corps of Engineers,USACE)在 2006 年制定并发布了一份 15 年(2006—2020 年)的 BIM 路线图[40],为 USACE 应用 BIM 技术制定战略规划,在该路线图中,USACE 还承诺未来所有军事建筑项目都将使用 BIM 技术。美国海岸卫队(US Coast Guard)从 2007 年起就应用 BIM 技术,现在其所有建筑人员都必须懂得应用 BIM 技术。2009 年,美国威斯康辛州政府成为美国第一个制定政策推广 BIM 的州政府,要求州内造价超过 500 万美元的新建大型公共建筑项目必须使用 BIM 技术。而德克萨斯州设施委员会(Texas Facilities Commission)也宣布对州政府投资的项目提出了应用 BIM 技术的要求。2010 年,俄亥俄州政府颁布了州政府的 BIM 协议,规定造价在 400 万美元以上或机电造价占项目 40% 以上的项目必须使用 BIM 技术,该协议对 BIM 项目还给予付款上的优惠条款,还对相关程序、最终成果等作了规定[②]。

美国是颁布 BIM 标准最早的国家,早在 2007 年就颁布了 NBIMS 的第一版,在 2012 年又发布了第二版。NBIMS 的制定,大大推动了美国建筑业 BIM 的应用,通过应用统一的标准,为项目的利益相关方带来了最大的效益。

在 2007 年 8 月,NIST 发布了《通用建筑信息交接指南》(*General Buildings Information Handover Guide*,GBIHG)。该指南已经作为一个重要的 BIM 资源在建筑设计和施工中应用。

(3) 新加坡

新加坡也是世界上应用 BIM 技术最早的国家之一。在 20 世纪末,新加坡政府就与世界著名软件公司合作,启动 CORENET(COnstruction and Real Estate NETwork)项目,用电子政务方式推动建筑业采用信息技术。CORENET 中的电子建筑设计施工方案审批系统 ePlanCheck 是世界上第一个用于这方面的商业产品,它的主要功能包括接受采用 3D 立体结构、以 IFC 文件格式传递设计方案、根据系统的知识库和数据库中存储的图形代码及规则自动评估方案并生成审批结果。其建筑设计模块审查设计方案是否符合有

---

① 参考 http://www.iso.org/iso/home.htm。
② State of Ohio Department of Administrative Services General Services Division. State of Ohio Building Information Modeling(BIM) Protocol[S]. 2010.

关材料、房间尺寸、防火和残障人通行等规范要求；建筑设备模块审查设计方案是否符合采暖、通风、给排水和防火系统等的规范要求，保证了对建筑规范和条例解释的一致性、无歧义性和权威性[41]。新加坡政府不断应用 BIM 的新技术来对 CORENET 进行优化、改造。

新加坡国家发展部属下的建设局（Building and Construction Authority，BCA）于 2011 年颁布了 2011—2015 年发展 BIM 的路线图（Building Information Modelling Roadmap），其目标是到 2015 年，新加坡整个建筑行业广泛使用 BIM 技术。路线图对实施的策略和相关的措施都作了详细的规划。在 2012 年 BCA 又颁布了《新加坡 BIM 指南》（*Singapore BIM Guide*），以政府文件形式对 BIM 的应用进行指导和规范。

新加坡政府要求政府部门必须带头在所有新建项目中应用 BIM。BCA 的目标是，要求从 2013 年起工程项目提交建筑的 BIM 模型，从 2014 年起要提交结构与机电的 BIM 模型，到 2015 年实现所有建筑面积大于 5 000 平方米的项目都要提交 BIM 模型。

（4）韩国

韩国的多个政府机构对 BIM 应用推广表现积极。韩国国土交通海洋部分别在建筑领域和土木领域制定 BIM 应用指南，其中的《建筑领域 BIM 应用指南》已于 2010 年颁布。该指南是业主、建筑师、设计师等应用 BIM 技术时必要的条件、方法等的详细说明的文件。土木领域的 BIM 应用指南也已立项，正在制订之中。

韩国公共采购服务中心下属的建设事业局制定了 BIM 实施指南和路线图。具体的规划是对属下的大型公共设施工程项目在 2010 年选择 1～2 个大型项目示范使用 BIM 技术；2011 年有 3～4 个大型项目示范使用 BIM 技术；2012—2015 年 500 亿韩元以上建筑项目全部采用 4D(3D＋成本管理)BIM 技术；2016 年实现全部公共设施项目使用 BIM 技术。[42]

（5）澳大利亚

澳大利亚早在 2001 年就开始应用 BIM 了。澳大利亚政府的合作研究中心（Cooperative Research Centre，CRC）在 2009 年公布了《国家数字化建模指南》（*National Guidelines for Digital Modelling*），还同时公布了一批数字化建模的案例研究以加强大家对指南的理解。该指南致力于推广 BIM 技术在建筑各阶段的运用，从项目规划、概念设计、施工图设计、招投标、施工管理到设施运行管理，都给出了 BIM 技术的应用指引。

（6）英国

英国在 2009 年颁布了第一个 BIM 标准《英国建筑业 BIM 标准》（*AEC (UK) BIM Standard*）①，这是一个通用型的标准。在 2010 年和 2011 年又陆

---

① 详见 AEC (UK) BIM Standard，A workable implementation of the AEC (UK) BIM Standard for the Architectural，Engineering and Construction industry in the UK，Version 1.0[S]. 2010.

续颁布了 *AEC（UK）BIM Standard for Autodesk Revit* 和 *AEC（UK）BIM Standard for Bentley Product*，后面这两个面向软件平台的 BIM 标准是通用型标准的有机组成部分，和通用型标准是完全兼容的，但其内容与软件平台紧密结合，因此更适合不同软件的用户。面向 ArchiCAD，Vectorworks 等其他软件平台的 BIM 标准也将会陆续颁布。这些标准规定了如何命名模型、如何命名对象、单个组件如何建模、如何进行数据交换等，大大方便了英国建筑企业从 CAD 向 BIM 的过渡。他们希望这些标准能落实到 BIM 的实际应用。

英国将会改革政府建筑项目的过程，希望借着 BIM 达致更高的效率和更低的成本。2011 年 5 月，英国内阁办公室发布了《政府建设战略》（*Government Construction Strategy*），文件要求最迟在 2016 年实现全面协同的 3D-BIM，并将全部项目和资产的信息、文件以及电子数据放入 BIM 模型中[43]。英国除了制订 BIM 标准外，还将应用 BIM 技术把项目的设计、施工和营运融合一起，期待在 2016 年以达更佳的资产性能表现。

目前，英国有关 BIM 的法律、商务、保险条款的制订基本完成，英国政府正在部署英国 COBie① 标准的应用，要求在 2016 年该标准要应用到所有的资产报告中。

（7）中国香港

香港房屋委员会（Hong Kong Housing Authority）是香港特区政府负责制定和推行公共房屋计划的政府机构。他们对 BIM 技术的应用非常感兴趣。早在 2009 年，就制定了《香港建筑信息模拟标准手册》②，同时还公布了《香港建筑信息模拟使用指南》《建筑信息模拟组件库设计指南》《建筑信息模拟组件库参考资料》，形成了 BIM 应用资料从法规到技术资料的完整系列。根据 2012 年的资料，自 2006 年起，香港房屋委员会已在超过 19 个公屋发展项目中的不同阶段（包括由可行性研究至施工阶段）应用了 BIM 的技术。并计划在 2014 年至 2015 年，将 BIM 技术应用作为所有房屋项目的设计都必须采用的技术。

他们希望能够借着 BIM 技术来优化设计，改善协调效率和减少建筑浪费，从而提升建筑质量。香港房屋委员会利用 BIM 技术令设计可视化，并逐步推广 BIM 技术至各个阶段，使整个建筑业生命周期由设计到施工以至设施管理等连串业务相关者相继受惠。

（8）其他国家

挪威政府管理其不动产的机构 Statsbygg 早在 2008 年就发布了《BIM 手

---

① COBie 是 Construction Operations Building Information Exchange（施工运营的建筑信息交换）的缩写。在美国的 NBIMS 中，COBie 标准是其有机的组成部分。

② 详见 Building Information Modelling（BIM）Standards Manual for Development and Construction Division of Hong Kong Housing Authority，Version 1.0[S].2009.

册》(*BIM Manual*)的第一个版本 1.0 版,其后在 2009 年和 2011 年又分别发布了 1.1 版本和最新的 1.2 版。手册里面提供了有关 BIM 技术要求和 BIM 技术在各个建筑阶段的参考用途的信息。

芬兰政府下属负责管理政府物业的机构 Senate Properties 在 2007 年发布了一套指导性文件《BIM 的需求》(*BIM Requirements*),内容覆盖了建筑设计、结构设计、水电暖通设计、质量保证、工料估算等 9 个方面。到了 2012 年,在 *BIM Requirements* 的基础上又发布了《一般 BIM 的需求》(*Common BIM Requirements*),除了更新上述 9 个方面的内容,还增加了节能分析、项目管理、运营管理和建筑施工等 4 个方面的内容。

其他还有丹麦、德国等国的政府机构都先后制定了有关的 BIM 标准,如表 1-4 所示。

表 1-4　　　　　各国发布 BIM 标准或指导性文件的情况

国家/地区	标准名称	发布机关	发布年份
美国	General Building Information Handover Guide National Building Information Modeling Standard-V2	NIST bSa	2007 2012
新加坡	Singapore BIM Guide V1.0	BCA	2012
韩国	建筑领域 BIM 应用指南	国土交通海洋部	2010
澳大利亚	National Guidelines for Digital Modelling	CRC	2009
英国	AEC (UK) BIM Standard V1.0	BIM committee	2009
中国香港	建筑信息模拟标准手册	房屋委员会	2009
挪威	BIM Manual V1.2	Statsbygg	2011
芬兰	Common BIM Requirements 2012	Senate Properties	2012
丹麦	Digital Construction	NAEC	2006
德国	User Handbook Data Exchange BIM/IFC	buildingSMART GS	2006
日本	BIM 指南	日本建筑学会	2012
中国	建筑对象数字化定义 工业基础类平台规范	建设部 国家质量监督检验检疫总局 国家标准化管理委员会	2007 2010

世界上已经有 35 个国家成为 bSI 的成员国,这 35 个国家几乎包括了世界上主要的发达国家和少数发展中国家,这些国家 BIM 技术应用的水平,也代表着当前国际上 BIM 技术的应用水平。各国政府对 BIM 的支持和推动,将对全球建筑业引发一次史无前例的彻底变革,BIM 将会迎来大发展的时代。

3) BIM 在中国的推广与应用发展

(1) 推广

2003 年,美国 Bentley 公司在中国 Bentley 用户大会上推广 BIM[44],这是我国最早推广 BIM 的活动。

2004 年，美国 Autodesk 公司推出 "长城计划" 的合作项目，与清华大学、同济大学、华南理工大学、哈尔滨工业大学四所在国内建筑业内有重要地位的著名大学合作组建 "BLM①-BIM 联合实验室"。Autodesk 公司免费向这四所学校提供 Revit，Civil3D，Buzzsaw……基于 BIM 的软件，而四校则要为学生开设学习这些软件的课程。同时，由上述四校教师联合编写出版 "BLM 理论与实践丛书"，并由同济大学丁士昭教授任丛书编委会主编。丛书共四册，即《建设工程信息化导论》[45]、《工程项目信息化管理》[46]、《信息化建筑设计》[6]、《信息化土木工程设计》[47]。这是国内第一批介绍 BLM 和 BIM 理论与实践的专著。Autodesk 公司的高层管理人员专门为这四本书分别撰写了序言。

一些机构在软件商的赞助下也通过组织 BIM 设计大赛的形式推广 BIM。比较有影响的设计大赛有：

由全国高校建筑学学科专业指导委员会主办的 "Autodesk Revit 杯" 全国大学生建筑设计竞赛，参赛对象是高校在读的建筑学专业的学生，从 2007 年开始到目前已经进行了 7 届；

由中国勘测设计协会主办的 "创新杯"BIM 设计大赛，参赛对象是各勘察设计单位，从 2010 年开始到目前已经进行了 4 届。该设计大赛设置了 "最佳 BIM 建筑设计奖"、"最佳 BIM 工程设计奖"、"最佳 BIM 协同设计奖"、"最佳 BIM 应用企业奖"、"最佳绿色分析应用奖" 和 "最佳 BIM 拓展应用奖" 等奖项。分别按照民用建筑领域、工业工程领域以及基础设施（交通、桥梁、市政、水利、地矿等）领域进行评选，以鼓励在不同领域创造了实际生产实践价值的项目和单位。

这些设计竞赛，对 BIM 应用的推广起了积极的作用。

（2）应用发展

国内建设工程项目 BIM 的应用始于建筑设计，一些设计单位开始探索应用 BIM 技术并尝到了初步甜头。其中为北京 2008 年奥运会而建设的国家游泳中心（"水立方"）因为应用了 BIM 技术在较短的时间内解决了复杂的钢结构设计问题而获得了 2005 年美国建筑师学会（AIA）颁发的 BIM 优秀奖。经过近几年的发展，目前国内大中型设计企业基本上拥有了专门的 BIM 团队，积累了一批应用 BIM 技术的设计成果与实践经验。

在设计的带动下，在施工与运营中如何应用 BIM 技术也开始了探索与实践。BIM 技术的应用在 2010 年上海世博会众多项目中取得了成功。特别是在 2010 年以来，许多项目特别是大型项目已经开始在部分工序中应用 BIM 技术。甚至像上海中心大厦这样的超大型项目在业主的主导下全面展开了 BIM 技术的应用。青岛海湾大桥、广州东塔、北京的银河 SOHO 等具有影响

---

① BLM 是 Building Lifecycle Management（建设工程生命周期管理）的缩写，是一种以 BIM 为基础，创建、管理、共享信息的数字化方法，能大大减少资产在建筑物整个生命周期中的无效行为和各种风险。

的大型项目也相继在项目中展开了 BIM 技术的应用。这些项目在应用 BIM 技术中取得的成果为其他项目应用 BIM 技术做出了榜样,应用 BIM 技术所带来的经济效益和社会效益正在被国内越来越多的业主和建筑从业人员所了解。

目前,在国内虽然只有不到 1％的项目在应用 BIM 技术,但这些项目多是一些体量巨大、工程复杂的项目,项目的各参与方对 BIM 技术的应用非常重视,因此这些项目 BIM 技术的应用水平都比较高,收到较好的应用效果。虽然施工企业应用 BIM 技术的起步比起设计企业稍晚,但由于不少大型施工企业非常重视,组织专门的团队对 BIM 技术的实施进行探索,其应用规模不断扩展,成功的案例不断出现。

随着最近几年建筑业界对 BIM 的认知度也在不断提升,许多房地产商和业主已将 BIM 作为发展自身核心竞争力的有力手段,并积极探索 BIM 技术的应用。由于许多大型项目都要求在全生命周期中使用 BIM 技术,在招标合同中写入了有关 BIM 技术的条款,BIM 技术已经成为建筑企业参与项目投标的必备手段。

(3) 政府政策与技术标准

BIM 应用的发展离不开技术标准,早在 2007 年,我国就已颁布了建筑工业行业标准 JG/T 198—2007《建筑对象数字化定义(Building Information Model Platform)》,请注意该标准名的英文名称是"建筑信息模型平台"的意思。其实这个标准是非等同采用国际标准 ISO/PAS 16739:2005《工业基础类 2x 平台》(*Industry Foundation Classes*, *Release 2x*, *Platform specification*)的部分内容。3 年之后,即 2010 年,等同采用 ISO/PAS 16739:2005 全部内容的国家标准 GB/T 25507—2010《工业基础类平台规范》[48]正式颁布。由于工业基础类(IFC)是 BIM 的技术基础,在颁布了有关 IFC 的国家标准后,我国在推进 BIM 技术标准化方面又前进了一大步。

在"十一五"期间,科技部就设立了国家科技支撑计划重点项目"建筑业信息化关键技术研究与应用"的课题,其中将"基于 BIM 技术的下一代建筑工程应用软件研究"列为重点开展的研究工作[14]。

随着 BIM 应用在国内的不断发展,住建部在 2011 年 5 月发布的《2011—2015 建筑业信息化发展纲要》[15]的总体目标中提出了"加快建筑信息模型(BIM)、基于网络的协同工作等新技术在工程中的应用,推动信息化标准建设"的目标。为了落实纲要的目标,住建部还将会进一步推出《关于推进 BIM 技术在建筑领域应用的指导意见》,并在标准制订、软件开发、示范工程、政府项目等方面制定出推进 BIM 应用的近期和中远期目标。

2012 年 1 月,住建部下达的《关于印发 2012 年工程建设标准规范制订修订计划的通知》标志着中国 BIM 标准制订工作正式启动,该通知包含了要制订 5 项与 BIM 相关的标准:《建筑工程信息模型应用统一标准》、《建筑工程信息模型存储标准》、《建筑工程设计信息模型交付标准》、《建筑工程设计信息模型分类和编码标准》《制造工业工程设计信息模型应用标准》。这些标准制订完成颁布以后,必定对我国的 BIM 应用产生巨大的指导作用。

我国有些地方政府积极推进地方 BIM 标准的制定工作。北京市地方标准《民用建筑信息模型设计标准》已于 2014 年 2 月 26 日颁布,在 2014 年 9 月 1 日起执行。

还有一些地方政府通过采取不同的措施对 BIM 的应用给予积极的支持和鼓励。例如北京市、广东省,在这些省市的优秀建筑设计评优中增加了"BIM 优秀设计奖"或"优秀工程专项奖(BIM 设计)";而江苏省、四川省则举行了省一级的 BIM 应用设计大赛,通过评奖来鼓励 BIM 的应用。

（4）BIM 应用人才的培养

随着 BIM 应用的不断发展,对于 BIM 应用的人才需求也日益突出。

2012 年,华中科技大学在国内首先开设 BIM 工程硕士班,随后,重庆大学、广州大学、武汉大学也相继开设了 BIM 工程硕士班。我国高校建筑学、建筑工程管理等专业也加大了对建筑数字技术课的改革力度,其建筑数字技术课的一半课时将用于 BIM 的教学,已有学校的这些专业在毕业设计或毕业论文中涉及 BIM 的应用。

2013 年 9 月 24 日,buildingSMART 中国分部成立大会在北京召开,buildingSMART 中国分部挂靠在中国建筑标准设计研究院。这个事件标志着我国和 buildingSMART 的合作进入了新的阶段,中国的 BIM 事业正在走向与国际接轨。

参 考 文 献

［1］Gao J, Fischer M. Framework & Case Studies Comparing Implementations & Impacts of 3D/4D Modeling Across Projects［R］. CIFE Technical Report ＃ TR172, STANFORD UNIVERSITY, 2008.

［2］于晓明. BIM 在施工企业中的运用［J］. 中国建设信息,2010(12):22-24.

［3］季彤天,张斌,董蓓. BIM 技术在上海容灾中心工程管理中的应用［J］. 上海电力,2011 (5):456-459.

［4］何关培. BIM 与商业地产(五)——BIM 能给建筑业带来什么价值?［EB/OL］. ［2013-04-30］. http://blog. sina. com. cn/s/blog_620be62e0100fdbi. html.

［5］Greenwold S. Building Information Modeling with Autodesk Revit［R］. San Rafael: Autodesk Inc. , 2004.

［6］赵红红,李建成. 信息化建筑设计［M］. 北京:中国建筑工业出版社,2005.

［7］建设部标准定额研究所. JG/T 198—2007 建筑对象数字化定义［S］. 北京:中国标准出版社,2007.

［8］The Associated General Contractors of America. The Contractor's Guide to BIM, Edition 1［R/OL］. 2006［2007-12-25］. http://www. agcnebuilders. com/documents/BIMGuide. pdf.

［9］张建平. 国内 BIM 应用典型问题与对策［EB/OL］. (2014-03-10)［2014-05-10］. http://gz. house. sina. com. cn/news/2014-03-10/17263977448_3. shtml.

［10］McGraw Hill Construction. SmartMarket Report: The Business Value of BIM for

Infrastructure [EB/OL]. 2012 [2013-06-09] http://images.autodesk.com/adsk/files/business_value_of_bim_for_infrastructure_smartmarket_report_2012.pdf.

[11] 张建平. BIM 技术的研究与应用[J]. 施工技术, 2011(1): 15-18.

[12] Eastman C, Teicholz P, Sacks R, et al. BIM Handbook: A guide to building information modeling for owners, managers, designers, engineers and contractors [M]. 2nd Ed. Hoboken: John Wiley & Sons, Inc., 2011.

[13] The Computer Integrated Construction Research Program of The Pennsylvania State University. Building Information Modeling Execution Planning Guide, Version 2.0[EB/OL]. [2012-09-02]. http://bim.psu.edu/.

[14] 中华人民共和国科学技术部."十一五"国家科技支撑计划重点项目"建筑业信息化关键技术研究与应用"课题申请指南[EB/OL]. (2007-08-30)[2013-02-01] http://www.most.gov.cn/tztg/200708/t20070829_52835.htm.

[15] 中华人民共和国住房及城乡建设部. 2011—2015 年建筑业信息化发展纲要[EB/OL]. (2011-05-10)[2013-02-01]. http://www.mohurd.gov.cn/zcfg/jsbwj_0/jsbwjgczl/201105/t20110517_203420.html.

[16] 中华人民共和国住房和城乡建设部. 关于印发2012年工程建设标准规范制订修订计划的通知[EB/OL]. (2012-01-17)[2013-02-01]. http://www.mohurd.gov.cn/zcfg/jsbwj_0/jsbwjbzde/201202/t20120221_208854.html.

[17] 黄曙林, 杜红琴. CMM 理念在教学过程管理中的应用[J]. 高等函授学报(哲学社会科学版), 2009, 22(1): 44-46.

[18] 詹伟, 邱菀华. 项目管理成熟度模型及其应用研究[J]. 北京航空航天大学学报(社会科学版), 2007, 20(1): 18-21.

[19] Hamdi O, Leite F. BIM and Lean Interactions from the BIM Capability Maturity Model Perspective: A Case Study [EB/OL]. [2013-05-28]. http://www.iglc20.sdsu.edu/papers/wp-content/uploads/2012/07/16_P_016.pdf.

[20] 付海峰, 孙保磊. BIM 技术在天津东疆保税港区国际商品展销中心项目中的应用实践[J]. 土木建筑工程信息技术, 2012, 4(4): 87-95.

[21] 付海峰, 孙保磊. 天津东疆保税港区大型商业体 BIM 应用成熟度及各项目参与方收益情况评价[J]. 土木建筑工程信息技术, 2013, 5(1): 104-108.

[22] 崔晓. BIM 应用成熟度模型的研究[D]. 哈尔滨: 哈尔滨工业大学, 2012.

[23] 中国房地产业协会商业地产专业委员会. 2010 中国商业地产 BIM 应用研究报告[R/OL]. (2010-10-23)[2013-06-20]. http://blog.sina.com.cn/s/blog_620be62e0100mmvd.html.

[24] Eastman C, Fisher D, Lafue G, et al. An Outline of the Building Description System [R]. Pittsburgh: Carnegie-Mellon University. Institute of Physical Planning, 1974.

[25] 郑泰升. 电脑辅助设计的开路先锋——伊斯曼[G]//邱茂林. CAAD TALKS 2·设计运算向度. 台北: 田园城市文化事业有限公司, 2003: 56-67.

[26] Eastman C. Prototype integrated building model[J]. Computer-Aided Design, 1980, 12(3): 115-119.

[27] Eastman C, Preiss K. A review of solid shape modelling based on integrity verification[J]. Computer-Aided Design, 1984, 16(2): 66-80.

[28] Eastman C. Use of Data Modeling in the Conceptual Structuring of Design Problems [C]//CAAD Futures'91 Conference Proceedings, Zürich, 1991: 225-244.

[29] Eastman C. A Data Model Analysis of Modularity and Extensibility in Building Databases[J]. Building and Environment, 1992, 27(2): 135-148.

[30] Eastman C. Managing Integrity in Design Information Flows [J]. Computer-Aided Design, 1996, 28(5): 551-565.

[31] Eastman C, Jeng T S, Chowdbury R, and et al. Integration of Design Applications with Building Models[C]//CAAD Futures 1997 Conference Proceedings, München, 1997: 45-59.

[32] Eastman C, Jeng T S. A database supporting evolutionary product model development for design[J]. Automation in Construction, 1999, 8(3): 305-323.

[33] Eastman C. Building Product Models: Computer Environments, Supporting Design

and Construction［M］. Boca Raton：CRC Press，1999.

［34］王争鸣,李原,余剑峰.产品数据管理技术研究［J］.西北工业大学学报,1999,17(3)：428-432.

［35］McGraw Hill Construction. SmartMarket Report：The Business Value of BIM in North America［EB/OL］. 2012［2013-06-09］. http://images. autodesk. com/adsk/files/mhc_business_value_of_bim_in_north_america_2007—2012_ smr. pdf.

［36］李建成,罗志华,王凌.计算机辅助建筑设计教程［M］.北京：中国建筑工业出版社,2009.

［37］McGraw Hill Construction. The Business Value of BIM in North America［EB/OL］. 2012［2013-06-22］. http://bimforum. org/wp-content/uploads/2012/10/BIM-Forum-SEA-final. pdf.

［38］McGraw Hill Construction. SmartMarket Report：The Business Value of BIM in Europe［EB/OL］. 2010［2013-06-09］http://images. autodesk. com/adsk/files/business_value_of_bim_in_europe_smr_final. pdf.

［39］General Services Administration. 3D-4D BIM Program［EB/OL］.［2013-06-12］. http://www. gsa. gov/portal/category/21062.

［40］Brucker B，Case M，East W，et al. Building Information Model（BIM）-A Roadmap for Implementation To Support MILCON Transformation and Civil Works Projects within the U. S. Army Corps of Engineers［R］. U. S. Army Corps of Engineers(USACE) Engineer Research and Development Center，2006.

［41］王守清,刘申亮. IT 在建设工程项目中的应用和研究趋势［J］.项目管理技术,2004(2)：1-7.

［42］Kim I. BIM Activities in Korea［EB/OL］. 2012，［2013-06-22］. http://www. building-smart. jp/download/files/20121018_ Open％20BIM ％20in％20Korea. pdf.

［43］Cabinet Office. Government Construction Strategy［EB/OL］. 2011［2013-04-30］. https://www. gov. uk/government/publications/government-construction-strategy.

［44］刘葵.从 CAD 渐进到 BIM［J］.中国计算机用户,2003(33)：66.

［45］丁士昭,马继伟,陈建国.建设工程信息化导论［M］.北京：中国建筑工业出版社,2005.

［46］王要武,李晓东,孙立新.工程项目信息化管理［M］.北京：中国建筑工业出版社,2005.

［47］张建平,马智亮,任爱珠,等.信息化土木工程设计［M］.北京：中国建筑工业出版社,2005.

［48］中国标准化研究院. GB/T 25507—2010 工业基础类平台规范［S］.北京：中国标准出版社,2010.

［49］KinkaiChang. BIM 的历史——理论与词［EB/OL］.［2013-04-27］. http://blog. sina. com. cn/s/blog_6fd13ad50100 smwm. html.

［50］茅洪斌.大趋势二：基于 BIM 技术的造价管理［EB/OL］.［2013-04-30］. http://blog. sina. com. cn/s/blog_5e3b679b0100ouf3. html.

［51］Eastman C，Teicholz P，Sacks R，et al. BIM handbook：A guide to building information modeling for owners，managers，designers，engineers and contractors［M］. New York：John Wiley and Sons，Inc. ，2008.

［52］Teicholz P. Labor Productivity Declines in the Construction Industry：Causes and Remedies［EB/OL］.［2010-07-09］. http://www. aecbytes. com/viewpoint/2004/issue_4. html.

［53］李建成.数字化建筑设计概论［M］. 2 版.北京：中国建筑工业出版社,2012.

［54］李建成. BIM 研究的先驱——查尔斯·伊斯曼教授［J］.土木建筑工程信息技术,2014,6(4)：114-117.

2 BIM 应用概述

从本章开始,将对 BIM 的应用作一个初步的介绍。本章主要介绍如下内容:从技术角度和实施规划角度介绍 BIM 在设施全生命周期中的应用框架;对 BIM 技术在设施全生命周期不同阶段中的应用进行概貌性介绍。BIM 应用的涉及面很广,还涉及到与 BIM 技术相关的标准,支持 BIM 应用的相关软硬件,基于 BIM 的建设工程项目的人员组织,实施规划等。这些内容将在本书以后的章节中陆续给予介绍。

2.1 BIM 在设施全生命周期中的应用框架

对 BIM 在设施全生命周期中的应用框架,可以从不同的角度来描述。本节主要从技术角度和实施规划角度进行简单的介绍,BIM 的实施规划与控制还将在第 6 章作进一步的介绍。

2.1.1 基于 BIM 服务器搭建 BIM 应用系统的框架

BIM 应用是与计算机和网络系统密切相关的,如何从软硬件的角度搭建起 BIM 应用系统的框架是 BIM 应用的必要条件。

从上一章的介绍可知,BIM 的应用有很广泛的覆盖面。从纵向来说,BIM 的应用覆盖设施的全生命周期,这个全生命周期从设计前的策划、设计、施工一直延伸到运营,直到被拆除或者毁坏;从横向来说,BIM 的应用覆盖范围从业主、设计师、承包商到房地产经纪、房屋估价师、抢险救援人员……各行各业的人员。因此,要搭建起 BIM 系统的应用框架,必须考虑到其应用的广泛性。这种广泛性除了包括应用人员、应用专业的广泛性之外,还包括应用阶段、应用地域和应用软件的广泛性。

BIM 应用的广泛性就给 BIM 系统应用框架的搭建提出了很高的要求,必须保证在设施全生命周期中的 BIM 应用充分实现信息交换。

自从互联网问世后,网络的系统结构从局域网的客户机/服务器(Client/Server)结构发展到了浏览器/服务器(Browser/Server)结构,这两种系统的结构各有优缺点。在目前的 BIM 应用系统中,基本上还是属于这两种结构,或者是将两种结构混合使用。根据有关的研究分析[1]136-148,由于目前服务器的性能所限,目前在这些网络系统中实施 BIM 的各项应用时,信息交换主要以文件方式进行。

由于在计算机上应用的软件出自不同的计算机公司,不同品牌软件的文件格式各不相同,当在网上交换文件时,一般来说,使用 A 品牌软件的计算机用户很难打开 B 品牌软件生成的文件,除非交换文件的双方约定输出文件都使用相同的文件格式。事实上,目前很多 BIM 应用还是以各个品牌软件采用各自公司的文件格式为主。在第 1 章也曾提及,目前建筑业的信息表达与交换的国际技术标准是 IFC 标准,要求 BIM 应用的输出都按照 IFC 格式输出。虽然有些软件输出的文件格式中也有 IFC 格式的,但这些 IFC 格式还没有完全达到国际标准的要求,总之,目前信息交换的文件方式不管是 IFC 格式还是非 IFC 格式,信息交换都是打了折扣的。

已经有研究[2]指出,基于文件的 BIM 信息交换和管理具有如下的不足:

① 无法形成完整的 BIM 模型①;

② 变更传播困难;

③ 无法实现对象级别(object level)的数据控制;

④ 不支持协同工作和同步修改;

⑤ 无法进行子模型的提取与集成;

⑥ 信息交换速度和效率是瓶颈问题;

⑦ 用户访问权限管理困难。

如何解决以上这些问题呢?最好的办法是在系统中直接传递、交换 IFC 格式的数据,这样就可以减少数据转换的环节,避免数据丢失、信息传递缓慢等的问题。为达到此目的,就需要在 BIM 的应用系统中设置可以存储、交换 IFC 格式数据的服务器。这种服务器称之为 BIM 服务器(BIM Server),BIM 服务器和 BIM 知识库(BIM Repository)一起,组成 BIM 应用的数据集成与管理平台。

---

① 第 1 章中已经对 BIM 丰富的含义进行了详细阐述,这里的"BIM 模型"的含义相当于 Building Information Model,下文同。

而 BIM 服务器就是在现在普遍使用的服务器中安装上一类称之为 BIM Server 的软件后就成为了 BIM 服务器。在 BIM 服务器内部的所有数据都是直接以 IFC 格式保存,不需要另外进行解释或转换。

这样,BIM 服务器就可以如图 2-1 所示进行 IFC 格式的数据交换。

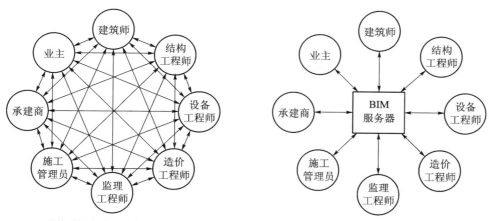

(a) 以前采用点对点方式进行信息交流　　　(b) 基于 BIM 服务器实现了信息集成与共享

图 2-1　基于 BIM 服务器的数据交换

其实,在本书第 1 章除了提到 IFC 标准目前已经成为了主导建筑产品信息表达与交换的国际技术标准外,还提及国际标准化组织(ISO)就 BIM 应用中实现信息交换的问题已经发布了 ISO 29481-1:2010 和 ISO 29481-2:2012 两项标准,主要是有关信息传递手册(Information Delivery Manual,IDM)的相关规定,分别规定了 BIM 应用中信息交换的方法与格式以及交互框架,这两个标准一般统称为 IDM 标准。IDM 标准规范了如何构建 IFC 格式的数据,这就为 IFC 格式数据的传递定下了规矩。本书第 3 章将对这些标准作进一步介绍。

BIM 服务器的创建就可以为执行以上的国际标准提供实现的手段。BIM 服务器采用安装在服务器端的中央数据库进行 IFC 数据存储与管理,用户可以通过系统网络上传 IFC 数据到 BIM 服务器,并将数据保存到数据库中。BIM 服务器能理解 IFC 结构,并支持用户使用 IFC 格式的 BIM 模型。

用户进行相关应用时可通过 BIM 服务器提取所需的信息,同时也可以对模型中的信息进行扩展,然后将扩展的模型信息重新提交给服务器,这样就实现了 BIM 数据的存储、管理、交换和应用。

再进一步,如果 BIM 服务器实现以集成 BIM 为基础,就可以实现对象级别的数据管理以及权限配置,能支持多用户协作和同步修改。

目前就国内外来说,BIM 服务器的研究都正在不断发展之中。一些现有的 BIM 服务器产品问世时间并不长,它们的系统架构和功能仍处于发展阶段。它们中的大多数尚不能满足 BIM 服务器要实现对象级管理的需求。虽然如此,但这种 BIM 服务器却是未来 BIM 应用系统的发展方向。

目前国外发布的基于 BIM 服务器的数据集成和管理平台主要有：IFC Model Server，EDM Model Server，BIM Server（an open source server），Autodesk Collaborative Project Management，Bentley ProjectWise Integration Server，Graphisoft ArchiCAD BIM Server，EuroSTEP Share-A-Space Model Server[1]136-148 等，它们各有特点和不足之处。现在国内也有了相应的研究[2]。

相信假以时日，这类 BIM 服务器会发展得越来越好，使 BIM 的应用规模以及效率都有较大的提高。

2.1.2 项目决策、实施和运营过程中 BIM 的应用框架

BIM 的实施与传统的 CAD 应用有很大的区别，CAD 主要是在建筑设计阶段应用，而 BIM 的应用则涉及项目中各个阶段、多个企业、多个专业乃至整个团队。因此，凡是一个项目决定要应用 BIM，就应当首先通过确定其应用目标以及实施计划，搭建起整个 BIM 的应用框架。

项目级基于 BIM 的应用系统首先要考虑跨企业、跨专业等的问题，项目级基于 BIM 的 IT 系统大多数都是采用局域网和互联网混合使用的模式。因此，需要配置强有力的中心服务器以应付日常各种运行的需要，要特别注意系统的安全性。

在项目的全生命周期中，基于 BIM 的应用系统还会接受多种数据采集设备采集的数据输入，如激光测距仪、3D 扫描仪、GPS 定位仪、全站仪、高清摄像机等，系统需要为这些设备预留各种接口。

目前随着云计算技术的发展，采用云计算技术构建项目级基于 BIM 的系统平台可以解决跨企业、跨专业、大数据量等的问题。

以上是从硬件角度谈项目级基于 BIM 的应用系统框架的搭建。以下从实施计划角度谈项目级基于 BIM 的应用框架的搭建。

为项目制定 BIM 实施规划的作用是为了加强整个项目团队成员之间的沟通与协作，更快、更好、更省地完成项目交付，减少因各种原因造成的浪费、延误和工程质量问题。同时也可以规范 BIM 技术的实施流程、信息交换以及支持各种流程的基础设施的管理与应用。

搭建项目级基于 BIM 的应用框架需要做好如下四方面的工作：前期准备工作、确定建模计划、制订沟通和协作计划、制订技术规划。现在分别说明。

1）前期准备工作

当一个要应用 BIM 的项目启动之时，需要建立起核心协作团队，做好项目的描述，明确项目宗旨及目标，制订好协作流程规划。更进一步，还需要做好项目阶段的划分，明确各个阶段的阶段性目标。

BIM 应用的核心协作团队，可以由业主、建筑师、总承包商、供应商、有关的分包方等项目的各个利益相关方各派出至少一名代表组成，负责完成本项目 BIM 应用的实施计划，创建本项目协同管理系统中有关的权限级别，监督

整个计划的执行。

项目的目标可以确定为:根据项目和团队特点确定当前项目全生命周期中 BIM 的应用目标和具体应用范围,明确本项目究竟是全过程都应用 BIM 技术,还是只在某一阶段或者某些范围内应用 BIM 技术。根据应用目标和具体应用范围制订出针对本项目 BIM 应用的实施标准过程与步骤,还要通过研究和讨论对标准过程与步骤的可行性进行验证。

而协作流程规划,则与项目的管理模式有关。现在的管理模式有设计—招标—建造(Design-Bid-Build,DBB)模式、设计—建造(Design-Build,DB)模式、风险施工管理(Construction Manager at Risk,CM@R)模式、IPD(Integrated Project Delivery)模式等多种管理模式。在不同的管理模式中,参与项目各方在不同阶段所承担的工作内容是不尽相同的,从而导致其协作流程计划也不同。所以在项目伊始,明确了采用哪一种管理模式之后,就要确定好协作流程规划。

2) 确定建模计划

应用 BIM 技术的过程就是对一个 BIM 模型不断完善的过程,一个"modeling"的过程。通过确定建模计划,也等于建立起整个项目 BIM 应用的实施流程。

(1) 确定建模标准与细节

在制订建模计划之前,各个利益相关方要指定专人担任建模经理负责建模工作。建模经理有许多责任,包括在各个阶段确认模型的内容、确认模型的技术细节、将模型的内容移交到另一方、参加设计审阅和模型协调会议、管理版本……

为了把涉及多个专业、众多人员的 BIM 应用搞好,建模之前要明确建模标准和模型文档的交付要求,确定好模型组件的文件命名结构、精度和尺寸标注、建模对象要存储的属性、建模详细程度、模型的度量制等。

例如,在项目的设计过程中,建筑师以及相关专业的设计师会在总的 BIM 模型下生成若干个子模型,描述各自专业的设计意图,总承包商则会制作施工子模型对施工过程进行模拟以及对可施工性进行分析。施工方应对设计方的子模型提出意见,设计方也应对施工方的子模型提出意见。由于整个项目的建模工作量很大,因此,有必要在建模前对相关的要求、细节计划好。

(2) 建立详细建模计划

然后按照 BIM 应用的实施流程,根据不同阶段的要求建立起详细的建模计划。可以按照如下阶段进行划分:概念设计阶段、方案设计阶段、详细设计阶段、施工图阶段、机构协调投标阶段、施工阶段、物业管理阶段。详细的建模计划应当包括各个阶段的建模目标、所包含的模型以及模型制作人员的角色与责任。

应用 BIM 模型进行相关分析是 BIM 技术的重要应用,也是提高工程质量、缩短工期、降低成本的关键步骤。通常是应用不同的子模型来进行相关的分析,如可视化分析、结构分析、能效分析、冲突检测分析、材料算量分析、进度分析、绿色建筑评估体系分析等。因此,在确定了详细的建模计划后,也需要制订详细的分析计划。列出分析所用到的模型、由谁负责分析、预计需要的分析工具、预计在项目的什么阶段进行等。

3）制订沟通和协作计划

沟通与协作是 BIM 应用中的重要环节,制订详细的项目沟通计划和协作计划对于 BIM 技术的实施十分必要。

（1）沟通计划

沟通计划包括信息收发和通信协议、会议的议程与记录、信函的使用等。

（2）协作计划

协作计划包括较为广泛的内容,大的分类包括文档管理、投标管理、施工管理、成本管理、项目竣工管理。

其中文档管理包括批复和访问权限管理（确定拥有更新权、浏览权和无权限的范围）、文件夹维护、文件夹操作通知（对文件夹结构进行操作时确定能接收相关通知的个人、群组或整个项目团队）、文件命名规则、设计审阅等。

投标管理的目标是怎样能够实现更快、更高效的投标流程。

施工管理则包括施工过程的协调与管理、质量管理、信息请求（Request For Information，RFl）管理、提交的文件管理、日志管理、其他施工管理和业务流程管理等。

成本管理包括对预算、采购、变更单流程、支付申请等流程的管理,进而达到优化成本管理的目标。

而项目竣工管理则包括竣工模型和系统归档两项内容,其中竣工模型的详细程度应等同于建模的详细程度,并应列出竣工模型应包含的对象和不包含的对象。

4）制订技术规划

为了项目 BIM 应用的实施,必须制订可行的项目技术规划。该规划涉及软件选择以及系统要求和管理两个方面。

（1）软件选择

软件选择的原则是,能够最大限度地发挥基于 BIM 的软件工具的优越性。因此应当注意软件的选择。以下介绍若干类软件的选择原则。

① 模型创建的软件:基于数据库平台,支持创建参数化的、包含丰富信息的对象,支持对象关联变化、自动更新,支持文件链接、共享和参照引用,支持 IFC 格式。

② 模型集成的软件:能够整合来自不同软件平台多种格式的设计文件,并可用于模型仿真。

③ 碰撞检测/协调模型的软件:能够对一个或多个设计文件进行碰撞检测分析,能够生成碰撞检测报告（含碰撞列表和直接图示）。

④ 模型可视化的软件:支持用户以环绕、缩放、平移、按轨迹、审核和飞行方式快速浏览模型。

⑤ 模型进度审查的软件:支持用户输入进度信息,以可视化方式模拟施

工流程。

⑥ 模型算量的软件：能够从设计文件中自动提取材料的数量，并能与造价软件集成。

⑦ 协同项目管理系统：应当能支持基于 Web 的远程访问，支持不同权限的访问，支持通过系统生成的邮件进行通信，支持在系统浏览器查看多种不同格式的图形和文本文件，具有文档管理、施工管理、投标管理等功能，支持成本管理控制和根据系统信息生成报表……

以上软件都需要具备能够直接从 BIM 模型中提取相关信息的能力。

（2）系统要求和管理

系统要求和管理则包括两个方面的计划：IT 工具计划以及协同项目管理计划。

其中，IT 工具涉及模型创建、冲突检测、可视化、排序、仿真和材料算量等软件的选择，因此必须要做好安排，使硬件与上述所选择的软件相匹配。同时还要落实好资金来源、数据所有权、管理、用户要求等。

协同项目管理的计划包括协同项目管理系统的使用权限、资金来源、数据所有权、用户要求、安全要求等（异地储存镜像数据、每日备份保存信息、入侵检测系统、加密协议等）。

2.1.3 企业级 BIM 的应用框架

企业级 BIM 的应用一般目标都比较长远，整个基于 BIM 的 IT 系统都比较大，终端机很多，而且系统还可能与企业的办公自动化系统连接起来，运行的数据量很大，在系统中有可能要遇到某些瓶颈问题，系统管理复杂，系统的安全性是重点要注意的问题。采用云计算技术构建企业级 BIM 的系统平台对解决跨部门、跨专业、大数据量、运行瓶颈等问题很有帮助。

企业级 BIM 应用框架的搭建应当与企业发展的长远目标密切相关，采用 BIM 技术将对企业的运营产生巨大的影响，大大提高企业的竞争实力，这将有助于企业为客户提供优质的服务，为企业在市场竞争中获取更大的利益。因此，在搭建应用框架的时候，要明确企业推行 BIM 的宗旨，明确自己的目的和要达到的目标。

为了搞好企业 BIM 的应用，企业应当在总经理的领导下，成立实施 BIM 的职能部门，各专业部门要指定专人负责本部门的 BIM 应用事宜，各专业部门 BIM 应用的负责人组成企业 BIM 应用的核心团队，领导和统筹 BIM 的应用工作。

搭建整个企业级 BIM 应用框架需要做好如下五方面的工作：建模计划、人员计划、实施计划、公司协作计划、企业技术计划。下面分别进行介绍。

1）建模计划

（1）制订详细的建模计划和建模标准

企业在项目实施过程中，会在总的 BIM 模型下生成若干个子模型，用于不同的用途。例如,施工子模型用于对施工过程进行模拟,并对可施工性进行分析。这时,BIM 应用的核心团队和协作单位的人员一起对施工子模型进行协调,提出修改意见。其他子模型也会有这样的应用和协调过程。

因此,企业要制订好建模计划和建模标准。在建模计划中,列出模型名称、模型内容、在项目的什么阶段创建以及创建工具等,并在建模前对相关的要求、细节计划好。而建模标准则包括模型的精度和尺寸标注的要求、建模对象要具备的属性、建模详细程度、模型的度量制……

（2）制订详细的分析计划

在确定了详细的建模计划后,接着就需要制订详细的分析计划。通常是应用不同的子模型来进行相关的分析,例如可视化分析、结构分析、能效分析、冲突检测分析、材料算量分析、进度分析、绿色建筑评估体系分析等。这里,就有相应的分析子模型创建问题,同时也需要做好分析软件的计划,以便于配置好相应的分析软件。为了使分析能与设计无缝链接,初始建模人员需要根据分析计划在建模的过程中加入相关的属性信息。

2）人员计划

企业要把人员计划做好,因为人员对 BIM 应用水平的高低起了很关键的作用。人员计划包括了对企业结构、员工技能、人员招聘和培训要求的分析。

由于企业应用了 BIM,原有的企业结构组成可能不适应了,一些专门服务于 BIM 应用的新部门、新岗位出现,改变了企业的结构,因此需要对企业的结构进行分析。这些分析应包含对当前企业结构的分析和对未来应用 BIM 技术后企业结构的建议。

其次是对员工技能的分析。应用了 BIM 技术后,需要员工掌握新的技能,因此需要对企业当前员工已有的技能进行分析,并对所需技能及掌握此类技能的人数提出建议。

有些岗位确实需要招聘新员工,因此也需要对所需新员工的类型和人数进行分析并做出招聘计划。

无论是新员工还是老员工,都需要参加 BIM 技术应用的培训,才能满足企业应用 BIM 的要求。培训计划需要列出要培训的技能类型、培训对象、培训人数和培训课时数。

3）实施计划

作为企业的实施计划,应当包括沟通计划、培训计划和支持计划。

（1）沟通计划

企业在实施 BIM 技术后会在企业结构、运营等方面带来一系列重大改变,这些改变也许会对尚未适应新变化的员工心理上造成一些误解或困惑。沟通计划是为了保证企业的平稳过渡,制订出如何根据企业的实际情况与员工进行有效沟通的计划。

（2）培训计划

BIM 技术是新的技术,必须对员工进行培训才能有效地实施 BIM 技术。

培训计划要明确培训制度、培训课程、培训对象、培训课时数、待培训人数、培训日期等。培训对象除了本企业员工外,还可以是合作伙伴。

（3）支持计划

企业在应用 BIM 技术的过程中涉及很多软硬件和技术装备,购买这些软硬件和技术装备时,软硬件厂商会承诺提供必要的支持。支持计划需要列出相关的支持方案,包括软硬件名称、支持类型、联系信息和支持时间等。

4）公司协作计划

公司协作计划是为本企业内部的员工在 BIM 应用的大环境下,实现高效的沟通、检索和共享用 BIM 技术创建的信息而制定的。应当充分评估企业原有的沟通与协作制度在 BIM 应用的大环境下的适应性,根据评估结果确定如何利用或提升原有的沟通与协作制度。

在 BIM 应用中,沟通、检索和共享的主要问题是文档的管理,使员工能够根据所授予的权限,在指定的文件夹中上传、下载、查看、编辑、批注文档。

5）企业技术计划

企业的技术计划关系到实施 BIM 技术所需要的能力,包括软硬件和基础设施的情况。需要对企业的技术能力、软硬件和基础设施的情况进行评估,然后根据实际情况制订出企业的技术计划。该计划包括软件选择要求、硬件选择要求等。

（1）软件选择要求

软件选择的原则是,能够最大限度地发挥 BIM 工具的优越性,因此应当注意软件的选择。这一点可参照前面项目级基于 BIM 的应用系统中的介绍。

（2）硬件选择要求

根据企业当前的实力、硬件情况以及要实施的 BIM 技术,确定企业的硬件计划。

2.2　BIM 技术在设施全生命周期的应用

前面已经介绍过,BIM 有着很广泛的应用范围,从纵向上可以跨越设施的整个生命周期,在横向上可以覆盖不同的专业、工种,使得在不同的阶段中,不同岗位的人员都可以应用 BIM 技术来开展工作。本节将介绍 BIM 技术在设施全生命周期各个阶段的应用。

在 2009 年,美国宾夕法尼亚州立大学的计算机集成化施工研究组（The Computer Integrated Construction Research Program of the Pennsylvania State University)完成了一个 bSa[①] 的项目,其研究结果写成了《BIM 项目实

---

① 　参看本书附录 A。

施计划指南》(*BIM Project Execution Planning Guide*)第一版[3],到了 2010
年又发表了 *BIM Project Execution Planning Guide* 的第二版[4]。在这个指
南中,对美国建筑市场上 BIM 技术的常见应用进行调查、研究、分析、归纳和
分类,得出了 BIM 技术的 25 种常见的应用(图 2-2)。

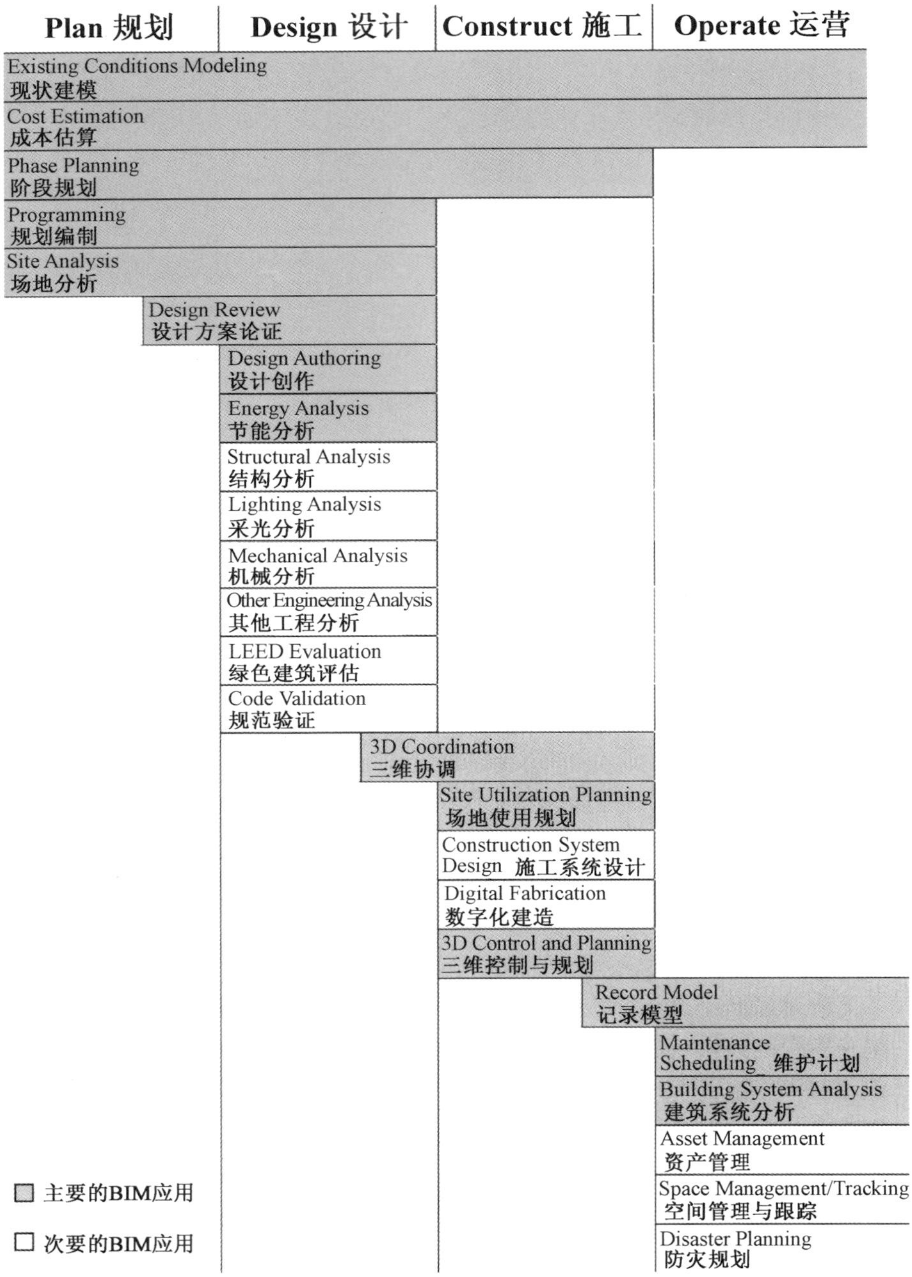

Plan 规划	Design 设计	Construct 施工	Operate 运营
Existing Conditions Modeling 现状建模			
Cost Estimation 成本估算			
Phase Planning 阶段规划			
Programming 规划编制			
Site Analysis 场地分析			
	Design Review 设计方案论证		
	Design Authoring 设计创作		
	Energy Analysis 节能分析		
	Structural Analysis 结构分析		
	Lighting Analysis 采光分析		
	Mechanical Analysis 机械分析		
	Other Engineering Analysis 其他工程分析		
	LEED Evaluation 绿色建筑评估		
	Code Validation 规范验证		
		3D Coordination 三维协调	
		Site Utilization Planning 场地使用规划	
		Construction System Design 施工系统设计	
		Digital Fabrication 数字化建造	
		3D Control and Planning 三维控制与规划	
			Record Model 记录模型
			Maintenance Scheduling 维护计划
			Building System Analysis 建筑系统分析
			Asset Management 资产管理
			Space Management/Tracking 空间管理与跟踪
			Disaster Planning 防灾规划

☐ 主要的BIM应用
☐ 次要的BIM应用

图 2-2 BIM 技术在美国的 25 种常见的应用

　　这 25 种应用跨越了设施全生命周期的四个阶段,即规划阶段(项目前期策划阶段)、设计阶段、施工阶段、运营阶段。

　　在我国也有类似的研究[5],该研究借鉴美国上述对 BIM 应用的分类框架,结合目前国内 BIM 技术的发展现状、市场对 BIM 应用的接受程度以及国内工程建设行业的特点,对中国建筑市场 BIM 的典型应用进行归纳和分类。得出了四个阶段共 20 种典型应用(图 2-3)。

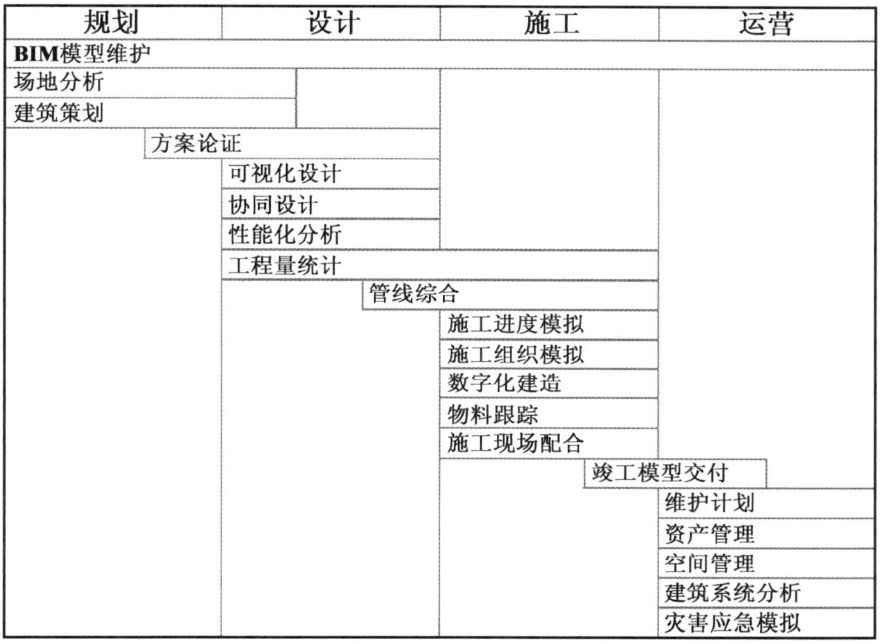

规划	设计	施工	运营
BIM模型维护			
场地分析			
建筑策划			
方案论证			
	可视化设计		
	协同设计		
	性能化分析		
	工程量统计		
	管线综合		
		施工进度模拟	
		施工组织模拟	
		数字化建造	
		物料跟踪	
		施工现场配合	
		竣工模型交付	
			维护计划
			资产管理
			空间管理
			建筑系统分析
			灾害应急模拟

图 2-3　BIM 技术在我国国内的 20 种典型应用

　　由于建筑业的工序在国内外基本上大同小异,所以图 2-2 与图 2-3 确有许多相同之处,如"场地分析"、"数字化建造"、"资产管理"等;有些字面上尽管不同但实质上是一样的,例如,前者的"设计创作"和后者的"可视化设计",前者的"记录模型"和后者的"竣工模型交付"。但有些应用二者的划分尺度不一样,如后者把前者的"节能分析"、"采光分析"和"绿色建筑评估"统一用"性能化分析"来代替了。前者的"3D 协调"与后者的"管线综合"类似,但后者的描述过于狭窄,好像仅限于管线的碰撞分析,而结构梁柱引起的净空高度不够就不管了,因此还是前者的描述更为概括和全面。后者的"物料跟踪"是前者没有的,这是一项利用无线射频识别(Radio Frequency Identification,RFID)技术,把建筑物内各个设备、构件贴上 RFID 电子标签,以实现对这些设备、构件的跟踪管理。

　　以下分别就规划阶段(项目前期策划阶段)、设计阶段、施工阶段和运营阶段 BIM 的应用进行一个概貌性介绍。

2.2.1　BIM 在项目前期策划阶段的应用

1）概述

项目前期策划阶段对整个建筑工程项目的影响是很大的。前期策划做得好,随后进行的设计、施工就会进展顺利;而前期策划做得不好,将会对后续各个工程阶段造成不良的影响。美国著名的 HOK 建筑师事务所总裁帕特里克·麦克利米(Patrick MacLeamy)提出过一张具有广泛影响的麦克利米曲线(MacLeamy Curve)图[6](图 2-4),清楚地说明了项目前期策划阶段的重要性以及实施 BIM 对整个项目的积极影响。

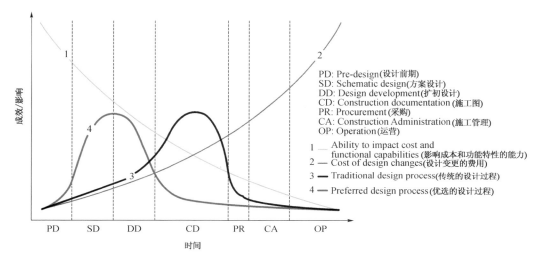

图 2-4　麦克利米曲线(MacLeamy Curve)图

图 2-4 分析了项目的生命周期进程中相关事物跟随时间的一些变化趋势。图中的曲线 1 代表了影响成本和功能特性的能力(ability to impact cost and functional capabilities),它表明在项目前期阶段的工作对于成本、建筑物的功能影响力是最大的,越往后这种影响力就越小。而曲线 2 则代表了设计改变的费用(cost of design changes),它的变化显示了在项目前期改变设计所花费的费用较低,越往后期费用就越高。这也与潜在的项目延误、浪费和增加交付成本有着直接的关联。

出于上述的原因,在项目的前期就应当及早应用 BIM 技术,使项目所有利益相关者能够早一点在一起参与项目的前期策划,让每个参与方都可以及早发现各种问题并做好协调,以保证项目的设计、施工和交付能顺利进行,减少各种不必要的浪费和延误。

BIM 技术应用在项目前期的工作有很多,包括现状建模与模型维护、场地分析、成本估算、阶段规划、规划编制、建筑策划等。

现状建模包括根据现有的资料把现状图纸导入到基于 BIM 技术的软件

中,创建出场地现状模型,包括道路、建筑物、河流、绿化以及高程的变化起伏,并根据规划条件创建出本地块的用地红线及道路红线,并生成面积指标。

在现状模型的基础上根据容积率、绿化率、建筑密度等建筑控制条件创建工程的建筑体块各种方案,创建体量模型。做好总图规划、道路交通规划、绿地景观规划、竖向规划以及管线综合规划。然后就可以在现状模型上进行概念设计,建立起建筑物初步的 BIM 模型。

接着要根据项目的经纬度,借助相关的软件采集此地的太阳及气候数据,并基于 BIM 模型数据利用相关的分析软件进行气候分析,对方案进行环境影响评估,包括日照环境影响、风环境影响、热环境影响、声环境影响等的评估。对某些项目,还需要进行交通影响模拟。

在项目前期的策划阶段,不可忽略的一项工作就是投资估算。对于应用 BIM 技术的项目,由于 BIM 技术强大的信息统计功能,在方案阶段,可以获取较为准确的土建工程量,既可以直接计算本项目的土建造价,大大提高估算的准确性,同时还可提供对方案进行补充和修改后所产生的成本变化。这可用于不同方案的对比,可以快速得出成本的变动情况,权衡出不同方案的造价优劣,为项目决策提供重要而准确的依据。这个过程也使设计人员能够及时看到他们设计上的变化对于成本的影响,可以帮助抑制由于项目修改引起的预算超支。

由于 BIM 技术在投资估算中是通过计算机自动处理烦琐的数量计算工作的,这就大大减轻了造价工程师的计算工作量,造价工程师可以利用省下来的时间从事更具价值的工作,如确定施工方案、评估风险等,这些工作对于编制高质量的预算非常重要。专业的造价工程师能够细致考虑施工中许多节省成本的专业问题,从而编制出精确的成本预算。这些专业知识可以为造价工程师在成本预算中创造真正的价值。

最后就是阶段性实施规划和设计任务书编制。设计任务书应当体现出应用 BIM 技术的设计成果,如 BIM 模型、漫游动画、管线碰撞报告、工程量及经济技术指标统计表等。

2) 应用实例

(1) 加拿大嘉士伯(Jasper)国家公园内的酒店(图 2-5)[7]

图 2-5 建于加拿大嘉士伯国家公园内的酒店模型图

公司设在加拿大艾伯塔省埃德蒙顿市的 HIP 建筑师事务所,在 2005 年承担了在加拿大嘉士伯国家公园设计一家新的酒店的任务。该酒店共三层,建筑面积 18 000 平方英尺,最多可容纳 120 位旅客。由于新酒店靠近联合国教科文组织认定的世界文化遗址,因此酒店业主决定该酒店采用可持续发展设计思想,这也体现了酒店业主对保护环境的承诺,并确定了按照 LEED 绿色建筑评级系统的黄金级标准①来设计。为此 HIP 建筑师事务所从项目一开始就采用了基于 BIM 的软件进行策划和设计。

为了在环绕旅店基地的落基山的山谷中给这幢建筑准确地定位,设计人员利用 Revit 软件根据现有的地形图为基地四周的山地创建了地形模型,并利用这个模型进行了全年的日照分析,以求出在什么位置上可以利用山体地形实现遮阳。通过这些信息,确定了酒店建筑的最佳朝向,可以在盛夏季节的下午实现最大程度的遮荫,并同时合理确定屋檐尺寸尽量减少对太阳热能的吸收。

设计人员还研究了很多种不同的设计方案及它们对能源需求的影响,他们尽量在较少的用地面积上充分利用室内的空间以实现较好的节能。设计人员将 BIM 模型数据和加拿大能源效能模拟软件结合在一起进行基本能源分析。分析表明初步设计超越了他们的能源目标,比传统建筑提高了 50%。

BIM 技术的应用还为他们后来申请 LEED 证书带来了很多方便,模型中的大量信息包括有关材料的数据,如回收物、可更新的材料、来自 500 英里半径以内的材料等可以通过基于 BIM 的软件自动筛选和分类,省去了通常申请绿色证书需要这方面的手工筛选以及计算过程。

(2)某住宅区项目②

该住宅区项目是位于我国中部地区某城市目前在建的一个大型住宅区项目,该项目占地用地面积 110 689 m²、建筑面积 44 万多平方米,容积率 3.33,建筑密度 17.82%。该项目在立项时就有意被打造成一个高档的绿色住宅区。

该项目从策划开始就采用 BIM 技术,经过一段紧张的工作,项目设计团队得出了 A,B 两个住宅区规划方案。当地的规划部门倾向于采用方案 B。

项目设计团队觉得应当根据高档的绿色住宅区的定位来决定方案的取舍。于是,他们利用建立好的 BIM 模型,对各种影响环境的参数进行详细的模拟计算,通过数据来决定采取哪一个方案(图 2-6)。模拟条件:夏至日,最高温度 33.6℃,风向为夏季主风向东南方,风速 6.94 m/s。

---

① LEED(Leadership in Energy and Environmental Design,能源和环境设计导则)是美国绿色建筑委员会(Green Building Council, GBC)制定的绿色建筑评估体系,从以下 5 个方面评价建筑对环境和用户造成的负面影响:①选择可持续发展的建筑场地;②对水源保护和对水的有效利用;③高效用能、可再生能源的利用及保护环境;④就地取材、资源的循环利用;⑤良好的室内环境质量。最后按照总得分将绿色建筑分为 4 个级别:认证级、白银级、黄金级和铂金级。目前北美仅有少数建筑被认定为最高级别的铂金级。

② 资料来源:广州优比建筑咨询有限公司。

方案A　　　　　　　　　　　　方案B

图 2-6　方案 A 和方案 B 的室外风环境模拟结果的可视化显示图

当进行到室外风环境计算评价时,他们发现,在方案 A 中,夏季风通过目标区域建筑群时风的流动性好,能在区域内形成风带,整个区域通风良好,可减轻区域热岛效应,对于建筑物的通风散热有利,可减少空调使用,从而实现节能环保;而对于方案 B,夏季风通过目标区域建筑群时风的流动性较好,但与方案 A 相比较,风速在区域内形成的风带不明显,对于建筑群的通风散热不够好。

同样的模拟条件下的夏季居住区风环境分析中,方案 A 明显优于方案 B。原因是方案 A 中建筑群的规划对于风的引导产生好的效果,建筑物前后形成了风带通道,利用风的流动将区域的热量带走,对于建筑物的通风散热产生好的效果。而方案 B 的建筑物前后风的流动性不强,使建筑群周围产生的热量不能被风很好地带走,从而使区域的局部温度过高。

通过利用基于 BIM 模型的量化分析,规划部门通过了方案 A 的报批,加快了政府部门的报建流程。

（3）维多利项目[1]557-566

这个项目位于美国德克萨斯州达拉斯市中心维多利地区的一个铁路堆场,将被改造作为 Victory Park 的发展项目的组成部分。该项目是一座六层高、占地 1.6 公顷、有 135 000 平方英尺的办公及零售两用的建筑。项目在 2006 年 8 月启动,在项目前期策划阶段,在业主认可了概念设计后设计团队就马上着手用 BIM 技术建立数字化的概念成本模型,并探讨了多个设计修改方案以及评估不同建筑性能置换方案的成本,同时进行成本估算,最后将计算成本概算结果提交给客户。

项目使用的核心软件是 DProfiler①,相对于其他的基于 BIM 技术的软件,DProfiler 主要的强项是其所建的模型与成本信息是直接关联的。

---

①　有关软件 DProfiler 的介绍请参看第 4 章。

DProfiler 软件包集成了 RSMeans 数据库①的成本数据,这使得设计团队对各种设计选项能进行快速的计算。

使用 DProfiler 进行估算与传统的人工估算方法相比,生成估算结果的时间可减少 92%,类似的项目的误差在 1%以内。因此,设计团队可以有更多时间和能力探索更多可行的方案。

项目每个构件和装配部件与数据库中的成本项目是相关的,当设计团队向模型中更换构件时,成本估算会实时更新,设计师可以看到估算的信息。如图 2-7 所示的是 DProfiler 显示项目信息、建筑物汇总数据、停车场汇总数据、场地和场地使用汇总数据的快照,呈现了一个实时的建模设计成本估算值。在这个案例中,每个单项都是与 RSMeans 成本数据库关联的。

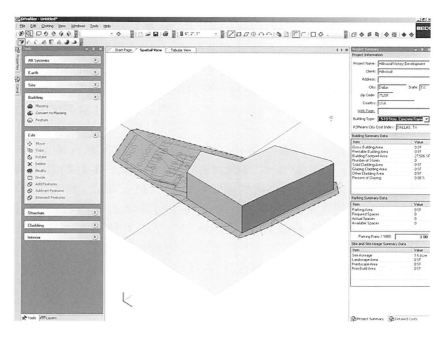

图 2-7　DProfiler 显示的项目快照图

建立与成本项目相关的参数化模型中重要的一步是输入包括项目地区邮政编码等的项目相关信息,这使项目组得以考虑项目区域相关的成本因素。

如果概念设计模型和相应的成本估算被发现超出预算而不能在业主预计的框架范围内实现时,团队将评估多种成本估算方案,比如更改层高,通过增加或减少楼层来扩充或减少面积;或者评估当前平面布置及调整平面为更平直或者是更有效的平面。

---

① 　RSMeans 是国际上著名的建筑在线数据库,里面收录了大量最新的建筑材料、设备、劳动力的价格,并随时根据新情况进行更新。

设计选项还包括在外窗幕墙系统采用反光镀膜玻璃来代替更为昂贵的用来处理南面及西面太阳直接照射的金属板遮阳系统。图 2-8 展示了两种设计选项。团队尽可能地综合了两种设计选项并向业主展示了相关信息。

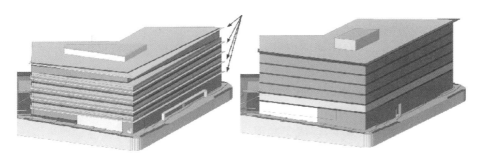

（a）一个设计选项用窗楣檐篷来遮挡太阳直射　　（b）另一个设计选项使用反光镀膜玻璃而不是檐篷

图 2-8　两个设计选项图

设计团队还可以输入诸如租赁面积等不同的设计参数直接影响到业主的财务预算，但在这个项目中并未这样做。将模型与预算直接连接的好处在于可以获得实时的反馈，包括建筑成本估算、运营的收入及支出。业主通常将这些信息视为资产信息，这种根据实际的建筑参数而获得快速的对设计选项进行估算的能力是非常有价值的。

该项目业主的反馈是："通过对价格影响因素的建模，我们可以确认更好的面向市场的产品。潜在的客户有很高的要求，我们必须提供正确的建筑及租赁价格来使他们满意。"

概念阶段成本估算对业主和设计团队产生不同的好处。这些包括：

① 减少成本概算时间：节约时间有两方面原因，一是参与概算的人员大大减少；二是繁琐的工料估算工作交由计算机上计算比传统的人工方式可减少大量时间。

② 实时、准确的成本估算：所有的项目都被包括在内进行统计，这就减少了潜在的估计错误，而参数化的模型保证了材料估算的准确性。而实时性的估算结果有利于设计团队分析设计变更带来的财务影响。

③ 估算结果的可视化展示：成本估算以 3D 图形的方式呈现，这可以减少人工估算时的疏忽而造成的潜在错误。比如说，估算人员忽略了建筑物的某个部分，在 3D 视图中这部分就会显示不出来，因而发现估算的错误。

2.2.2　BIM 在项目设计阶段的应用

1）概述

从 BIM 的发展历史可以知道，BIM 最早的应用就是在建筑设计，然后再扩展到建筑工程的其他阶段。

BIM 在建筑设计的应用范围很广,无论在设计方案论证,还是在设计创作、协同设计、建筑性能分析、结构分析,以及在绿色建筑评估、规范验证、工程量统计等许多方面都有广泛的应用。

BIM 为设计方案的论证带来了很多的便利。由于 BIM 的应用,传统的 2D 设计模式已被 3D 模型所取代,3D 模型所展示的设计效果十分方便评审人员、业主和用户对方案进行评估,甚至可以就当前的设计方案讨论可施工性的问题、如何削减成本和缩短工期等问题,经过审查最终为修改设计提供可行的方案。由于是用可视化方式进行,可获得来自最终用户和业主的积极反馈,使决策的时间大大减少,促成了共识。

设计方案确定后就可深化设计,BIM 技术继续在后续的建筑设计发挥作用。由于基于 BIM 的设计软件以 3D 的墙体、门、窗、楼梯等建筑构件作为构成 BIM 模型的基本图形元素。整个设计过程就是不断确定和修改各种建筑构件的参数,全面采用可视化的参数化设计方式进行设计。而且这个 BIM 模型中的构件实现了数据关联、智能互动。所有的数据都集成在 BIM 模型中,其交付的设计成果就是 BIM 模型。至于各种平、立、剖 2D 图纸都可以根据模型随意生成,各种 3D 效果图、3D 动画的生成也是这样。这就为生成施工图和实现设计可视化提供了方便。由于生成的各种图纸都是来源于同一个建筑模型,因此所有的图纸和图表都是相互关联的,同时这种关联互动是实时的。在任何视图上对设计做出的任何更改,就等同对模型的修改,都马上可以在其他视图上关联的地方反映出来。这就从根本上避免了不同视图之间出现的不一致现象。

BIM 技术为实现协同设计开辟了广阔的前景,使不同专业的甚至是身处异地的设计人员都能够通过网络在同一个 BIM 模型上展开协同设计,使设计能够协调地进行。

以往应用 2D 绘图软件进行建筑设计,平、立、剖各种视图之间不协调的事情时有发生,即使花了大量人力物力对图纸进行审查仍然未能把不协调的问题全部改正。有些问题到了施工过程才能发现,给材料、成本、工期造成了很大的损失。应用 BIM 技术后,通过协同设计和可视化分析就可以及时解决上述设计中的不协调问题,保证了施工的顺利进行。例如,应用 BIM 技术可以检查建筑、结构、设备平面图布置有没有冲突,楼层高度是否适宜;楼梯布置与其他设计布置及是否协调;建筑物空调、给排水等各种管道布置与梁柱位置有没有冲突和碰撞,所留的空间高度、宽度是否恰当……这就避免了使用 2D 的 CAD 软件搞建筑设计时容易出现的不同视图、不同专业设计图不一致的现象。

除了做好设计协调之外,BIM 模型中包含的建筑构件的各种详细信息,可以为建筑性能分析(节能分析、采光分析、日照分析、通风分析……)提供条件,而且这些分析都是可视化的。这样,就为绿色建筑、低碳建筑的设计,乃至建成后进行的绿色建筑评估提供了便利。这是因为 BIM 模型中包含了用于建筑性能分析的各种数据，同时各种基于 BIM 的软件提供了良好的交换数据功能，只要将模型中的数据通过诸如 IFC，gbXML 等交换格式输入到相关的分析软件中，很快就得到分析的结果，为设计方案的最后确定提供了保证。

　　BIM 模型中信息的完备性也大大简化了设计阶段对工程量的统计工作。模型中每个构件都与 BIM 模型数据库中的成本项目是相关的，当设计师推敲设计在 BIM 模型中对构件进行变更时，成本估算会实时更新，而设计师随时可看到更新的估算信息。

　　以前应用 2D 的 CAD 软件搞设计，由于绘制施工图的工作量很大，建筑师无法花很多的时间对设计方案进行精心的推敲，否则就不够时间绘制施工图以及后期的调整。而应用 BIM 技术进行设计后，使建筑师能够把主要的精力放在建筑设计的核心工作——设计构思和相关的分析上。只要完成了设计构思，确定了 BIM 模型的最后构成，马上就可以根据模型生成各种施工图，只需用很少的时间就能完成施工图。由于 BIM 模型良好的协调性，因此在后期需要调整设计的工作量是很少的（图 2-9）。这样建筑设计的质量就得到了保证。

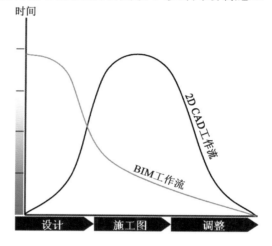

图 2-9　2D CAD 工作流与 BIM 工作流对比示意图

　　应用 BIM 技术后，整个设计流程有别于传统的 CAD 设计流程，建筑师可以有更多的时间进行建筑设计构思和相关分析，只需要较少的时间就可以完成施工图及后期的调整，设计质量也得到明显的提高。

　　工程量统计以前是一个通过人工读图、逐项计算的体力活，需要大量的人员和时间。而应用 BIM 技术，通过计算软件从 BIM 模型中快速、准确地提取数据，很快就能得到准确的工程量计算结果，能够提高工作效率好多倍。

　　2）应用案例

　　BIM 技术一问世，就得到建筑界的青睐，并在建筑业中迅速得到应用。以下通过一些实例来介绍 BIM 在建筑设计中的应用。

　　（1）国家游泳中心

　　国家游泳中心是为迎接 2008 年北京奥运会而兴建的比赛场馆，又名"水立方"。建筑面积约 5 万平方米，设有 1.7 万个坐席，工程造价约 1 亿美元。

设计方案是由中国建筑工程总公司、澳大利亚 PTW 公司和 ARUP 公司组成的联合体设计,设计体现出"水立方"的设计理念,融建筑设计与结构设计于一体。

"水立方"设计的灵感来自于肥皂泡泡以及有机细胞天然图案的形成,如何实现他们的建筑灵感,结构设计是个关键。设计人员设想采用的建筑结构是 3D 的维伦第尔式空间梁架(Vierendeel space frame),根据国家游泳中心的设计,这个空间梁架每边都是 175 m,高 35 m,空间梁架的基本单位是一个由 12 个五边形和 2 个六边形所组成的几何细胞,设计的表达以及结构计算都非常复杂。设计人员借助于 BIM 技术,使他们的设计灵感得以实现。他们应用 Bentley Structural 和 MicroStation TriForma 制作了一个 3D 细胞阵列,然后根据国家游泳中心的设计形成造型,细胞阵列的切削表面形成这个混合式结构的凸缘,而结构内部则形成网状,在 3D 空间中一直重复,没有留下任何闲置空间(图 2-10)。

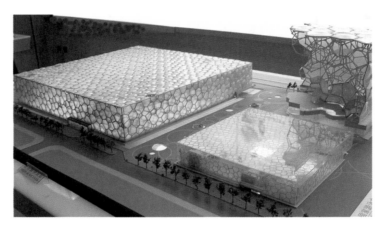

图 2-10　国家游泳中心模型和在结构上使用的维伦第尔式空间梁架模型图(右上方)①

如果采用传统的 CAD 技术,"水立方"的结构施工图是无法画出来的。"水立方"整个图纸中所引用到的所有钢结构的图形都来自于他们采用的基于 BIM 的软件,用切片方式切出来的。[8]

由于设计人员应用了 BIM 技术,在较短的时间内完成包含如此复杂的几何图形的设计以及相关的文档,他们赢得了 2005 年美国建筑师学会(American Institute of Architect,AIA)颁发的"BIM 大奖"。

(2) 林肯中心的爱丽丝杜利音乐厅改造工程[9]

美国纽约市林肯中心的爱丽丝杜利音乐厅在 2009 年的室内改造工程中应用了 BIM 技术(图 2-11),取得了令人满意的效果。

---

① 图片来源:http://www.nipic.com/show/1/48/20134d8829ee892d.html.

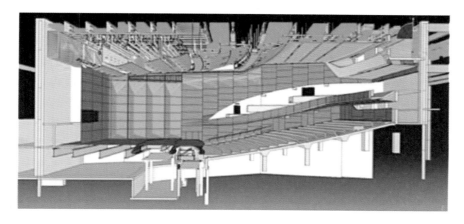

图 2-11 林肯中心的爱丽丝杜利音乐厅改造模型图

该项目要求在现有空间的墙体系统中采用新型材料,在音乐厅内部采用了半透明的、弯曲的木饰面板的墙板系统,并对施工误差和工期作了严格的规定。为保证质量和工期,设计师应用 Digit Project 建立了室内的 BIM 模型,包括木墙板、承重钢结构、剧场缆索提升装置、暖通水电系统等各个方面,并考虑了各构件、各系统的相互影响,使工程得以顺利进行。其中有以下几点,凸显了 BIM 技术的优越性:

① 设计师通过 Digit Project 与建筑木业厂商、板材顾问进行协同工作,又快又好地共同完成了内部面板设计,随后建筑木业厂商可直接按设计要求进行面板的制造,交付安装。

② 设计师通过 Digit Project 将各分包商的 3D 模型整合在一起,建立起 3D 的 BIM 模型并提供了预生成该项目的数字化 3D 视图,完成了诸如管道系统布局等复杂系统的设计,分析和解决了管道系统的碰撞冲突问题,避免了因为碰撞冲突引起的修改设计、返工等问题。

③ 设计师利用 Digit Project 建立起 3D 的 BIM 模型,分析了设计中各个部分的衔接问题,确保所制造的面板能精确地安装,确保了施工的顺利进行。

(3)将旧楼改造为获得 LEED 金牌认证的万怡酒店[1]557-566

坐落在美国俄勒冈州波特兰市商业区心脏区域的多伦多国家大厦(Toronto National Building)始建于 1982 年,后来被空置了近 20 年都没有使用。到了 2009 年,它终于被改造成一家现代化的酒店,即由万豪集团管理的万怡(Courtyard)酒店(图 2-12)。主要的改造工程包括对原有的 13 层楼的大厦加建 3 层,对整个外墙进行了更换,添加了新的系统以符合酒店的需求,并根据新的结构负载和现行的

图 2-12 万怡酒店的 Revit 模型

建筑法规对现有的结构进行了升级改造。相邻的 3 层楼建筑被拆除,取而代之的是一个新的 4 层结构的建筑并提供停车场、公共功能和内部活动的场所。

该项目因为它的高能效、低耗水量、低碳排放量、高品质的室内环境条件,以及对资源的高效利用,被美国绿色建筑委员会授予能源与环境设计指南(LEED)的金牌证书。

选择修复空置的建筑物而不是拆毁重建,这个决定的动机是希望尽量减少资源的浪费,但也带来了将新系统集成到现有的结构的一系列挑战。基于建筑物的一套完整的 3D 扫描建立起的 BIM 模型让开发工作有了精确可靠的几何描述,这是结构评估、能源分析、承包商之间的协调等一系列信息的主要来源。该项目提供了很好的重塑商业结构和使用 BIM 技术解决 LEED 认证的例子。

设计工作主要包括两个阶段:首先,对现有的房屋结构进行 3D 扫描,在此基础上建立起建筑物准确的 BIM 模型,这个 BIM 模型成为了整个设计过程共同的信息源;接着,这一共同信息源在设计过程中与来自不同专业的 BIM 子模型之间不断进行交互,直至设计完成。

由于原有建筑的质量极差,而且该建筑建成后从未得到过任何使用准许证书,之后保持了将近 20 年空置。为了准确了解现有状况,对其进行了一个必要的整体的 3D 激光扫描。扫描后,使用 Cloudworx 软件把扫描所得的点云数据记录并整合生成一组描述现有建筑物的各个表面,包括现有楼板、柱网和核心筒墙壁的实际几何形状。通过扫描,发现了原有建筑物楼板及柱网的一些偏移问题以及楼板边缘的一些不规则情况,为下一步的设计提供了准确的基础数据。

设计团队在扫描数据的基础上,用 Revit 建立起了 BIM 模型。并在这个模型的上面,展开了新增加的三层以及更换外墙的设计。

扫描为设计团队提供了有价值的数据。因为现有结构中的先天不足,建筑物外墙的更换不能超越现有的结构载荷加大荷重。因此要求设计团队在现有结构的限制中找到一个解决方案。由于 BIM 模型准确反映现状,为外墙面板的设计、预制和安装提供了很好的参照作用。

在上述 BIM 模型基础上,不同用途的子模型也建立了起来,整个 MEP 系统也定义在模型中,以方便分包商用于不同的目的。BIM 模型的建立也为有关材料、能源和水消耗的成本估计和决策提供了主要的信息来源。

为了项目的协调,全部子模型集合都融入到 Navisworks 中。不同子模型之间交互的过程是由 Navisworks 模型驱动的,有利于早期冲突和碰撞检测。

设计团队发现在舞厅的机械系统和现有的结构潜在着冲突问题,这些冲突留在施工阶段将是要花非常昂贵的代价来解决的。设计团队解决了这些冲突问题并在整个设计过程中不断检查和完善模型。集成的 BIM 模型也被在施工中用于 4D 施工进度计划以方便施工过程管理以及异地预制组件。BIM 模型使设计团队能够更灵活地与参与项目中的机械系统、能源、低压电路、管道、暖通空调等多个领域的顾问共同工作。利用模型模拟施工过程使得对过程的复杂性可以有更深入的了解,对施工过程中的潜在冲突有更好的预测,有助于减少延误等问题。

项目的设计与施工在一个有限的时间段内完成:设计花了约 7 个月,施工约 19 个月。这取决于项目团队使用了文档处理系统 Newforma 2010,简化了协调程序并节省了大量的精力。这让团队成员在同一平台汇集和访问所有生成的文件(文档、模型、演示文稿等)。

项目的 LEED 认证涉及以下几个方面:能源和水的消耗、碳排放、室内环境质量以及对环境的影响等。因此要在建筑物的全生命周期中实现更为可持续的设计方案、施工工艺和维护水平。设计团队所面临的挑战就是在酒店业传统的高能耗标准与 LEED 绿色标准之间寻求平衡。

本项目决定重用现有结构,以尽量减少对环境的影响以及施工过程中对资源的浪费就是一个显著的贡献。

项目的 BIM 模型也是在节水和室内空气质量方面支持 LEED 认证所需的主要信息来源。本项目通过在所有客房采用双冲水模式马桶和低流量水龙头充气器,减少了 26% 的用水量,与传统用水需求高的酒店建筑相比,用水量显著减少。另外,材料的选择以本地区可循环利用的材料以及以住客的健康为重点,客房墙壁覆盖非 PVC 材料,并无添加甲醛,这就为客人居住提供了一个健康环境,较好地解决了空气质量的问题。

为解决节约能源的问题,设计团队以 BIM 模型为基础,应用 Trane Trace 开发能耗模型进行分析。能耗模型需要解决的问题包括高性能隔热玻璃、建筑绝热材料、高效率照明、高效率暖通设备、高效率热水器、热回收系统等。

建模分析能耗需要整个设计和建设协调小组一起工作,因为能耗模型需要各个分包商的整体信息。因此在整个能耗分析的建模过程中,各分包商有机会在设计过程中一起找到彼此不一致的地方并解决它们,从而不用后来到施工现场才去解决。与一个典型的建筑物的能耗相比,该能耗建模工作实现了节能 30%(图 2-13)。

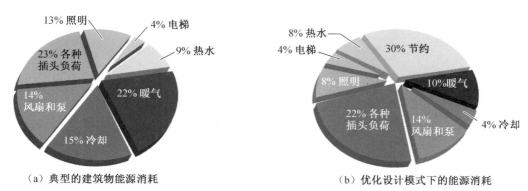

（a）典型的建筑物能源消耗   （b）优化设计模式下的能源消耗

图 2-13　能源分析的结果图

万怡酒店是在万豪房地产集团第一个获得 LEED 金牌认证的。一个中等规模的酒店如何可以超越行业经营惯例和标准而达到很高的性能水平,它提供了一个主要的例子。

尽管事实上,可持续发展在软硬件上需要额外的投资,获得 LEED 金牌认证的额外费用仅占总建筑成本的 1.2%,但俄勒冈州政府对这笔可持续设计的额外费用给予了奖励补偿。而且从第一年的运作开始每年就可节约能源和减少用水量估计分别是 30% 和 26%,估计 10 年后的该物业将节省超过 675 000 美元的公用事业费用。

2.2.3　BIM 在项目施工阶段的应用

1) 概述

在当前国内蓬蓬勃勃发展的经济建设中,房地产是我国的支柱产业。房地产的迅速发展同时也给房地产企业带来了丰厚利润。国务院发展研究中心在 2012 年出版的《中国住房市场发展趋势与政策研究》专门论述了房地产行业利润率偏高的问题。据统计,2003 年前后,我国房地产行业的毛利润率大致在 20% 左右,但随着房价的不断上涨,2007 年之后年均达到 30% 左右,超出工业整体水平约 10 个百分点[10]。

对照房地产业的高额利润,我国建筑业产值利润却低得可怜,根据有关统计,2011 年我国建筑业产值利润率仅为 3.6%[11]。究其原因应当是多方面的,但其中的一个重要原因,就是建筑业的企业管理落后,生产方式陈旧,导致错误、浪费不断,返工、延误常见,劳动生产率低下。

从本章前面的图 2-4(麦克利米曲线图)也可以看出,到了施工阶段,对设计的任何改变的成本是很高的。如果不在施工开始之前,把设计存在的问题找出来,就需要付出高昂的代价。如果没有科学、合理的施工计划和施工组织安排,也需要为造成的窝工、延误、浪费付出额外的费用。

根据以上的分析,施工企业对于应用新技术、新方法来减少错误、浪费,消除返工、延误,从而提高劳动生产率,带动利润的上升的积极性是很高的。生产实践也证明,BIM 在施工中的应用可以为施工企业带来巨大价值。

事实上,伴随着 BIM 理念在我国建筑行业内不断地被认知和认可,BIM 技术在施工实践中不断展现其优越性使其对建筑企业的施工生产活动带来极为重要和深刻的影响,而且应用的效果也是非常显著的。

BIM 技术在施工阶段可以有如下多个方面的应用:3D 协调/管线综合、支持深化设计、场地使用规划、施工系统设计、施工进度模拟、施工组织模拟、数字化建造、施工质量与进度监控、物料跟踪等。

BIM 在施工阶段的这些应用,主要有赖于应用 BIM 技术建立起的 3D 模型。3D 模型提供了可视化的手段,为参加工程项目的各方展现了 2D 图纸所不能给予的视觉效果和认知角度,这就为碰撞检测和 3D 协调提供了良好的条件。同时,可以建立基于 BIM 的包含进度控制的 4D 的施工模型,实现虚拟施工;更进一步,还可以建立基于 BIM 的包含成本控制的 5D 模型。这样就能有效控制施工安排,减少返工,控制成本,为创造绿色环保低碳施工等方面提供了有力的支持。

应用 BIM 技术可以为建筑施工带来新的面貌。

首先,可以应用 BIM 技术解决一直困扰施工企业的大问题——各种碰撞问题。在施工开始前利用 BIM 模型的 3D 可视化特性对各个专业(建筑、结构、给排水、机电、消防、电梯等)的设计进行空间协调,检查各个专业管道之间的碰撞以及管道与房屋结构中的梁、柱的碰撞。如发现碰撞则及时调整,这就较好地避免施工中管道发生碰撞和拆除重新安装的问题。上海市的虹桥枢纽工程,由于没有应用 BIM 技术,仅管线碰撞一项损失高达 5 000 多万元[12]。

其次,施工企业可以在 BIM 模型上对施工计划和施工方案进行分析模拟,充分利用空间和资源,消除冲突,得到最优施工计划和方案。特别是在复杂区域应用 3D 的 BIM 模型,直接向施工人员进行施工交底和作业指导,使效果更加直观、方便。

还可以通过应用 BIM 模型对新形式、新结构、新工艺和复杂节点等施工难点进行分析模拟,可以改进设计方案实现设计方案的可施工性,使原本在施工现场才能发现的问题尽早在设计阶段就得到解决,以达到降低成本、缩短工期、减少错误和浪费的目的。

BIM 技术还为数字化建造提供了坚实的基础。数字化建造的大前提是要有详尽的数字化信息,而 BIM 模型正是由数字化的构件组成,所有构件的详细信息都以数字化的形式存放在 BIM 模型的数据库中。而像数控机床这些用作数字化建造的设备需要的就是这些描述构件的数字化信息,这些数字化信息为数控机床提供了构件精确的定位信息,为数字化建造提供了必要条件。通常需要应用数控机床进行加工的构件大多数是一些具有自由曲面的构件,它们的几何尺寸信息和顶点位置的 3D 坐标都需要借助一些算法才能计算出来,这些在 2D 的 CAD 软件是难以完成的,而在基于 BIM 技术的设计软件则没有这些问题。

其实,施工中应用 BIM 技术最为令人称道的一点就是对施工实行了科学管理。

通过 BIM 技术与 3D 激光扫描、视频、照相、GPS(Global Positioning System,全球定位系统)、移动通讯、RFID(Radio Frequency Identification,射频识别)、互联网等技术的集成,可以实现对现场的构件、设备以及施工进度和质量的实时跟踪。

通过 BIM 技术和管理信息系统集成,可以有效支持造价、采购、库存、财务等的动态和精确管理,减少库存开支,在竣工时可以生成项目竣工模型和相关文档,有利于后续的运营管理。

BIM 技术的应用大大改善了施工方与其他方面的沟通,业主、设计方、预制厂商、材料及设备供应商、用户等可利用 BIM 模型的可视化特性与施工方进行沟通,提高效率,减少错误。

2) 应用案例

(1) Letterman 数字艺术中心[13]

Letterman 数字艺术中心坐落在美国旧金山市,包括 4 幢建筑、1 个影剧院和 1 个 4 层的地下停车库,总建筑面积达 158.2 万平方英尺(约 14.7 万 m²)。该中心的兴建始于 2003 年,并于 2005 年 6 月完工。在整个工程的建设过程中,不单在设计中采用了 BIM 技术,而在整个建筑施工过程中都使用了 BIM 技术,从而获益匪浅。

项目团队用 BIM 技术创建了一个详细的、尺寸精确的建筑信息模型,实现了可视化设计与建造过程的可视化分析。随着时间的推移和项目的进程发展,创建和应用这个数字化的 3D 建筑模型的优点变得越来越明显。

他们的经验表明,为了有效地使用 BIM 技术、实现各专业的良好合作的最重要经验就是要确保所有团队成员都要为创建建筑信息模型做出贡献。除了项目管理人员、建筑师、结构工程师、机电及管道工程师这样做之外,承包商和安装公司也积极跟进,都随着整个项目进程往模型输入信息。这样,建筑信息模型在每周都得到了更新,并通过服务器发布到项目团队的所有计算机终端中,提供本项目经过验证的最新信息。

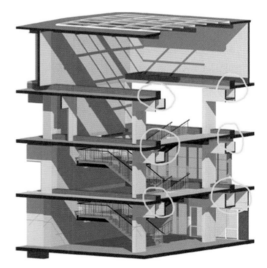

图 2-14 Letterman 数字艺术中心项目通过 BIM 发现楼板面标高低于梁面标高的问题

通过基于 BIM 的协作平台,他们及时发现了不少问题,例如,对设计进行碰撞检测时发现了多宗建筑设计图和结构设计图不一致的问题:设计图中的钢桁梁穿越了铝板幕墙的问题;电梯机房梁的位置不一致的问题;楼板面标高低于梁面标高的问题(图 2-14)等。于是使得这些问题得到及时改正,避免了返工造成的浪费以及工期延误。

由于应用了 BIM 技术,保证了按时完工,并使这个投资 3 500 万美元的项目节省经费超过 1 000 万美元。

(2) 英国伦敦维多利亚(Victoria)地铁站的升级改造[14]

英国伦敦维多利亚地铁站是伦敦主要的交通枢纽之一,非常繁忙,年客流量达到了 8 千万人次。预计在 2020 年将达到 1 亿人次。为了应付日益增长的客流量,该车站正在进行升级改造,以保证在客流高峰时旅客安全和高效出行。升级改造工作包括在地铁站内增建一批自动扶梯和无障碍通道、在北部新建一个售票厅、扩建南部售票厅等。

在维多利亚车站和周围进行建设是不容易的任务,该站区处于繁忙地段,施工期间要保持原有交通的畅通。而在它下面进行建设则是更棘手,除了满布地下的房屋基础、地铁线、服务隧道、下水道、电缆、通信线路等各种管线外,扩建区域正处在潮湿而松散的沙砾沉积物堆积带上,可供施工的场地非常狭小,地质条件相当差。维多利亚地铁站地下管线示例如图 2-15 所示。

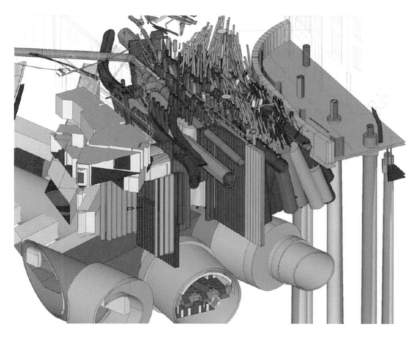

图 2-15　维多利亚地铁站地下管线模型图

建造团队一开始就决定应用 BIM 技术来解决维多利亚地铁站的升级改造问题。维多利亚地铁站的 BIM 模型涵盖了整个项目,包含了 18 个各自独立设计的专业。为了使各个专业能够和项目紧密地结合在一起,建造团队基于 BIM 模型一直围绕着如下的方式展开工作流程:

① 一个独立的,统一的,用于数据创建、管理和共享的系统;

② 协调的信息模型;

③ 客户端和联合项目供应链之间的协作。

为了最大限度地提高不同专业之间的互用性,项目团队将 ProjectWise 作为他们首选的协作软件,而在工程设计中应用 MicroStation。

施工场地狭小就容易产生各种设施的碰撞。为了统筹好旧的和新的设施以尽量减少彼此之间碰撞的风险,项目团队应用 BIM 技术创建了一个 3D 记录,这个记录录入了精确到毫米级的激光测量所产生的数据,因而大大有利于确定电缆、管道及其他结构会发生冲突的确切位置的信息。

工程中碰到的最大问题是糟糕的地质条件。为了稳定施工区域这些潮湿、松散的砾石沉积物,项目团队决定使用高压喷射灌浆技术,使地层固结能够实现隧道施工,从而建造多条连接车站新旧部分的地下隧道。施工团队为此安装了 2 500 个喷射灌浆柱,它们围绕着现有的设施并向不同的方向倾斜,灌浆后柱直径一般是 1.6 m,设计时让相邻两个柱最少有 150 mm 重叠。这项工作耗资 3 700 万英镑。

喷射灌浆柱方位的设计通过 MicroStation 来完成。设计人员利用该软件将喷射灌浆柱、服务设施和公共设施位置的相关勘测数据录入到 BIM 模型中,喷射灌浆柱的钻孔位置和方向都有一个唯一的标识在 BIM 模型中,如图 2-16 所示。该模型被用于执行"反向冲突检测",以确保相邻两个喷射灌浆柱最少有 150 mm 重叠,使灌浆固化过的地层没有空隙。设计人员在模型中调整喷射灌浆柱方位,检查动态剖视图并创建直观的施工规划。

施工时的几何数据首先从模型传输到钻机控制系统,再由该系统将竣工数据反馈给模型,这种方式可避免数据录入错误的发生。

图 2-16　BIM 模型中喷射灌浆柱的钻孔位置和方向标识图

在该车站的扩建中,由于使用集成的 BIM 模型检查结构、建筑和水暖电管线可能发生的冲突,从而避免了冲突的发生,节省了时间和成本。

在售票大厅内的设计上,由于使用了自动化模型,使得结构设计随着建筑设计的改变而进行更新的时间节省了很多。例如,楼板中开口的位置改变了,自动化模型用最少时间就算出新的结构负载和生成钢筋布置设计。

2.2.4　BIM 在项目运营维护阶段的应用

1）概述

建筑物的运营维护阶段,是建筑物全生命周期中最长的一个阶段,这个阶段的管理工作是很重要的。由于需要长期运营维护,对运营维护的科学安排能够使运营的质量提高,同时也会有效地降低运营成本,从而对管理工作带来全面的提升。

美国国家标准与技术研究院(National Institute of Standards and Technology,NIST)在 2004 年进行了一次调查研究,目的是预估美国重要的设施行业(如商业建筑、公共设施建筑和工业设施)中的效率损失。研究报告指出:"根据访谈和调查回复,在 2002 年不动产行业中每年的互用性成本量化为 158 亿美元。在这些费用中,三分之二是由业主和运营商承担,这些费用的大部分是在设施持续运营和维护中花费的。除了量化的成本,受访者还指出,还有其他显著的效率低下和失去机会的成本相关的互用性问题,超出了我们的分析范围。因此,价值 158 亿美元的成本估算在这项研究中很可能是一个保守的数字。"[15]

的确,在不少设施管理机构中每天仍然在重复低效率的工作。使用人工计算建筑管理的各种费用;在一大堆纸质文档中寻找有关设备的维护手册;花了很多时间搜索竣工平面图但是毫无结果,最后才发现他们从一开始就没收到该平面图。这正是前面说到的因为没有解决互用性问题造成的效率低下。

由此可以看出,如何提高设施在运营维护阶段的管理水平,降低运营和维护的成本问题亟需解决。

随着 BIM 的出现,设施管理者看到了希望的曙光,特别是一些应用 BIM 进行设施管理的成功案例使管理者们增强了信心。由于 BIM 中携带了建筑物全生命周期高质量的建筑信息,业主和运营商便可降低由于缺乏操作性而导致的成本损失。

在运营维护阶段 BIM 可以有如下这些方面的应用:竣工模型交付;维护计划;建筑系统分析;资产管理;空间管理与分析;防灾计划与灾害应急模拟。

将 BIM 应用到运营维护阶段后,运营维护管理工作将出现新的面貌。施工方竣工后,应对建筑物进行必要的测试和调整,按照实际情况提交竣工模型。由于从施工方那里接收了用 BIM 技术建立的竣工模型,运营维护管理方就可以在这个基础上,根据运营维护管理工作的特点,对竣工模型进行充实、完善,然后以 BIM 模型为基础,建立起运营维护管理系统。

这样,运营维护管理方得到的不只是常规的设计图纸和竣工图纸,还能得到反映建筑物真实状况的 BIM 模型,里面包含施工过程记录、材料使用情况、设备的调试记录及状态等与运营维护相关的文档和资料。BIM 能将建筑物空间信息、设备信息和其他信息有机地整合起来,结合运营维护管理系统可以充分发挥空间定位和数据记录的优势,合理制订运营、管理、维护计划,尽可能降低运营过程中的突发事件。

BIM 可以帮助管理人员进行空间管理,科学地分析建筑物空间现状,合理规划空间的安排确保其充分利用。应用 BIM 可以处理各种空间变更的请求,合理安排各种应用的需求,并记录空间的使用、出租、退租的情况,还可以在租赁合同到期日前设置到期自动提醒功能,实现空间的全过程管理。

应用 BIM 可以大大提高各种设施和设备的管理水平。可以通过 BIM 建立维护工作的历史记录,以便对设施和设备的状态进行跟踪,对一些重要设备的适用状态提前预判,并自动根据维护记录和保养计划提示到期需保养的设施和设备,对故障的设备从派工维修到完工验收、回访等均进行记录,实现过程化管理。此外,BIM 模型的信息还可以与停车场管理系统、智能监控系统、安全防护系统等系统进行连接,实行集中后台控制和管理,很容易实现各个系统之间的互联、互通和信息共享,有效地帮助进行更好的运营维护管理。

以上工作都属于资产管理工作,如果基于 BIM 的资产管理工作与物联网结合起来,将能很好地解决资产的实时监控、实时查询和实时定位问题。

基于 BIM 模型丰富的信息,可以应用灾害分析模拟软件模拟建筑物可能遭遇的各种灾害发生与发展过程,分析灾害发生的原因,根据分析制订防止灾害发生的措施,以及制订各种人员疏散、救援支持的应急预案。灾害发生后,可以以可视化方式将受灾现场的信息提供给救援人员,让救援人员迅速找到通往灾害现场最合适的路线,采取合理的应对措施,提高救灾的成效。

2)应用案例

(1)铁路客站设施运营管理系统[16]

这里介绍的是我国某公司基于 BIM 开发的铁路客站设施运营管理系统。

当前我国铁路运输发展很快,特别是高铁的迅速发展为铁路客站运营提出了新的课题。因此,基于铁路客运面临的形势,开发适用于铁路系统目前及未来需求的,能集成建筑信息、设施信息、控制信息的高服务水平的 3D 设施运营管理系统是很有必要的。

在系统的开发过程中,考虑到该系统是一个满足不同管理层级、各个专业系统人员间协同工作的综合性管理平台,而 BIM 技术以其丰富的 3D 建筑信息承载能力和可视化特性,成为支撑设施运营管理平台最理想的技术。最后,该系统平台是在应用 Revit 系列软件建立起来的 BIM 模型的基础上开发的,BIM 模型已经承载了包括结构、建筑、空间、管线、设备等丰富的信息(图 2-17)。

现代大型综合铁路客站的设备类别繁杂、数量庞大,铁路管理部门分别设立了不同的部门对不同类别的设备进行专门管理,做到合理分工,使管理工作高效率、高质量。针对铁路领域的实际管理需求,系统对设备子系统分为空调、消防、给排水、监控等类别,用户使用系统平台进行设备管理时,可以将不需要管理的设备类别隐藏,突出关注的系统和范围,提升管理效率,满足管理需求。

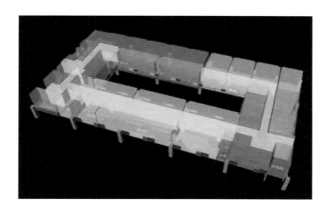

图 2-17   系统的楼层空间管理模式图

系统将竣工图纸按照园区、楼宇、楼层分级,按照系统分类并与 BIM 模型进行关联。用户只要在系统集成窗口中对竣工图进行条件筛选,即可查看设计图纸。图纸资料通过 BIM 模型实现了关联以及位置分级和系统分类,实现对图纸资料合理有序的组织管理。这些功能对用户在车站运营管理中非常重要。

车站作为大型的公共区域,在保证旅客候车舒适性的基础上,同时需要对能耗进行合理的控制,满足绿色建筑的需要。车站内设置了物联网,系统可以通过物联网接口,对车站内湿度、温度、二氧化碳浓度等指标实时采集,而指标的数据展示则通过基于 BIM 的 3D 模型的房间渐变颜色来直观展现指标的监控结果。如当室内温度超过 30℃时,系统会以突出的红色来表示,提醒相关部门对空调温度进行调节,以保证旅客候车有舒适的候车环境。

铁路客站中设置的商业区域,一般是划分房间出租给商户的。车站管理部门可以利用系统中实现对房间的跟踪管理,管理内容包括房间号、面积、高度、承租单位、租金、租约开始日期、结束日期、过往的出租历史等信息(图 2-18)。

作为大型公用建筑,铁路车站管理部门在遇到突发事件时,必须采取合理的应急措施,在优先保证旅客生命财产安全的前提下,进而控制事件的影响范围,尽可能地减小事件所带来的损失。该设施运营管理系统配置了不同类型的灾害处理预案模块,可以很好地运用到站务人员的培训中。例如对于火灾,可通过系统平台的真实场景演练,使站务人员对偌大的车站里所有的逃生

图 2-18   空间出租历史管理

路线都熟记于心,在需要时能及时地把旅客从车站内疏散到空旷场地上。在水管发生爆管时,系统能让站务人员快速找到阀门所在位置并及时关闭。这些都是系统提供的高效应急处置预案实例。

该系统解决了大型车站管理中遇到的诸多难题,在设施日常维修、空间管理、应急预案中都体现了 BIM 的重要应用价值。对于促进和提升车站设施运营管理水平做出了实质性的探索。该系统荣获了"创新杯"2012 年 BIM 设计大赛的最佳 BIM 拓展应用奖。

(2)悉尼歌剧院[17]

著名的澳大利亚悉尼歌剧院是 20 世纪最具特色的建筑之一,也是世界著名的表演艺术中心,已成为悉尼市的标志性建筑,也是澳大利亚的象征性标志。该歌剧院在 1973 年正式落成,2007 年 6 月 28 日被联合国教科文组织列入《世界文化遗产名录》。

在悉尼歌剧院落成 30 多年后,澳大利亚政府的设施管理行动纲领(The Australian Government's Facilities Management Action Agenda)选择了悉尼歌剧院为设施管理示范项目的重点。

在 20 世纪 70 年代悉尼歌剧院落成的时候,当时还没有 BIM 技术,因此它也没有 3D 的数字化模型。因此,当悉尼歌剧院设施管理示范项目开始进行时就决心立足于高水平来进行,他们把目光瞄准了刚刚出现没有多久的新技术——BIM,决定用 BIM 来建立数字化模型以支持设施管理系统的开发。

作为在未来 5~10 年内显著提升悉尼歌剧院管理水平的一个重要考虑,他们工作的第一步就是建立起悉尼歌剧院准确、可靠、相互关联的 BIM 模型,用以全面支持运营管理、建设和服务体系的变更和增补以及资产和维护管理。悉尼歌剧院是一个大型、复杂的建筑物,具有非常不规则的建筑结构,用一般的 2D 的 CAD 图纸难以将这座建筑准确地表达清楚。现在基于 IFC 标准建立起悉尼歌剧院的 BIM 模型是整个建筑物的 3D 数字化描述,它包含一个综合的建筑数据库,集成了大量建筑对象的信息,包括组成建筑物的所有构件及其编码、地理位置、相关的属性信息以及与其他对象的关联关系,实现了精确的可视化表达。由于信息之间建立了关联,这些信息可以在运营管理系统中被用于数据挖掘以应用模型数据来进行模拟或计算的开发。例如系统具有自动执行规范检查的能力,以确认出口权、防火等级或热负荷的计算。

应用 IFC 标准实现了信息的互用性,悉尼歌剧院的结构模型是用 MicroStation 建立的,由于管理系统的分析软件是基于 ArchiCAD 开发的,他们将结构模型从 MicroStation 中以 IFC 格式输出,导入 ArchiCAD 后不会丢失数据(图 2-19)。虽然悉尼歌剧院的建筑结构属于最复杂的建筑结构之一,但以上的数据交换的结果保证了建筑构件对象几何尺寸的精确性,并支持描述对象的类型,以及它们的属性和关系的丰富信息。

悉尼歌剧院主体建筑坐落的区域地下和水下都有很多特点,该区域有许多关乎历史发展、考古文物、现在和废弃的公用设施等的事物。而这些信息源

图 2-19 基于 IFC 格式实现了两种软件之间的信息互用

自许多私人和国家事业单位以及政府机构,除了主要的 GIS 格式外,信息的格式有许多不同。悉尼歌剧院主模型应用 IFC 格式整合了这些数据,如地籍、土地利用、地形、公用设施和资产登记等。

悉尼歌剧院的主模型被划分为若干个有逻辑联系的子模型。模型的开发是按照运营、后勤和财政上的约束,通过使用模型的主体和子模型的渐进增量开发实现的。为了便于管理 BIM 模型的扩展,子模型需要管理数据,以便跟踪对主模型的修改和扩展。

在运营中需要外包工程时,承包商需要确认其机构的详情和指定代表并以 IFC 方式输出。这些基本的信息被建立在管理标签中,并被连接到主模型上,这样的信息就变得可追溯,从而更易于管理。

信息环境可以对诸如职业健康和安全数据等许多其他信息来源进行扩展。这类数据的输入将有助于悉尼歌剧院的系统成为有用的知识主体,系统里存储着职业健康安全的有关信息可以减少风险和失误。例如,系统可以设置某一界限点,当到达该界限点时系统就会自动提出有关维修计划的建议。

悉尼歌剧院运营维护的几个高层次的流程已经受益于应用 BIM 建立起的运营维护管理系统:

① 维护应用工程数据的流程;

② 应用于调度安排、场馆使用以及安全性数据的业务流程;

③ 应用建筑性能数据的标准流程。

还有许多工作流程也从中受益，例如：

① 当一个设施出现故障时能快速找到负责人或相关合约；

② 检索那些有过一次大型维护的所有对象（墙、门等）的 BPI（建筑表现指数，Building Presentation Index）得分；

③ 在新的清洁合约签订之前和之后检索所有项目清洁得分的历史以作比较；

④ 列出的各种资产的位置和它们的性能状况，包括维护工作的历史记录；

⑤ 模拟和显示出外包服务的效果（图 2-20）。

图 2-20　计算并显示出外包服务的效果图

这样的应用还有很多。

悉尼歌剧院实现运营维护管理系统一个直接的好处是在运营过程中信息流动的描述，并提供了组织上和技术上的解决方案，为提高流程效率提供了选择。其他的好处包括：

① 可控制的全寿命成本和环境数据；

② 更好地为客户服务；

③ 通用的运行图可用作当前和战略规划；

④ 可视化决策；

⑤ 建立起总成本模型。

悉尼歌剧院运营维护管理系统已经实施了数据质量检查，以提高数据的可靠性和同步性，这是一个基于 BIM 的设施管理应用并正在进一步发展的良好平台，并在悉尼歌剧院显示了极好的发展前景。

参 考 文 献

［1］Eastman C，Teicholz P，Sacks R，et al. BIM Handbook：A Guide to Building Information Modeling for Owners，Managers，Designers，Engineers，and Contractors ［M］. 2nd Ed. Hoboken：John Wiley & Sons Inc. ，2011.

［2］张建平，余芳强，李丁. 面向建筑全生命周期的集成 BIM 建模技术研究［J］. 土木建筑工程信息技术，2012，4(1)：6-14.

［3］The Computer Integrated Construction Research Program of The Pennsylvania State University. Building Information Modeling Execution Planning Guide ［EB/OL］. ［2013-06-25］. http：//pan. baidu. com/share/link？ shareid ＝ 1034771016&uk ＝2184471742 &fid＝4243535065.

［4］The Computer Integrated Construction Research Group of The Pennsylvania State University. BIM Project Execution Planning Guide，Version 2. 0 ［EB/OL］. ［2012-09-02］. http：//bim. psu. edu/.

［5］过俊. BIM 在国内建筑全生命周期的典型应用［J］. 建筑技艺,2011(Z1):95-99.

［6］Strong N. Change is now［EB/OL］.［2005-09-30］. http://info. aia. org/aiarchitect/thisweek05/tw0909/tw0909bp_bim. cfm.

［7］Autodesk, Inc. HIP Architects［EB/OL］.［2006-09-10］. http://usa. autodesk. com/adsk/servlet/item? siteID = 123112&id =6165431.

［8］过俊. BIM 在中建国际设计公司的应用［J］. 建筑设计管理,2012(3):22-24.

［9］刘烈辉. 建筑信息模型与建筑室内设计［J］. 土木建筑工程信息技术,2009,1(2):83-86.

［10］王卫国,杨章怀. 房地产近五年年均利润达30%［N］. 南方都市报,2012-10-23(19).

［11］李忠民. 2011 年我国建筑业产值利润率仅为 3. 6%［EB/OL］.［2012-05-16］. http://news. dichan. sina. com. cn/2012/05/16/492543_2. html.

［12］茅洪斌. 大趋势二:基于 BIM 技术的造价管理［EB/OL］.［2011-02-08］. http://blog. sina. com. cn/s/blog_5e3b679b0100ouf3. html.

［13］Boryslawski M. Building Owners Driving BIM: The "Letterman Digital Arts Center" Story［EB/OL］.［2007-12-08］. http://www. aecbytes. com/buildingthefuture/2006/LDAC_story. html.

［14］ICE. Victoria station upgrade, London［EB/OL］.［2013-10-08］. http://www. ice. org. uk/topics/BIM/Case-studies/Victoria-station-upgrade.

［15］Gallaher M P, O'Connor A C, Dettbarn Jr. J L, et al. Cost Analysis of Inadequate Interoperability in the U. S. Capital Facilities Industry［R］. Gaithersburg: National Institute of Standards and Technology,2004.

［16］铁道第三勘察设计院集团有限公司. 高铁客站 BIM 设施运营管理技术方案［EB/OL］.［2013-08-20］. http://bbs. zhulong. com/106010_group_919/detail8034419.

［17］CRC. Adopting BIM for facilities management-Solutions for managing the Sydney Opera House［R］. Brisbane: Cooperative Research Centre for Construction Innovation, 2007.

［18］何清华,潘海涛,李永奎,等. 基于云计算的 BIM 实施框架研究［J］. 建筑经济,2012(5):86-89.

［19］李建成. 数字化建筑设计概论［M］. 2 版. 北京:中国建筑工业出版社,2012.

［20］赵景峰. BIM 协同模式探索与信息高效利用［J］. 中国建设信息,2013(4):48-51.

［21］中国勘察设计协会,欧特克软件(中国)有限公司. Autodesk BIM 实施计划——实用的 BIM 实施框架［M］. 北京:中国建筑工业出版社,2010.

3　与 BIM 技术相关的标准

BIM 技术的核心理念是,面向建筑全生命周期,通过利用基于 3D 几何模型的建筑数据模型,增强应用软件的功能,促进信息共享,达到提高工作效率,提高工作质量的目的。

建筑数据模型中的信息随着建筑全生命周期各阶段(包含规划、设计、施工、运营等阶段)的展开,逐步被累积。例如,在规划阶段,规划信息被累积,在设计阶段,设计信息被累积。建筑数据模型中的信息由来自不同的参与方(例如设计方、施工方)、不同专业(例如设计方内包含建筑专业、结构专业、给水排水专业、采暖通风专业、电气专业等)的技术或管理人员采用不同的应用软件(例如设计软件、施工项目管理软件)获得。按照 BIM 技术的理念,这些信息一旦被累积,就可以被后来的技术或管理人员所共享,即可以直接通过计算机读取,不需要重新录入。例如,施工者可以直接利用设计者产生的建筑设计模型信息,利用应用软件自动生成施工计划。为便于信息共享,这些信息还需要集成为一个有机的整体,以保证信息的完整性和一致性。

考虑到这些信息横跨建筑全生命周期各个阶段,由大量的技术或管理人员使用不同的应用软件产生并共享,为了更好地进行信息共享,有必要制订和应用与 BIM 技术相关的标准。相关的技术或管理人员及相关的应用软件只要遵循这些标准,就可以高效地进行信息管理和信息共享。

本章首先对现有的与 BIM 技术相关的标准进行概述,接着对这些标准进行分类介绍,并对主要标准进行描述。目的是帮助读者建立与 BIM 技术相关的标准的概念,便于读者在应用 BIM 技术的过程中,更好地进行信息共享。

3.1　BIM 标准概述

　　为了在建筑全生命周期的技术及管理工作中有效地利用 BIM 技术,便于有关的技术或管理人员更好地进行信息共享,有必要建立 BIM 标准,用于规定:

　　(1) 什么人在什么阶段产生什么信息。例如,在设计阶段,建筑师最开始应该产生什么信息,分发给结构工程师等其他参加者进行初步会签,然后他应该产生什么信息,用于和结构师等其他参加者进行正式会签。

　　(2) 信息应该采用什么格式。例如,建筑师在利用应用软件建立用于初步会签的建筑信息后,他需要将这些信息保存为某种应用软件提供的格式,还是保存为某种标准化的中性格式,然后分发给结构工程师等其他参加者。

　　(3) 信息应该如何分类。一方面,在计算机中保存非数值信息(例如材料类型)往往需要将其代码化,因此涉及信息分类;另一方面,为了有序地管理大量建筑信息,也需要遵循一定的信息分类。

　　在这里,BIM 标准被定义为可以直接应用在 BIM 技术应用过程中的标准。BIM 标准可以分为三类,即分类编码标准、数据模型标准以及过程标准。其中,分类编码标准直接规定建筑信息的分类,对应于上述的第(3)项;数据模型标准规定 BIM 数据交换格式,对应于上述的第(2)项;而过程标准规定用于交换的 BIM 数据的内容,对应于上述的第(1)项。值得说明的是,在 BIM 标准中,不同类型的应用标准存在交叉使用的情况。例如,在过程标准中,需要使用数据模型标准,以便规定在某一过程中提交的数据必须包含数据模型中规定的哪些类型的数据。

　　随着 BIM 技术应用的迅速发展,有的国家开始制定国家 BIM 标准。例如,美国于 2007 年推出了国家 BIM 标准(NBIMS,National BIM Standard)第一版第一部分,2012 年,美国又推出了国家 BIM 标准第二版(NBIMS-US V2)。其主要内容除了上述各类 BIM 标准外,还包含了该国家标准的制定方法。本书附录 B 中有较详细的介绍。

　　一些 BIM 标准在编制时遵循了某些基础标准。考虑到我国 BIM 标准编制工作方兴未艾,为照顾读者的兴趣,并便于读者理解 BIM 标准,以下各节首先介绍与 BIM 标准相关基础标准,然后分别介绍各类 BIM 标准。

3.2　与 BIM 标准相关的基础标准

　　在现存的 BIM 标准的编制过程中,主要利用了三类基础标准,即建筑信息组织标准、BIM 信息交付手册标准以及数据模型表示标准。在这三类标准中,建筑信息组织标准用于分类编码标准和过程标准的编制,BIM 信息交付手册标准用于过程标准的编制,而数据模型表示标准则用于数据模型标准的编制。以下对 3 种基础标准分别进行介绍。

3.2.1 建筑信息组织基础标准

该类基础标准规定用于组织建筑信息的框架。主要体现为国际标准化组织(International Standard Organization,以下简称 ISO)颁布的两个标准,即"建筑施工—建筑信息组织 第 2 部分 信息分类框架"(标准号为 ISO 12006-2)和"建筑施工—建筑信息组织 第 3 部分 面向对象的信息框架"(标准号为 ISO 12006-3)。

一般来说,若无法直接规定,ISO 就给出方法标准,供各国加以遵循,形成内容不同但形式统一的具体标准。例如,建筑信息分类与编码具有较强的本地化倾向,ISO 12006-2 即给出分类方法,各国可遵循该方法,编制各自的分类编码标准。这样做的好处是,只要是基于该标准建立的分类编码标准,可以容易地建立不同标准之间的分类编码的映射关系,从而便于实现编码数据的在不同分类编码标准之间的自动转化。

1) ISO 12006-2[①]

ISO 12006-2 定义了建筑信息分类框架和一些分类表的定义,而不是分类本身,它适用于有关机构(例如各国的标准机构)编制建筑全生命周期各阶段(包括设计、制造、运维及拆除等)的建筑和土木工程信息分类标准。

ISO 12006-2 最主要的特征可以归结为以下 4 点:

(1)着眼建筑信息的组织,识别类,并将这些类划分为建造资源、建造过程和建造结果三大类。其逻辑是,通过将建造资源运用于建造过程,产生建造结果。建造资源大类所包含的类有建筑产品、建筑工具、建造人员、建筑信息;建造过程大类所包含的类有管理过程、工作过程;建造结果大类所包含的类有建筑实体、建筑复合体、空间、建筑实体部件,其中,建筑实体类可以划分为元素类、设计元素类、工作结果类。

(2)按照每个类的对象属性和特征进行细分类。

(3)依据以上两条,推荐了 17 个分类表(表 A.1—表 A.17),用于对全部建筑信息进行分类。有的类对应于一个分类表,例如,建造人员按专业进行分类,用表 A.15 来表示,建筑信息按载体类别进行分类,用表 A.16 来表示;而有的类则可按多个特性分类,并对应于多个分类表,例如,建筑实体按形式、功能或用户活动来分类,分别用表 A.1、表 A.2 和表 A.6 来表示。

---

① 参考 ISO 12006-2 Building construction—Organization of information about construction works—Part 2 Framework for classification information [S]. 2001.

（4）在该标准的附录中，展示了各表的推荐名称，和推荐一级分类标题。例如，表 A.1 的推荐名称为"建筑实体（按形式分）"，推荐一级分类标题为：建筑物，铺装/地形，隧道（及其他地下建筑），路堤、挡土墙、大坝、油罐、筒仓等，桥梁、涵洞等，塔、桅、特种结构（非建筑物），管路、管道、缆索。又如，表 A.2 的推荐名称为"建筑实体（按功能或用户活动分）"。

该基础标准的主要用户是建筑信息分类编码标准的编制者，建筑信息分类编码标准的用户也可以参考。具体的建筑信息分类编码标准将在 3.3 节中介绍。

2）ISO 12006-3[①]

ISO 12006-3 定义了与语言无关的数据模型，该数据模型对开发用于保存和提供建筑信息的字典是十分必要的。举个例子，对于中文"混凝土"这个概念，在实际应用中，有人用"砼"，英文是"concrete"，日文是"コンクリート"。也就是说，对于同一个概念，不同的语言有不同的表达，而即使同一种语言，也可能因为存在同义词，而有一种以上的表达。如果把一个概念在某种语言中的某一种表达作为基准表达，字典的作用就是，能够明确一个概念的一种表达对应的基准表达是什么，从而克服信息交流过程中由不同语言和统一语言的同义词引起的沟通障碍。

ISO 12006-3 最主要的特征可以归结为以下 4 点：

（1）利用面向对象方法来表示数据模型。在其中，用"实体"表示面向对象方法中的"类"。数据模型有一个根实体（root entity），由此派生出 3 个子类型实体，即对象（objects）、集合（collection）和关系（relationship），其中关系实体用以表示对象实体之间、集合实体之间以及对象实体和集合实体之间存在的关系。3 个子类型实体都包含下一层子类型实体，例如，对象实体的子类型实体有主体（subjects）、活动（activities）、参与者（actors）、单位（units）、数值（values）、带单位的度量（measure with units）以及属性（properties）。其中，主体和活动代表所描述的事物及过程，其他实体均为描述性实体，用于描述与其他实体，或与本身之间的关系。属性用于存储相关的数据。

（2）根实体都拥有"UniqueID"（唯一识别码）、"Name"（名称）、"Description"（描述）、"VersionID"（版本）、"VersionDate"（版本日期）。这意味着，每个实体，不管它是对象实体、集合实体，还是关系实体，均具有这些属性。显而易见，对应于"混凝土"、"砼"、"concrete"、"コンクリート"等同一概念的不同表达，只需要使它们具有同一个唯一识别码、不同名称。其中，唯一识别码是一个以二进制 128 位表示的一个数，可利用某一算法来生成，可以保证有足够的数字确保每个概念拥有唯一的识别码。

---

① 参考 ISO 12006-3　Building construction—Organization of information about construction works—Part 3 Framework for object-oriented information [S]. 2007.

（3）该数据模型用 EXPRESS 语言表示，为了便于读者直观地理解，同时采用了图形化表示方法——EXPRESS-G。这两种表示方法均由 ISO 10303-11① 给出规定，将在 3.2.3 节进行说明。这就给出了该数据模型中包含的各实体的精确定义。这样一来，产生字典的过程，就是产生一个个实体的实例，并将它们组织起来的过程。

（4）根据该模型的 EXPRESS-G 表示，该模型可用 6 个 EXPRESS-G 图表示出来，分别为：含有根实体的顶层结构图，语言表示、名称和描述图，关系图，特性和度量赋予图，基本类型图，以及数值及外部文档图。由此可以看出该模型包含的主要内容。

该基础标准的主要用户是 IFD（International Framework for Dictionaries，国际字典框架）库的编制者，IFD 库的用户也可以参考。具体的 IFD 库将在 3.5 节中进行介绍。

3.2.2　BIM 信息交付手册基础标准

在建筑全生命周期的各阶段，存在多个参与方。按照 BIM 技术的理念，这些参与者可以共享建筑数据模型中的信息。为了支持各参与方在必要的时候得到必要的信息，有必要规定有关过程、通过每个过程各参与方交付的信息内容、以及各参与方可获得的信息内容。信息交付手册（Information Delivery Manual，IDM）标准（以下简称 IDM 标准）就用于对此进行具体规定。

作为基础标准，ISO 的"建筑数据模型——信息交付手册 第一部分 方法论和格式"（标准号 ISO 29481-1②）规定了 BIM 信息交付手册标准的编制方法和格式。这里对该标准进行概要介绍。

ISO 29481-1 介绍了识别和描述建设阶段所开展的过程、这些过程执行所需要的信息以及产生的结果。该标准还描述，这些信息如何被细化，以便支持建筑信息系统提供商提供的解决方案。

ISO 29481-1 规定，IDM 标准的整体架构如图 3-1 所示，共包含 5 部分内容：

（1）过程图（Process Map）。描述在特定主题涉及的各活动的开展顺序，参与者的角色，需要的信息，使用的信息以及产生的信息。推荐使用 BPMN（Business Process Modeling Notation，业务流程建模标注方法[1]）来表示过程图，过程图的例子可参见图 3-12。

---

① 参考 ISO 10303-11　Industrial automation systems and integration—Product data representation and exchange—Part 11：Description methods：The EXPRESS language reference manual［S］. 2004.

② 参考 ISO 29481-1　Building information modelling—Information delivery manual—Part 1 Methodology and format［S］. 2010.

（2）信息交换需求（Exchange Requirements，ER）。以建筑师、结构工程师等终端用户能够理解的语言，描述支持主题对应的业务需要交换的信息。

（3）功能部件（Functional Parts）。用于组成信息交换需求的"积木"，每一个信息交换需求都是由若干功能部件组成，每个功能部件均对应于过程中的一个活动，具体地规定了开展该活动需要交换的信息。一般可以用信息表达大纲（Schema）来表示，但从概念上不依赖于特定的大纲形式（如 IFC 大纲或 XML 大纲）。

（4）业务规则（Business Rules）。描述对特定过程或活动相关信息的限制，如信息的详略程度、精确度、取值范围等。

（5）验证试验（Verification Tests）。用以验证特定的信息系统对 IDM 中规定的信息交换过程的支持程度。

可以看出，在 IDM 标准中，过程图是根基，其他部分都以前一部分为基础，呈现出对信息交换过程的不同深度、不同侧面的要求。

该基础标准的主要用户是具体的 IDM 标准的编制者。另外，相关应用软件的开发者和信息交换过程参与者也可以参考。具体的 IDM 标准将在 3.5 节中进行介绍。

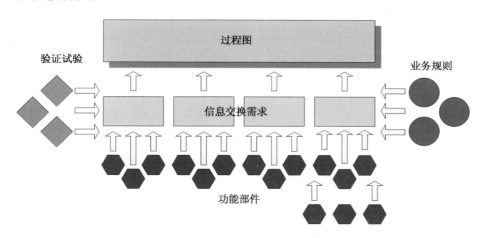

图 3-1　IDM 标准整体架构①

3.2.3　数据模型表示标准

用于 BIM 数据模型标准表示的标准主要有 EXPRESS 语言和 XML，以下分别介绍。

---

① 参考 ISO 29481-1　Building information modelling—Information delivery manual—Part 1 Methodology and format［S］. 2010.

1) EXPRESS 语言

EXPRESS 语言是由国际标准 ISO10303-11[①] 规定的一种形式化的产品数据描述语言,它提供了对产品数据进行按面向对象方法进行描述的机制。在数据交换过程中,中性文件中的数据交换模型和标准数据存取界面实现方式中的数据模型都采用 EXPRESS 语言进行描述。

应用 EXPRESS 语言,可以定义或说明数据类型、实体、常量、算法、规则、界面等。其中,实体即面向对象方法中的类,是生成对象使用的模板;而实体说明是应用 EXPRESS 语言的核心内容。

实体说明创建一个实体数据类型,用来表达一类具有共同特性和行为的现实世界中物理或概念对象。对象的数据元素用属性来表达,而行为则通过静态约束来表达,其语法为:

```
ENTITY entity_id [subsuper];
    {explicit_attribute}
    [derive_clause]
    [inverse_clause]
    [unique_clause]
    [where_clause]
END_ENTITY;
```

这里 entity_id 是实体名,subsuper 的说明反映实体之间的继承关系。实体的属性分为显式属性、导出属性和逆向属性三类。explicit_attribute 指明实体的显式属性,derive_clause 指明由显式属性通过某种计算方式得到的属性,inverse_clause 指明实体之间所属的约束关系。属性定义中的值域可以是基本类型,也可以是另一实体类型。unique_clause 指明实体的某个或某些属性,其实例必须保持唯一性。where_clause 指明对实体值域的约束,只有属性满足值域规则中约束的实体实例才属于该实例的值域。以下举几个实体定义的例子,便于理解实体说明的概要。

```
ENTITY IfcLine
    SUBTYPE OF (IfcCurve)
    Pnt          : IfcCartesianPoint;
    Dir          : IfcVector;
WHERE
    SameDim      : Dir. Dim = Pnt. Dim;
END_ENTITY;
```

---

① 参考 ISO 10303-11　Industrial automation systems and integration—Product data representation and exchange—Part 11:Description methods:The EXPRESS language reference manual [S]. 2004.

```
          ENTITY IfcCartesianPoint
          SUBTYPE OF (IfcPoint);
          Coordinates      : LIST [1:3] OF IfcLengthMeasure;
      DERIVE
          Dim              : IfcDimensionCount := HIINDEX(Coordinates);
      WHERE
          WR1              : HIINDEX(Coordinates) >= 2;
      END_ENTITY;


      ENTITY IfcVector
          SUBTYPE OF (IfcGeometricRepresentationItem);
          Orientation      : IfcDirection;
          Magnitude        : IfcLengthMeasure;
      DERIVE
          Dim              : IfcDimensionCount := Orientation. Dim;
      WHERE
          WR1              : Magnitude >= 0.0;
          END_ENTITY;
```

在这里,定义了实体 IfcLine,IfcCartesianPoint,IfcVector。这些实体定义规定了数据模型中可包含的数据内容以及结构。如果利用它们建立实际数据模型时,需要对这些实体进行实例化。以下给出对应于这些实体定义的数据模型的例子。

```
      #32=IFCLINE(#29,#31);
      #29=IFCCARTESIANPOINT((0.,0.));
      #31=IFCVECTOR(#30,10.);
      #30=IFCDIRECTION((1.,0.));
```

这几行实例化语句实际上是关于一条直线段的数据,这条直线段由一个端点和一个由此端点出发的矢量决定。即,行标号 #32 表示直线段,其中,行标号 #29 表示端点,代表一个笛卡尔坐标点,而行标号 #31 代表矢量,而该适量的方向又是由行标号 #30 决定的。这些实例化的语句就是 IFC 文件的主要内容。

另外,该 ISO 标准中还提供了以图形直观地表示各实体之间关系的方法—— EXPRESS-G。接下来遇到时将做简要说明,具体内容请参考该标准。

2) XML[2]

XML 是 eXtensible Markup Language(可扩展标记语言)的缩写,是一种用于标记电子文件使其具有结构性的语言。XML 于 1998 年 2 月 10 日成为W3C(World Wide Web Consortium,万维网联盟)的标准。

XML 的核心特征是将内容与对内容的描述分离,在这里,对内容的描述是指 XML 通过使用标记实现对内容进行规范化的描述,在 XML 文件中,标记是成对使用的,形如<XXX>表示一个标记的开始,形如</XXX>表示该标记的结束。下面以张三向李四发送一条提醒其参加会议的消息为例,向读者简介 XML 文档的使用。

```
<note>
    <to>李四</to>
    <from>张三</from>
    <heading>提醒</heading>
    <body>请准时参加周一早八点的例会</body>
</note>
```

在上面的例子中,<note>和</note>,<to>和</to>,<from>和</from>,<heading>和</heading>以及<body>和</body>是 5 对标记,它们都是对这条消息的描述。标记对<note>和</note>表示夹在其中的内容是一条完整的消息,标记对<to>和</to>表示夹在其中的内容是消息的接收者,标记对<from>和/from>表示夹在其中的内容是消息的发送者,标记对<heading>和</heading>表示夹在其中的内容是消息的标题,标记对<body>和</body>表示夹在其中的内容是消息的正文。

使用标记对内容进行规范化描述前,首先需要定义标记。定义 XML 标记需要使用 XSD,XSD 是 XML Schema Definition(XML 大纲定义)的缩写。下面以对<note>标记的定义为例,向读者简介 XSD 的使用。

```
<xs:element name="note">
    <xs:complexType>
        <xs:sequence>
            <xs:element name="to" type="xs:string"/>
            <xs:element name="from" type="xs:string"/>
            <xs:element name="heading" type="xs:string"/>
            <xs:element name="body" type="xs:string"/>
        </xs:sequence>
    </xs:complexType>
</xs:element>
```

在上面的例子中,<xs:element name="note">表示定义了名为 note 的标记,<xs:complexType>表示被定义的 note 标记是复合类型,因为它还包含了<to>、<from>、<heading>和<body>等 4 个子标记;这 4 个标记分别由<xs:element name="to" type="xs:string"/>、<xs:element name="from" type="xs:string"/>、<xs:element name="heading" type="xs:string"/>和<xs:element name="body" type="xs:string"/>定义,其中 type="xs:string"表示受该标记描述的内容必须是字符串类型;<xs:

sequence＞表示 note 的 4 个子标记在使用时层级相同。

3.3　分类编码标准

　　建筑全生命周期涉及大量的信息,有效地存储与利用这些信息是相关参与方降低成本、提高工作效率的关键,而实现信息有效地存储与利用的基础是信息分类和代码化。鉴于建筑全生命周期的信息量非常大,种类也非常多,分类编码标准是开展信息分类和代码化工作不可缺少的工具。

　　信息分类编码包含分类和编码两部分。分类的目的是甄别具体的信息属于哪个类别。一般来说,分类结果取决于分类角度。例如,对建筑信息可以按材料、构件、使用者分等。编码是给分类后的条目赋予的一个唯一代码,其目的是便于计算机处理,因为与实际名称相比,代码更适合于计算机处理。在BIM 技术应用中信息分类编码标准的重要性体现在,它不仅可以用于对 BIM 信息的管理,而且可以用于对 BIM 信息的表示,例如,用分类编码表示建筑构件所采用的材料或施工方法。

　　建筑信息分类编码标准的编制可以追溯到 20 世纪 60 年代。1963 年,美国施工规范协会(Construction Specifications Institute,CSI)开发的MasterFormat 标准在北美地区一直以来都有较大的影响。1989 年,美国建筑师协会(American Institute of Architects,AIA)和美国政府总务管理局(General Services Administration,GSA)联合开发了 UniFormat 标准,采用了与 MasterFormat 标准不同的分类角度。国际标准 ISO 12006-2 颁布后,美国和加拿大共同开发了 OmniClass 标准,力求涵盖建设项目全方位信息。

　　OmniClass 标准的建立借鉴了 MasterFormat 标准和 UniFormat 标准。OmniClass 标准已被列入美国国家 BIM 标准作为参考标准。英国建设项目信息学会参考国际标准 ISO 12006-2 与 ISO/PAS 12006-3 开发了 uni-Classes 分类标准,作为英国的国家 BIM 参考标准。我国目前虽然拥有分类编码标准,但主要是针对建筑产品的建筑产品分类和编码标准与用于清单预算的工程量清单计价规范,但还没有形成基于国际标准 ISO 12006-2 的分类编码标准,这势必对应用 BIM 技术产生一定的不利影响。

　　这里重点介绍美国和加拿大共同开发的 OmniClass 标准与我国的分类编码标准。其目的是,通过对 OmniClass 标准的介绍,使读者了解一个典型的支持 BIM 技术应用的分类编码标准;通过对我国相关分类编码标准的介绍,使读者了解我们目前应用 BIM 技术时必须支持的分类编码标准,并通过与 OmniClass 标准比较,把握我国相关分类编码标准的发展方向。

3.3.1 OmniClass 标准[3]

OmniClass 标准是参考国际标准 ISO 12006-2 与 ISO/PAS 12006-3 开发的建筑信息分类与编码标准,涵盖了建筑专业全生命周期(包含规划、设计、施工、运维等各阶段)的所有信息(例如建筑原料,建筑过程,建筑产品,建筑专业等)的建筑信息分类与编码方法。

1) OmniClass 标准的主要特征

OmniClass 标准最主要的特征可以归结为以下 4 点:

(1) 依据国际标准化组织制定的基础标准 ISO 12006-2 与 ISO/PAS 12006-3,并且借鉴了很多已有的分类体系与标准。OmniClass 标准的建立充分参考了北美目前普遍使用的建筑信息分类与编码标准——MasterFormat 标准与 UniFormat 标准,以减小与现有标准的冲突。即,OmniClass 标准的表 22"结果"引用了大量 MasterFormat 标准中的数据与结构,并进行了拓展;表 21"元素"引用了大量 UniFormat 标准中的数据与结构,并进行了拓展。OmniClass 标准也借鉴了英国建筑信息分类与编码标准 uni-Class。

(2) 涵盖建筑全生命周期的各类信息,主要分为建造资源、建造过程和建造结果三方面,依据描述角度的不同划分为 15 张表,与国际标准 ISO 12006-2 成对应关系如表 3-1 所示。例如,OmniClass 标准中表 31"阶段"对建筑项目阶段信息进行了分类和编码(如 31-10 00 00 初始阶段和 31-90 00 00 终止阶段),表 22"工作结果"对建筑全生命周期各项活动所产生的结果信息进行了分类和编码(例如,施工早期的 22-01 31 19 13 施工前会议和建筑最终成品 22-06 48 13 建筑外部木门框)。

表 3-1　　　　　OmniClass 标准与 ISO12006-2 标准表的对应

OmniClass 标准	ISO 12006-2 标准
表 11 建筑实体(按功能分类)	表 A.2 建筑实体(按功能或用户活动分类) 表 A.3 建筑复合体(按功能或用户活动分类) 表 A.6 设施(建筑复合体,建筑实体和空间按功能或用户活动分类)
表 12 建筑实体(按形式分类)	表 A.1 建筑实体(按形式分类)
表 13 空间(按功能分类)	表 A.5 空间(按功能或用户活动分类)
表 14 空间(按形式分类)	表 A.4 空间(按围绕层级分类)
表 21 元素	表 A.7 元素(按建筑实体典型的功能分类)
表 22 工作结果	表 A.9 工作结果(按工作类型分类)
表 23 产品	表 A.13 建筑产品(按功能分类)
表 31 阶段	表 A.11 建筑实体全生命阶段(按每阶段中各过程的总体特点分类) 表 A.12 项目阶段(按每阶段中各过程的总体特点分类)
表 32 服务	表 A.10 管理过程(按过程特点分类)
表 33 学科	表 A.15 建筑代理人(按学科分类)

续表

OmniClass 标准	ISO 12006–2 标准
表 34 组织角色	表 A.15 建筑代理人（按学科分类）
表 35 工具	表 A.14 建筑辅助（按功能分类）
表 36 信息	表 A.16 建筑信息（按载体分类）
表 41 材料	表 A.17 属性和特点（按类型分类）
表 49 属性	表 A.17 属性和特点（按类型分类）

（3）针对不同的表格，依据分类对象的属性和特征建立不同的分类规则，对表格内容进行多层次细分。但由于不同表格对建筑项目描述的角度有所差异，各角度涉及的内容划分层次也并不相同，因此 OmniClass 标准中对象的编码层次并非统一。

这里以表 21"元素"为例。该表参照已有分类标准 UniFormat 标准对建筑的组成元素进行了分类与编码，分类依据主要是建筑元素的物理构成关系，层次以 4 层为主。其中表格层按照对象所处表格的编号进行分类和编码（统一为 21），并与第一层通过短划线进行分割开；第一层主要按照建筑元素的不同功能粗分为 21-01 地下结构、21-04 服务、21-05 设备与装饰装修等；第二层将建筑元素划分为一些能实现一定功能的实体，例如 21-01 地下结构中用于传递上部荷载的建筑元素划分到 21-01 10 基础这一子类下，用于实现排水的设施则划分到 21-01 60 排水排气这一子类下；第三层和第四层根据功能实体的不同属性特征进行的细分，如 21-01 10 基础首先可以划分为 21-01 10 10 标准基础和 21-01 10 20 特殊基础，21-01 10 10 标准基础又可以分为 21-01 10 10 10 墙下条形基础和 21-01 10 10 30 柱下独立基础等，如图 3-2 所示。

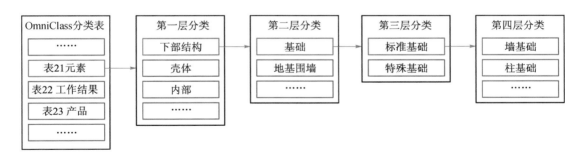

图 3-2　OmniClass 标准表 21"元素"分类结构示意

OmniClass 标准采用纯数字编码方法，表格中每一级层次编码中由 2 位数值来表示，取值范围 01～99。例如，22-07 32 19 表示金属屋顶瓦，22 表示表 22"工作结果"；07 32 19 表示表 22 中的具体位置，其中，07 表示一层分类防水保温，32 表示第二层分类屋顶瓦，19 表示第三层分类金属屋顶瓦，这就唯一地确定了需要表示的对象，如图 3-3 所示。

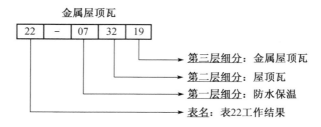

图 3-3　OmniClass 标准金属屋顶瓦编码方法

（4）可以通过不同条目的组合来描述更加复杂的对象。OmniClass 标准提供了对象之间的关系符号以表明对象之间的关系，增加了 OmniClass 标准的表达能力。其中"<"与">"表示从属关系，"/"表示区间，"+"表示合并关系。例如，13-15 11 34 11 表示办公空间，11-13 24 11 表示医院实体，则 13-15 11 34 11<11-13 24 11 表示医院中的办公空间。11-12 00 00/11-12 29 21 表示从 11-12 00 00 到 11-12 29 21 的所有对象，即所有的教育设施。又比如 23-30 20 17 21 14＋13-15 11 34 11 表示用于办公室的窗户。

2）OmniClass 标准的应用

OmniClass 标准在国外实际项目中有着广泛的应用，例如：

（1）该标准用于信息的组织、保存，便于建筑信息的利用。

（2）该标准用于数据库建设。以代码代替类别名称保存在数据库中，以便用计算机进行高效处理。

（3）该标准用于成本估算。利用该标准提供的详细分类，组织工程量信息及成本信息，不仅提供了一个容易理解的框架，也使估算者避免疏漏。

OmniClass 标准通过对建筑全生命周期所有信息进行有序的分类和唯一的编码，为建筑项目不同阶段、不同参与方之间信息交互奠定了基础。

3.3.2　我国的相关分类编码标准

参考国际已有的分类编码标准，结合我国基本国情，我国先后颁布了针对建筑产品的建筑产品分类和编码标准与用于成本预算的工程量清单计价规范，作为我国的建筑专业分类编码标准。这两个标准的现行标准分别是 JG/T 151—2003《建筑产品分类和编码》与 GB 50500—2013《建设工程清单计价规范》。

1）建筑产品分类和编码标准[4]

2003 年，我国在参照美国建筑分类学会（Construction Specification Institute，简称 CSI）制定的建筑产品分类标准 MasterFormat，并在考虑我国实际情况的基础上，通过多次试行与再调整开发了我国建筑产品分类标准——JG/T 151—2003《建筑产品分类和编码标准》作为行业标准。

建筑产品分类和编码标准规定了建筑产品分类和编码的基本方法并给出

了编码结构类目组成及其应用规则。主要适用于建筑小区建设和使用全过程中所涉及的各种建筑产品的信息管理和交流,可作为各类建筑产品数据库建库和档案管理中分类和编码的依据。

建筑产品分类和编码标准的主要特征可以归纳为以下 3 点:

(1) 在 MasterFormat 分类标准的基础上,考虑了我国建筑业特点,按专业划分产品的习惯,将建筑产品分为通用、结构、建筑和设备四大种类型,对应形成 4 个代码种类,分别以其汉语拼音作为编码标识,即 T(通用)、G(结构)、J(建筑)和 S(设备)4 种类型。

(2) 该标准对每一个建筑产品按大类类目、中类类目、小类类目和细类类目,依据产品的特点进行细分。大类类目表示建筑产品分专业信息,其中通用性资料归为 1 个大类,结构专业产品按施工及材料分为 5 个大类,建筑专业产品按功能类别分为 6 个大类,设备专业产品按功能类别分为 4 个大类,共分为 16 个大类。大类类目的编码方法采用字母与数字相结合的方式表示,其中字母表示代码种类编码,数字表示该大类序号。例如,从 G 结构划分出的 5 个大类包括 G1 室外工程、G2 混凝土、G3 砌体、G4 金属(G4)、G5 木和塑料。

中类类目通常是对大类类目的照逻辑性类推或者依据固有习惯的细分分类,一般作为建筑信息单元的最高级别,可作为编制所有建筑信息系统的基础。中类类目的编码方式采用纯数字编码,由大类类目代码后面的三位数字表示,原则上以 00 结尾。例如 G2 混凝土又可以划分为 G2100 混凝土模板和配件、G2300 现浇混凝土、G2400 预制混凝土等(其中 G2 是大类类目,表示混凝土,400 表示 G2 混凝土大类类目下的中类类目预制混凝土制品)。小类类目是对中类类目的不同属性特点和特征按照逻辑性进行的细分,编码方式采用纯数字编码,由中类类目代码中后两位数字表示,原则上以 0 或 5 结尾。例如 G2300 现浇混凝土又可以分为 G2310 普通混凝土、G2330 特种混凝土、G2340 轻质混凝土(G2340 中 40 是轻质混凝土的小类类目)等,如图 3-4 所示。

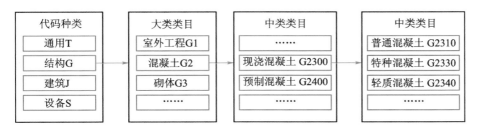

图 3-4　建筑产品分类和编码标准分类结构示意

细类类目是对小类类目的细分,编码方式采用纯数字编码,由小类代码的最后一位数字表示。

(3) 该标准充分考虑到分类和编码的扩延性。标准中给出的建筑产品的大类与中类的类目名称和代码宜直接使用,小类类目名称和代码可参考使用,也可根据单位自身需要依据标准分类和编码原则制定小类和细类类目与代码。当大类和中类类目不足以满足需求的时候,也可以在现有类目的基础上依据标准分类和编码原则进行拓展。

迄今为止,我国的建筑产品分类和编码标准主要在相关信息系统开发时被参考,并没有被强制应用。

2）建设工程清单计价规范

2003 年 7 月 1 日,我国颁布实施了 GB 50500—2003《建设工程清单计价规范》[5],标志着我国清单计价模式的确立。工程量清单计价是一种"量价分离"的计价模式,建设单位先统一编制工程量清单,招投标单位再依据工程量清单结合单位自身能力进行综合报价。建设工程清单计价规范是在工程量计算时的依据,规定了建筑项目工程量计算对象的分类方法与编码标准。

建设工程清单计价规范的主要特征可以归纳为以下两点:

第一,该规范根据我国建设项目实际情况从材料、工种等的角度对建筑工程进行了分部分项划分,将其划分至可以作为独立计价单元的层次,即清单项目。例如,现浇混凝土矩形柱在清单计价规范中分类编码为 01 04 02 001 001,其中 01 表示专业工程:建筑工程,04 表示分部工程:混凝土及钢筋混凝土工程;02 表示分项工程:现浇混凝土。按专业分部分项的分类体系符合我国现行体制,减少实行阻力,降低学习成本。

第二,该规范依据建筑工程对象的特点不同,分别从 5 个层次对工程项目进行了细分和编码,即专业工程层(比如建筑工程、安装工程等)、分部工程层(比如土石方工程、混凝土与钢筋混凝土工程等)、分项工程层(比如现浇混凝土柱、基础等)、清单项目层(比如带形基础、独立基础等)和细化分类层,并定义了 12 位编码对各层次进行分类编码[4]。例如,根据其所属专业,可将工程项目首先划分为 01 建筑工程、02 装饰装修工程、03 安装工程、04 市政工程、05 园林绿化工程。其中,01 针对建筑工程,又根据其所属分部工程,可以划分为 0103 砌筑工程、0104 混凝土及钢筋混凝土工程等,而针对 0104 混凝土及钢筋混凝土工程,按分项工程,又划分为 010402 现浇混凝土柱、010401 基础等,010402 现浇混凝土柱依据所属清单项不同划分为 010402001 矩形柱、010402002 异形柱,如图 3-5 所示。

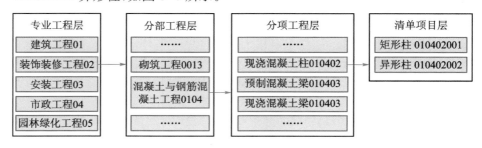

图 3-5 建设工程清单计价规范分类结构示意

预算人员还可以对上述分类再进行细化。例如，依据 010402001 矩形柱的具体特点（如混凝土编号、界面尺寸等）进行细化分类，如用 010402001001 表示 C30，6 m 高，600 mm × 700 mm 的现浇混凝土矩形柱。这样 010402001001 就唯一确定了一个清单项，如图 3-6 所示。

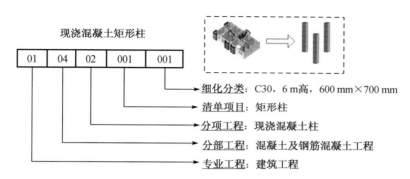

图 3-6　清单规范的分部分项划分体系及清单项目示例[6]

建设工程清单计价规范在我国的应用是强制性的，即所有的工程都需要按该规范计算工程量，组织招投标。

建筑产品分类和编码标准及建设工程清单计价规范在 BIM 项目中可以广泛利用，例如，BIM 项目中涉及建筑产品的数据可以根据建筑产品分类和编码标准进行分类和存储。例如，运用数据库进行装配式建筑预制部品的数据存储时，可以参考建筑产品分类和编码标准中大类、中类、小类和细类目之间层级关系，进行数据表结构与表之间的关系的设计。

其次是利用 BIM 技术开发符合我国规范的自动成本预算软件时，可以依据建设工程清单计价规范建立清单规则库，以指导 BIM 模型信息分类编码成清单项。例如，"十一五"期间清华大学自主研制开发的 BIM-estimate 预算软件就是根据我国清单计价规范，建立了清单规则库，实现了将 BIM 模型中的建筑元素自动分类编码形成清单项，并进行清单项的算量与计价，进而得到建筑成本。

3.4　数据模型标准

数据模型标准规定用以交换的建筑信息的内容及其结构，是建筑工程软件交换和共享信息的基础。目前国际上获得广泛认可的数据模型标准包括 IFC 标准、CIS/2 标准和 gbXML 标准。我国已经采用 IFC 标准的平台部分作为数据模型标准。以下将逐一介绍上述标准。

3.4.1 IFC 标准[7]

1) IFC 概述

IFC 标准是开放的建筑产品数据表达与交换的国际标准,其中,IFC 是 Industry Foundation Classes(工业基础类)的缩写。IFC 标准由国际组织 IAI (International Alliance for Interoperability,国际互用联盟)制定并维护。该组织目前已改名为 buildingSMART International(bSI)。

IFC 标准可被应用在从勘察、设计、施工到运营的工程项目全生命周期中,迄今为止在每个项目阶段中都有支持 IFC 标准的应用软件。所有宣布支持 IFC 标准并已经通过 bSI 组织的认证程序的商业软件的名单已经公布在该组织的官方网站上[8]。

IAI 自 1997 年 1 月发布 IFC 1.0 版以来,它又分别在 1998 年 7 月发布 IFC 1.5.1 版,在 2000 年 7 月发布 IFC 2x2 版,在 2006 年 2 月发布 IFC 2x3 版。2013 年 3 月,bSI 组织发布了最新的 IFC 4 版。这里就针对 IFC 4 版进行介绍。

bSI 组织正在努力使 IFC 4 版成为 ISO 标准。与前 4 个主要版本的 IFC 标准相比,IFC 4 版在参数化设计方面强化了对 NURBS(Non-Uniform Rational B-Splines)曲线和曲面等复杂几何图形的支持,增加了 IFC 扩展流程模型、IFC 扩展资源模型和约束模型。另外,MVD(Model View Definition,模型视图定义,详见 3.5.2 节)方法已经被正式确定为 IFC 标准的一部分,并使用 mvdXML 格式(基于 XML 的 MVD 描述格式)实现了在计算机可读与在文档中人工可读的双重可读性。同时,bSI 组织还为其提供了 IFC-DOC 工具,用于自动生成相关文档[7]。

IFC 标准采用面向对象方法进行描述,其中类被称作实体,其他概念的含义与在面向对象设计方法中相同。IFC 标准的体系架构如图 3-7 所示。IFC 标准的体系架构由 4 个层次构成,从下到上分别是资源层(Resource Layer)、核心层(Core Layer)、共享层(Interoperability Layer)和领域层(Domain Layer)。每层都包含一系列信息描述模块(图中的几何形状),每个信息描述模块包含了对实体、类型及属性集等的定义。在定义中遵循如下规则:每个层次只能引用同层次和下层的信息资源,而不能引用上层资源;当上层资源发生变动时,下层资源不受影响。IFC 4 版包含 766 个实体,391 个类型(59 个选择类型,206 个枚举类型,126 个定义类型),以及 408 个预定义属性集(相对于预定义属性集,IFC 标准允许用户自己定义属性集)。

2) IFC 标准体系架构的 4 个层次

(1) 资源层。IFC 标准体系架构中的最低层,可以被其他 3 层引用。主要描述 IFC 标准需要使用的基本信息,不针对具体专业。这些信息是无整体结构的分散信息,主要包括材料资源信息、几何约束资源信息和成本资源信息等。

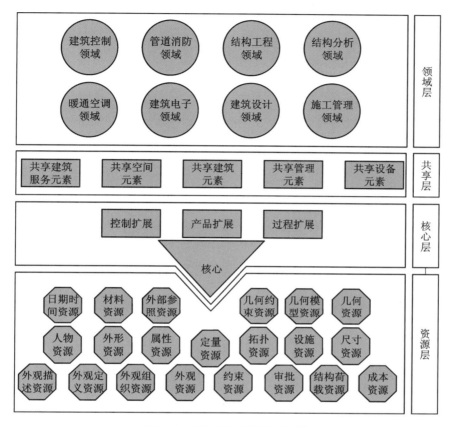

图 3-7 IFC 标准的体系架构[7]

（2）核心层。IFC 标准体系架构的第 2 层，可以被共享层与领域层引用。主要提供数据模型的基础结构与基本概念。将资源层信息组织起成一个整体，用来反映建筑物的实际结构。该层包括核心、控制扩展、产品扩展和过程扩展 4 个组成部分。

（3）共享层。IFC 标准体系架构的第 3 层，主要为领域层服务，使领域层中的数据模型可以通过该层进行信息交换。它用以表示不同领域的共性信息，便于领域之间的信息共享。共享层主要由共享空间元素、共享建筑元素、共享管理元素、共享设备元素和共享建筑服务元素等 5 部分组成。

（4）领域层。IFC 标准体系架构的最高层，其中的每个数据模型分别对应于不同领域，独立应用。能深入到各个应用领域的内部，形成专题信息，比如暖通领域和工程管理领域。另外，还可根据实际需要进行扩展。

3）IfcRoot 实体及其子实体

基于上述体系架构，IFC 标准使用 EXPRESS 语言和图形表示方法 EXPRESS-G 描述工程信息。以下使用 EXPRESS-G 图形表示方法对 IFC 标准的内容进行较为具体的介绍。在 IFC 标准中定义了一个根实体 IfcRoot，它提供了一些诸如 GlobalId 和 Name 等基本属性定义，并由其派生出 3 个基本的抽象实体，如图 3-8 所示。以下分别介绍它们。

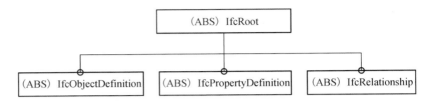

图 3-8　IfcRoot 实体及其子实体

（1）IfcObjectDefinition 实体。表示数据模型中一切可以处理的对象或工程项目，比如墙体、空地、虚拟边界、工作任务、建筑过程或建筑设计人员等。实体名前的 ABS 表示该实体是抽象实体，它又派生出 3 个子实体，如图 3-9 所示。其中，IfcContext 实体表示上下文环境；IfcObject 实体表示工程中一切可以被定义的对象；IfcTypeObject 实体表示某对象的类型。IfcObject 实体又派生出 6 个子实体，其中，IfcProduct 实体表示工程项目中的物理对象；IfcProcess 实体表示在工程中发生并带有意图的行为，比如获取和建造等；IfcControl 实体表示控制或是约束其他对象；IfcResource 实体表示对象所需的资源；IfcActor 实体表示参与工程的角色；IfcGroup 实体表示对象的分组。

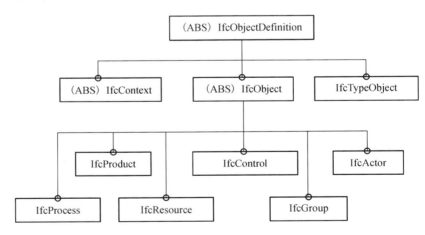

图 3-9　IfcObjectDefinition 实体及其子实体

（2）IfcPropertyDefinition 实体。用来描述对象的特征，反映了对象在具体工程中的特殊信息，其子类如图 3-10 所示。其中，IfcPropertySetDefinition 实体表示用来描述对象特征的一组属性；IfcPropertyTemplateDefinition 实体表示定义属性时使用的模板。

（3）IfcRelationship 实体。用来描述对象间的相互关系，它的子实体如图 3-11 所示。其中，IfcRelAssigns 实体描述当一个对象使用另一个对象提供的

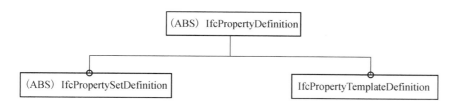

图 3-10　IfcPropertyDefinition 实体及其子实体

服务时与其的关系；IfcRelAssociates 实体描述对象与外部资源信息（如库、文档等）的联系；IfcRelDecomposes 实体描述对象间的组成或分解关系；IfcRelDefines 实体通过类型定义或是属性定义来描述对象的实例；IfcRelConnects 实体定义了 2 个或多个对象间以某种方式连接的关系，这种连接可以是物理的，也可以是逻辑的；IfcRelDeclares 实体定义了对象或者属性与项目或者项目库之间的关系。

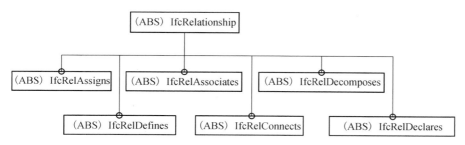

图 3-11　IfcRelationship 实体及其子实体

　　IFC 标准中包含的其他实体均是从上述 3 个抽象实体的子实体派生出来的。例如，表示梁的 IfcBeamStandardCase 实体就是派生自 IfcBeam 实体；IfcBeam 实体派生自 IfcBuildingElement 实体；IfcBuildingElement 实体派生自 IfcElement 实体；IfcElement 实体派生自 IFCProduct 实体；IfcProduct 实体派生自 IfcObject 实体，IfcObject 实体派生自 IfcObjectDefinition 实体，如图 3-9 所示；IfcObjectDefinition 派生自 IfcRoot 实体，如图 3-8 所示。这样 IfcBeamstandardCase 实体最终由 7 个父实体层层派生产生。

　　下面就以某建筑物的梁为例，具体展示在 IFC 标准中是如何对数据模型进行定义的，体现为大纲，用 EXPRESS 语言描述。

```
ENTITY IfcBeamStandardCase
  ENTITY IfcRoot
    GlobalId            : IfcGloballyUniqueId;
    OwnerHistory        : OPTIONAL IfcOwnerHistory;
    Name                : OPTIONAL IfcLabel;
    Description         : OPTIONAL IfcText;
  ENTITY IfcObjectDefinition
```

INVERSE

    HasAssignments   : SET OF IfcRelAssigns FOR RelatedObjects;

    Nests   : SET [0:1] OF IfcRelNests FOR RelatedObjects;

    IsNestedBy   : SET OF IfcRelNests FOR RelatingObject;

    HasContext   : SET [0:1] OF IfcRelDeclares FOR RelatedDefinitions;

    IsDecomposedBy   : SET OF IfcRelAggregates FOR RelatingObject;

    Decomposes   : SET [0:1] OF IfcRelAggregates FOR RelatedObjects;

    HasAssociations   : SET OF IfcRelAssociates FOR RelatedObjects;

ENTITY IfcObject

    ObjectType   : OPTIONAL IfcLabel;

INVERSE

    IsDeclaredBy   : SET [0:1] OF IfcRelDefinesByObject FOR RelatedObjects;

    Declares   : SET OF IfcRelDefinesByObject FOR RelatingObject;

    IsTypedBy   : SET [0:1] OF IfcRelDefinesByType FOR RelatedObjects;

    IsDefinedBy   : SET OF IfcRelDefinesByProperties FOR RelatedObjects;

ENTITY IfcProduct

    ObjectPlacement   : OPTIONAL IfcObjectPlacement;

    Representation   : OPTIONAL IfcProductRepresentation;

INVERSE

    ReferencedBy   : SET OF IfcRelAssignsToProduct FOR RelatingProduct;

ENTITY IfcElement

    Tag   : OPTIONAL IfcIdentifier;

INVERSE

    FillsVoids   : SET [0:1] OF IfcRelFillsElement FOR RelatedBuildingElement;

    ConnectedTo   : SET OF IfcRelConnectsElements FOR RelatingElement;

    IsInterferedByElements: SET OF IfcRelInterferesElements FOR RelatedElement;

    InterferesElements   : SET OF IfcRelInterferesElements FOR RelatingElement;

    HasProjections   : SET OF IfcRelProjectsElement FOR RelatingElement;

    ReferencedInStructures: SET OF IfcRelReferencedInSpatialStructure FOR

RelatedElements；

HasOpenings ：SET OF IfcRelVoidsElement FOR
RelatingBuildingElement；

IsConnectionRealization：SET OF IfcRelConnectsWithRealizingElements
FOR RealizingElements；

ProvidesBoundaries ：SET OF IfcRelSpaceBoundary FOR
RelatedBuildingElement；

ConnectedFrom ：SET OF IfcRelConnectsElements FOR
RelatedElement；

ContainedInStructure ：SET［0：1］OF IfcRelContainedInSpatialStructure
FOR RelatedElements；

ENTITY IfcBuildingElement
INVERSE

HasCoverings ：SET OF IfcRelCoversBldgElements FOR
RelatingBuildingElement；

ENTITY IfcBeam
PredefinedType ：OPTIONAL IfcBeamTypeEnum；
ENTITY IfcBeamStandardCase
END_ENTITY；

在上述使用 EXPRESS 语言对梁的定义中，IfcBeamStandardCase 实体包含 9 个属性，如表 3-2 所示；其中，OPTIONAL 表示该属性是可选属性。

表 3-2　　　　　　　　**IfcBeamStandardCase 实体的属性**

序号	属性名称	属性类型
1	GlobalId	IfcGloballyUniqueId
2	OwnerHistory	IfcOwnerHistory
3	Name	IfcLabel
4	Description	IfcText
5	ObjectType	IfcLabel
6	ObjectPlacement	IfcObjectPlacement
7	Representation	IfcProductRepresentation
8	Tag	IfcIdentifier
9	PredefinedType	IfcBeamTypeEnum

大纲规定了数据模型中包含的数据内容及其结构，对应于数据模型的具体数据需要基于大纲，用中性文件的形式表示出来。以下给出对应于 IfcBeamStandardCase 实体大纲的中性文件的部分内容作为例子。

＃111＝ IFCMATERIALPROFILESET（＄，＄，（＃112），＄）；
＃112＝ IFCMATERIALPROFILE（'IPE220'，＄，＃113，＃120，＄，＄）；

♯113＝ IFCMATERIAL ('S275J2', ＄, 'Steel');

♯120＝ IFCISHAPEPROFILEDEF (. AREA. , 'IPE220', ＄, 110. , 220. , 5. 9, 9. 2, 12. 0, ＄, ＄);

......

♯1000＝ IFCBEAMSTANDARDCASE ('0juf4qyggSI8rxA20Qwnsj', ＄, 'A-1', 'IPE220', 'Beam', ♯1001, ♯1010, 'A-1', ＄);

♯1001＝ IFCLOCALPLACEMENT (♯100025, ♯1002);

♯1002＝ IFCAXIS2PLACEMENT3D (♯1003, ♯1004, ♯1005);

♯1003＝ IFCCARTESIANPOINT ((0. , 0. , 0.));

♯1004＝ IFCDIRECTION ((1. , 0. , 0.)); /* local z-axis co-linear to beam axis */

♯1005＝ IFCDIRECTION ((0. , 1. , 0.)); /* local x-axis */

♯1010＝ IFCPRODUCTDEFINITIONSHAPE (＄, ＄, (♯1050, ♯1020));

♯1020＝ IFCSHAPEREPRESENTATION (♯100011, 'Body', 'SweptSolid', (♯1021));

♯1021＝ IFCEXTRUDEDAREASOLID (♯120, ♯1030, ♯1034, 2000.);

♯1030＝ IFCAXIS2PLACEMENT3D (♯1031, ＄, ＄);

♯1031＝ IFCCARTESIANPOINT ((−55. 0, 110. 0, 0.)); /* defines cardinal point 1 */

♯1034＝ IFCDIRECTION ((0. , 0. , 1.));

♯1040＝ IFCRELASSOCIATESMATERIAL ('0juf4qyggSstrxA20QfZsj', ＄, ＄, ＄, (♯1000), ♯1041);

♯1041＝ IFCMATERIALPROFILESETUSAGE (♯111, 1, ＄);

♯1050＝ IFCSHAPEREPRESENTATION (♯100011, 'Axis', 'Curve3D', (♯1051));

♯1051＝ IFCPOLYLINE ((♯1052, ♯1053));

♯1052＝ IFCCARTESIANPOINT ((0. , 0. , 0.));

♯1053＝ IFCCARTESIANPOINT ((0. , 0. , 2000.));

......

♯100011＝ IFCGEOMETRICREPRESENTATIONCONTEXT (＄, 'Model', 3, 1. 0E-5, ♯100040, ＄);

♯100022＝ IFCLOCALPLACEMENT (＄, ♯100040);

♯100025＝ IFCLOCALPLACEMENT (♯100022, ♯100040);

♯100040＝ IFCAXIS2PLACEMENT3D (♯100041, ♯100044, ♯100042);

♯100041＝ IFCCARTESIANPOINT ((0. , 0. , 0.));

♯100042＝ IFCDIRECTION ((1. , 0. , 0.));

♯100044＝ IFCDIRECTION ((0. , 0. , 1.));

在上述中性文件中,第♯1000 行记录一根由 IfcBeanStandardCase 实体定义的梁的数据,表 3-3 列出该梁每个属性的取值。当以"♯"开头的行号作为梁的属性值时,表示该属性的取值由单独一行定义。

表 3-3　　　　　由 IfcBeamStandardCase 实体定义的梁的属性取值

序号	属性名称	属性取值	注释
1	GlobalId	0juf4qyggSI8rxA20Qwnsj	—
2	OwnerHistory	$	表示忽略
3	Name	A-1	—
4	Description	IPE220	—
5	ObjectType	Beam	—
6	ObjectPlacement	♯1001,	梁的位置由♯1001 行定义
7	Representation	♯1010,	梁的形状由♯1010 行定义
8	Tag	A-1	—
9	PredefinedType	$	表示忽略

值得说明的是,当需要交互的信息类型没有包含在当前版本 IFC 标准定义的数据模型中时,用户可以使用 IFC 模型提供的属性定义机制进行自定义扩展。本书篇幅有限,所以这里不赘述该属性扩展机制。

利用 IFC 标准,可以更好地在应用软件之间实现数据交换。其前提是,两个软件都支持 IFC 标准,具体地说,就是支持以 IFC 格式导出数据,以及将 IFC 格式的数据读入应用软件中。其过程是,如果应用软件 A 的数据需要交换给应用软件 B,首先需要由支持 IFC 标准的应用软件 A 生成基于 IFC 标准的建筑模型,并保存在一个符合 IFC 标准的中性格式文件中。然后,在应用软件 B 中直接从该中性格式文件中读取数据,从而完成二者的数据交换。当然需要指出的是由于 IFC 标准已经推出了多个版本,不同应用软件可以识别的版本可能不同,所以交互时最好选择交互双方都支持的版本。

3.4.2　CIS/2 标准[9]

CIS/2 标准是针对钢结构工程建立的一个集设计、计算、施工管理及钢材加工为一体的数据标准。它是欧盟"尤里卡"项目中编号 EU130 的工程 CIMsteel 项目(钢结构计算机集成设计)最重要的成果之一。1987 年,欧洲钢结构联盟启动 CIMsteel 项目,经过近十年的努力,终于在 1996 年推出了 CIS 标准的第一个版本 CIS/1.0;在 2002 年,又推出该标准的第二个版本 CIS/2.0,简写为 CIS/2。

CIS/2 标准是在 ISO 组织的产品数据标准——STEP 标准的基础上建立起来的。它对应于 STEP 标准应用层,满足钢结构工程需求,因此它也可被视为 STEP 标准的一个子集,或 STEP 标准在钢结构工程中的具体实现。同基于 STEP 标准的其他标准一样,该标准采用 EXPRESS 语言作为描述钢结构数据模型的方式。

在这里,以梁为例介绍 CIS/2 标准描述实体的典型方法,并与 IFC 标准中同一实体的描述进行对比。CIS/2 标准中的 design_part 实体与 IFC 标准中的 IfcBeamStandardCase 实体相对应。该梁的 EXPRESS 语言描述如下:

```
ENTITY design_part;
    design_part_name        : label;
    design_part_spec        : part;
    parent_assemblies       : LIST [1:?] OF assembly_design;
    locations               : OPTIONAL LIST [1:?] OF coord_system;
END_ENTITY;
```

CIS/2 标准使用*.stp 中性格式文件保存数据模型的数据。对应上述梁的大纲,该梁在*.stp 中性格式文件中的主要内容如下:

```
#1=DIMENSIONAL_EXPONENTS (1.0,0.0,0.0,0.0,0.0,0.0,0.0);
#2 = (CONTEXT_DEPENDENT_UNIT('INCH') LENGTH_UNIT()
    NAMED_UNIT(#1));
……
#959=SECTION_PROFILE(2,'W14X53',$,$,5,.F.);
……
#3096 = COORD_SYSTEM_CARTESIAN_3D('Design Part','Design
        Part Coordinate
        System',$,3,#3097);
#3097=AXIS2_PLACEMENT_3D('Axis3d',#3098,#3099,#3100);
#3098 = CARTESIAN_POINT('Origin',(−40.237139504348,−505.
        625249238341,168.));
#3099=DIRECTION('Orientation',(0.,1.,0.));
#3100=DIRECTION('Direction',(0.,0.,−1.));
……
#3102 = ASSEMBLY_DESIGN_STRUCTURAL_MEMBER_LINEAR(5,
        '5',$,$,0,.LOW.,
        .F.,.F.,(),(),$,.UNDEFINED_ROLE.,.UNDEFINED_
        CLASS.,.UNDEFINED.);
#3103=DESIGN_PART('',#3104,(#3102),(#3096));
#3104 = PART_PRISMATIC_SIMPLE(5,'PP5',$,$,.UNDEFINED.,
        $,#959,#3105,$,$);
#3105=POSITIVE_LENGTH_MEASURE_WITH_UNIT
        (POSITIVE_LENGTH_MEASURE(168.),#2);
```

在上述中性文件中,第#3103 行记录一根由 design_part 实体定义的梁的数据。当以"♯"开头的行号作为梁的属性值时,表示该属性的取值由单独一行定义。

由于 IFC 标准也采用 EXPRESS 语言描述数据模型,为使支持 IFC 标准的应用软件支持 CIS/2 标准,只需将在 CIS/2 标准中定义的元素映射到在 IFC 标准中定义的元素上即可。表 3-4 展示了两个数据模型标准的部分映射关系[10]。显而易见,利用 CIS/2 标准实现应用软件间数据交换的方式与 IFC 标准相同,所以这里不再赘述。

表 3-4 　　　从 CIS/2 标准的元素映射到 IFC 标准的元素

序号	CIS/2 实体	IFC 实体
1	Analysis_model	IfcStructuralAnalysisModel
2	Analysis_result_{node/element_node}	IfcStructuralPointReaction
3	Analysis_result_set	IfcStructuralResultGroup
4	Applied_load_static_force	IfcstructuralLoadSingleForce
5	Assembly_map	IfcRelAssignsToProduct
6	Axis2_placement_3d	IfcAxis2Placement3D
7	Boundary_condition_logical	IfcBoundaryNodeCondition
8	Cartesian_Point	IfcCartesianPoint
9	Context_dependent_unit	IfcConversionBasedUnit
10	Coord_system_cartesian_3d	IfcLocalPlacement
11	Design_part	Ifc{Beam/Column/Member/Plate}
12	Element_curve_simple	IfcStructuralCurveMember
13	Element_node_connectivity	IfcRelConnectsStructuralMember
14	Fastener_simple_bolt	IfcProductDefinitionShape
15	Joint_system_mechanical	IfcMechanicalFastener
16	Joint_system_welded	IfcFastener
17	Load_case	IfcStructuralLoadGroup
18	Load_element_distributed_curve_line	IfcStructuralLinearAction
19	Load_node	IfcStructuralPointAction
20	Loading_combination	IfcStructuralLoadGroup
21	Located_assembly	Ifc{Group/ElementAssembly}
22	Located_joint_system	Ifc{Group/BuildingElementProxy}
23	Node	IfcStructuralConnectionPoint
24	Part	IfcProductDefinitionShape
25	Reaction_{displacement/force}	IfcStructuralLoadSingle{Displacement/Force}
26	Release_logical	IfcBoundaryNodeCondition
27	Section_profile_{angle/channel}	Ifc{L/U}ShapeProfileDef
28	Section_profile_{circle/rectangle}	Ifc{Circle/Rectangle}ShapeProfileDef

续表

序号	CIS/2 实体	IFC 实体
29	Section_profile_compound	IfcCompositeProfileDef
30	Section_profile_{i/t}_type	Ifc{I/T}ShapeProfileDef
31	Si_unit	IfcSIUnit
32	Zone_of_structure	IfcGroup

3.4.3 gbXML 标准[11]

gbXML 是 The Green Building XML 的缩写,它基于 XML 标准,定义了绿色建筑数据交换所需的大纲。gbXML 标准的目的是方便在不同 CAD 系统的、基于私有数据格式的数据模型之间传递建筑信息,尤其是为了方便针对建筑设计的数据模型与针对建筑性能分析的应用软件及其对应的私有数据模型之间的信息交换。

目前,gbXML 标准已经得到了建筑业的广泛支持,成为事实上的行业标准。主要的 CAD 软件开发商,如 Autodesk,Graphisoft 和 Bentley 等都已经在其发布的应用软件中提供了符合 gbXML 标注的数据模型导入和导出功能。所有宣布支持 gbXML 标准的软件开发商及其发布的应用软件的名单发布在 gbXML 标准的官方网站(http://www.gbxml.org)上。

gbXML 标准由受到美国加州能源委员会(California Energy Commission)资助的 Green Building Studio,Inc. 于 1999 年开始制定。2000 年 7 月,gbXML 标准的第一版作为 aecXML(TM)技术手册中关于绿色建筑的数据子集正式发布。为了更好地推广 gbXML 标准,2002 年,推广 gbXML 标准的官方网站被建立。2009 年,成立新的 gbXML 标准咨询委员会负责运营总部设在美国加州的非营利组织 Open Green Building XML Schema, Inc. 。2012 年,gbXML 标准咨询委员会更新成员,并发布了新版 gbXML 标准,即 gbXML Version 5.01。2013 年,该组织发布了最新版 gbXML 标准,即 gbXML Version 5.10,同时发布了检查数据模型是否符合 gbXML 标准的检查程序[12]。

gbXML 标准使用 XSD(XML Schemas Definition,XML 架构定义)语言定义数据模型的大纲,使用 XML 格式文件存储数据模型中各对象的取值。

下面以某建筑的一个房间(Space)为例说明 gbXML 标准的具体实现方式。为了在数据模型中表示该房间,首先需要使用 XSD 言语定义该房间的大纲:

<xsd:element name="Space">
 <xsd:annotation>
  < xsd:documentation > A space represents a volume enclosed by

```
surfaces. </xsd:documentation>
</xsd:annotation>
<xsd:complexType>
  <xsd:choice minOccurs="0" maxOccurs="unbounded">
    <xsd:element ref="Name" minOccurs="0"/>
    <xsd:element ref="Description" minOccurs="0"/>
    <xsd:element ref="Lighting" minOccurs="0" maxOccurs="unbounded"/>
    <xsd:element ref="LightingControl" minOccurs="0" maxOccurs="unbounded"/>
    <xsd:element ref="InfiltrationFlow" minOccurs="0"/>
    <xsd:element ref="PeopleNumber" minOccurs="0"/>
    <xsd:element ref="PeopleHeatGain" minOccurs="0" maxOccurs="3"/>
    <xsd:element ref="LightPowerPerArea" minOccurs="0"/>
    <xsd:element ref="EquipPowerPerArea" minOccurs="0"/>
    <xsd:element ref="AirChangesPerHour" minOccurs="0"/>
    <xsd:element ref="Area" minOccurs="0"/>
    <xsd:element ref="Temperature" minOccurs="0"/>
    <xsd:element ref="Volume" minOccurs="0"/>
    <xsd:element ref="PlanarGeometry" minOccurs="0">
      <xsd:annotation>
        <xsd:documentation>Planar polygon that represents the
        perimeter of space and whose area is equal to the floor area of
        the space. </xsd:documentation>
      </xsd:annotation>
    </xsd:element>
    <xsd:element ref="ShellGeometry" minOccurs="0">
      <xsd:annotation>
        <xsd:documentation>Planar polygons that represent the interior
        surfaces
        bounding the space and whose volume is equal to the volume
        of the
        space. </xsd:documentation>
      </xsd:annotation>
    </xsd:element>
    <xsd:element ref="AirLoopId" minOccurs="0" maxOccurs="unbounded"/>
    <xsd:element ref="HydronicLoopId" minOccurs="0" maxOccurs="
```

```
unbounded"/>
    <xsd:element ref="MeterId" minOccurs="0" maxOccurs="
    unbounded"/>
    <xsd:element ref="IntEquipId" minOccurs="0" maxOccurs="
    unbounded"/>
  <xsd:element ref="AirLoopEquipmentId" minOccurs="0"
  maxOccurs="unbounded"/>
  <xsd:element ref="HydronicLoopEquipmentId" minOccurs="0"
  maxOccurs="unbounded"/>
    <xsd:element ref="CADObjectId" minOccurs="0" maxOccurs="
    unbounded"/>
  <xsd:element ref="TypeCode" minOccurs="0"/>
    <xsd:element ref="SpaceBoundary" minOccurs="0" maxOccurs="
    unbounded"/>
</xsd:choice>
<xsd:attribute name="id" type="xsd:ID" use="required"/>
<xsd:attribute name="spaceType" type="spaceTypeEnum">
  <xsd:annotation>
    <xsd:documentation>spaceType represents how a space is
    used.</xsd:documentation>
    <xsd:appinfo>
      <xhtml:a href=
        "http://206.55.31.90/cgi-bin/lpd/ShowSpaceTypes.pl">
        IfcPolyLoop</xhtml:a>,
        an IESNA and ASHRAE project for determining lighting power
        density for
        individual spaces.
    </xsd:appinfo>
  </xsd:annotation>
</xsd:attribute>
<xsd:attribute name="zoneIdRef" type="xsd:IDREF"/>
<xsd:attribute name="scheduleIdRef" type="xsd:IDREF">
  <xsd:annotation>
    <xsd:documentation>ID for the schedule of transmittance of
    a shading
    surface</xsd:documentation>
  </xsd:annotation>
</xsd:attribute>
<xsd:attribute name="lightScheduleIdRef" type="xsd:IDREF">
```

```
    <xsd:annotation>
        <xsd:documentation>ID of the schedule for lights contained in this
        space</xsd:documentation>
    </xsd:annotation>
</xsd:attribute>
<xsd:attribute name="equipmentScheduleIdRef" type="xsd:IDREF">
    <xsd:annotation>
        <xsd:documentation>ID for schedule of equipment use</xsd:
        documentation>
    </xsd:annotation>
</xsd:attribute>
<xsd:attribute name="peopleScheduleIdRef" type="xsd:IDREF">
    <xsd:annotation>
        <xsd:documentation>ID for schedule of people in this
        space</xsd:documentation>
    </xsd:annotation>
</xsd:attribute>
<xsd:attribute name="conditionType" type="conditionTypeEnum"/>
<xsd:attribute name="buildingStoreyIdRef" type="xsd:IDREF">
    <xsd:annotation>
        <xsd:documentation>ID for BuildingStorey this space is
        on.</xsd:documentation>
    </xsd:annotation>
</xsd:attribute>
<xsd:attribute name="ifcGUID" type="xsd:string" use="optional">
    <xsd:annotation>
        <xsd:documentation>Global Unique ID from Industry Foundation
        Class (IFC) file.</xsd:documentation>
    </xsd:annotation>
</xsd:attribute>
    </xsd:complexType>
</xsd:element>
```

在上述 XSD 语言定义的大纲中，<xsd:element name="Space">标记定义了在对应的 XML 文件中使用的<Space>标记，由<xsd:annotation>标记引出的内容是对定义过程的说明，<xsd:complexType>标记的内容说明<Space>是复合数据类型，可以在其中再引用其他数据类型的标记，<xsd:choice minOccurs="0" maxOccurs="unbounded">标记的内容说明<Space>可以引用任意数量由其他标记定义的对象，不同的<xsd:element ref

＝″XXX″/＞标记指出＜Space＞可以引用对象的类型,这些类型分别由其对应的 XSD 大纲定义,＜xsd:attribute name＝″XXX″/＞标记表示＜Space＞自身的属性。

根据 gbXML 标准,使用 XML 文件保存数据模型的数据。与上述房间(Space)大纲对应的 XML 文件的部分内容如下所示,其中重复的平面四边形定义＜PolyLoop＞标记只展开一例作为代表。

```
<Space id="sp-3-Office" zoneIdRef="zone-Default">
    <Name>3 Office</Name>
    <Area>231.311415</Area>
    <Volume>2544.425564</Volume>-
    <ShellGeometry id="sg-sp-3-Office" unit="Feet">
        <ClosedShell>
            <PolyLoop>
                <CartesianPoint>
                    <Coordinate>-16.558013</Coordinate>
                    <Coordinate>33.794185</Coordinate>
                    <Coordinate>11.000000</Coordinate>
                </CartesianPoint>
                <CartesianPoint>
                    <Coordinate>-1.594471</Coordinate>
                    <Coordinate>33.794185</Coordinate>
                    <Coordinate>11.000000</Coordinate>
                </CartesianPoint>
                <CartesianPoint>
                    <Coordinate>-1.594471</Coordinate>
                    <Coordinate>49.252519</Coordinate>
                    <Coordinate>11.000000</Coordinate>
                </CartesianPoint>
                <CartesianPoint>
                    <Coordinate>-16.558013</Coordinate>
                    <Coordinate>49.252519</Coordinate>
                    <Coordinate>11.000000</Coordinate>
                </CartesianPoint>
            </PolyLoop>
            <PolyLoop>……</PolyLoop>
            <PolyLoop>……</PolyLoop>
            <PolyLoop>……</PolyLoop>
            <PolyLoop>……</PolyLoop>
            <PolyLoop>……</PolyLoop>
```

```
        </ClosedShell>
        <AnalyticalShell>
            <ShellSurface surfaceType="Ceiling">
                <PolyLoop>……</PolyLoop>
            </ShellSurface>
            <ShellSurface surfaceType="Floor">
                <PolyLoop>……</PolyLoop>
            </ShellSurface>
            <ShellSurface surfaceType="Wall">
                <PolyLoop>……</PolyLoop>
                <ShellOpening openingType="Window">
                    <PolyLoop>……</PolyLoop>
                </ShellOpening>
                <ShellOpening openingType="Window">
                    <PolyLoop>……</PolyLoop>
                </ShellOpening>
            </ShellSurface>
            <ShellSurface surfaceType="Wall">
                <PolyLoop>……</PolyLoop>
                <ShellOpening openingType="Window">
                    <PolyLoop>……</PolyLoop>
                </ShellOpening>
            </ShellSurface>
            <ShellSurface surfaceType="Wall">
                <PolyLoop>……</PolyLoop>
            </ShellSurface>
            <ShellSurface surfaceType="Wall">
                <PolyLoop>……</PolyLoop>
                <ShellOpening openingType="Door">
                    <PolyLoop>……</PolyLoop>
                </ShellOpening>
            </ShellSurface>
        </AnalyticalShell>
    </ShellGeometry>
    <CADObjectId>149181</CADObjectId>
</Space>
```

在上述 XML 文件针对房间(Space)的局部内容中,<ClosedShell>标记表示房间内表面围成的空间,它包含 6 个<PolyLoop>平面四边形,每个四边形被 4 个<CartesianPoint>笛卡尔坐标系下的点定义;<AnalyticalShell

＞标记表示由 6 个平分墙、屋顶和地板的平面四边形围成的空间，这些被定义为＜ShellSurface＞的四边形以＜PolyLoop＞为基础；房间的门和窗以标记＜ShellOpening＞表示，该标记也以＜PolyLoop＞为基础。房间的外表面数据由＜ClosedShell＞标记和＜AnalyticalShell＞标记所包含的数据计算得出。

与不包含标记的中性格式文件相比，gbXML 标准使用 XML 文件存储相同内容的工程信息所占磁盘空间更大。这意味着，现有应用软件解析 XML 文件所需时间也更长；但是，使用 XML 文件能显著提高可读性。利用符合 gbXML 标准的 XML 文件在 2 个或多个应用软件之间交换数据的过程与 IFC 标准下的过程相同，因此这里不再赘述。

3.4.4 我国的数据模型标准

在数据模型标准方面，近几年我国陆续开展了一些工作。

2007 年，中国建筑标准设计研究院编制了行业标准《建筑对象数字化定义》(JG/T 198—2007)[13]。该标准部分采用了 IFC 标准的平台部分，规定了建筑对象数字化定义的一般要求，资源层，核心层及交互层。它可用于建筑全生命周期各阶段内部以及阶段之间的信息共享，包括建筑设计、施工和运营管理等。

2008 年，由中国建筑科学研究院和中国标准化研究院等单位编制了《工业基础类平台规范》，成为国家标准(GB/T 25507—2010)[14]。该标准等同采用 IFC 标准，在技术内容上与 IFC 标准完全保持一致，仅仅为了将其转化为我国国家标准，根据我国国家标准的制定要求，在编写格式上作了一些改动。关于 IFC 标准的介绍，读者可以阅读 3.4.1 小节，这里不再赘述。

3.5 过程标准

在建筑工程项目中，BIM 信息的传递分为横向传递(不同专业间)与纵向传递(不同阶段间)两种。若要保证信息传递的准确性与完整性，需对传递过程中涉及的信息内容、传递流程、参与方等进行严格的规定。过程标准就用于满足这一要求，以便提高各参与方、各阶段间的 BIM 信息传递的效率与可靠性。过程标准主要包含以下三类标准，即 IDM 标准、MVD 标准以及 IFD 库。

3.5.1 IDM 标准

1) 概述

如前所述，数据模型标准用于对建筑工程项目全生命周期涉及的所有信息进行详细描述。然而,在建筑工程项目的具体阶段,参与方使用一定的应用软件进行行业业务活动时,其信息交换需求是具体而有限的。如果对信息交换需求没有规定,即使两个应用软件支持同一数据模型标准(如 IFC 标准),在二者之间进行信息交换时,很可能出现提供的信息非对方所需的情况,从而无法保证信息交互的完整性与协调性[15]。通过 3.2.2 节,我们知道,IDM 标准可以用于解决这个问题。

但是,建筑工程项目包含规划、设计、施工、运营维护等多个阶段,每个阶段以及阶段之间都包含很多不同主题,究竟 IDM 标准应该涵盖哪些主题,特别是,考虑目前 BIM 技术的成熟度,先针对哪些主题建立 IDM 标准,是编制 IDM 标准时必须考虑的问题。

为引导 IDM 健康有序的发展,bSI 组织于 2011 年提出了 IDM 发展路线图。该路线图将项目过程划分为 10 个阶段,这 10 个阶段分为项目前(Pre-Project)、施工前(Pre-Construction)、施工期(Construction)、施工后(Post-Construction)四个组,并以矩阵的形式对各阶段有待开发的 IDM 标准进行了总结。该路线图共涉及 44 个 IDM 项目,其中优先项目有 9 项,如表 3-5 所示。

表 3-5　　　　bSI 组织确定的优先发展的 IDM 项目[16]

IDM 项目	阶段	活动
能耗分析	总体可行性(Outline feasibility)	性能分析
建立建筑专业 BIM 模型	总体概念设计(Outline conceptual design) 详细概念设计(Full conceptual design) 协调设计(Coordinated design)	建模
建立电气专业 BIM 模型	概念设计概述 详细概念设计 协调设计	建模
建立暖通专业 BIM 模型	概念设计概述 详细概念设计 协调设计	建模
建立结构专业 BIM 模型	概念设计概述 详细概念设计 协调设计	建模
算量	协调设计	成本计算
计价	协调设计	成本计算
设备信息建档	协调设计	建档
一致性控制	协调设计	协调

不少研究机构根据此路线图开发相应的 IDM 标准,并提交 bSI 组织进行审核,以不断完善 IDM 体系。目前 IDM 标准的开发情况如表 3-6 所示。

表 3-6   IDM 标准开发情况[16]

开发者	数量	代表性 IDM 标准
bSI	42	3D 控制与计划（数字化展示）
美国总务署	7	从建筑设计到建筑能耗分析
美国采暖、制冷与空调工程师学会	5	暖通信息交换
韩国国土海洋部	5	从建筑设计到建筑设计活动
应用技术委员会，Thomas Liebich	4	从结构设计到结构设计细化（ATC-75）
Jiri Hietanen	4	从建筑设计到算量（一级）
预制混凝土协会，Chuck Eastman	4	预制混凝土信息交换
挪威政府 Statsbygg 部	4	建筑规划
施工创新联合研究中心，Robin Drogemuller	3	从道路设计到景观设计
丹麦皇宫资产管理处	3	区域信息从项目传递至设备管理
英国政府	3	资本支出
芬兰坦佩雷理工大学虚拟建筑实验室，Sakari Lehtinen	3	从结构设计到结构分析
芬兰赫尔辛基理工大学暖通实验室，Mika Vuolle	2	从空间需求与目标到热仿真
丹麦技术大学	2	能耗改进
美国佛罗里达大学	2	从砌体结构设计到结构分析
USCG/AEC Infosystems	2	行动管理
法国勃艮地区	1	项目管理者、设计者及监理间的信息交换
美国陆军工程兵部队研发中心	1	能耗评估
荷兰运输部	1	建筑系统需求规定

2）过程图与信息交换需求

下面以美国总务署（US General Services Administration）开发的 IDM 标准——从建筑设计到建筑能耗分析（Architectural Design to Building Energy Analysis）为例说明一个 IDM 标准的内容概要。在这里，重点对该 IDM 标准中的主要部分——过程图与信息交换需求进行介绍。

（1）过程图。如图 3-12 所示，该过程图采用 BPMN 来表示。其主要组成部分包括：

① 整个表称之为泳池（Swimming Pool），代表所要描述的所有流程；

② 用表的不同的行来表示泳道（Swimming Lane），用于将不同功能性目标的任务分类，一般可以以角色活动来划分，信息模型作为单独的角色类型拥有专门的泳道，交换需求作为数据对象（▯）放置于信息模型泳道中；

③ 圆角矩形（▭）代表任务（Task），用"＋"标记的任务表示该任务可以分解为子任务。

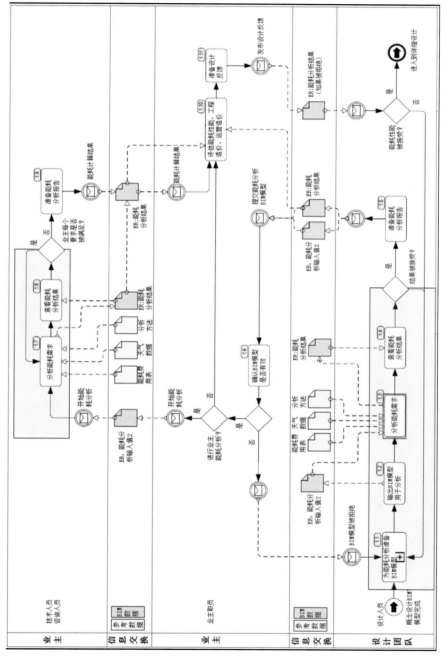

图 3-12 概念设计阶段能耗分析过程图[17]

限于篇幅,这里不对 BPMN 所有图例的意义进行说明,读者可自行查找相关规范。

在该 BPMN 图中可以看到,在能耗分析过程中,设计人员、业主、技术咨询分别按照各自的流程进行相关工作,体现为执行一定的任务。

各任务的详细说明在 IDM 标准中以表的形式出现,以图中的"输出 BIM 模型用于分析"(Export BIM for Analysis)活动为例,其详细说明如表 3-7 所示。该说明介绍了该任务,并指出了与该任务相关联的信息交换需求,即围框内的"信息交换需求:能耗分析输入 2"(ER Energy Analysis Inputs 2)。

表 3-7 对"输出 BIM 模型用于分析"任务的说明

任务	任务说明
输出 BIM 模型用于分析	在任务 1.1 中,当确认已为能耗分析准备好 BIM 模型时,BIM 模型以 IFC 的格式导出以用于能耗模拟。这时,"信息交换需求:能耗分析输入 2"中的所有需求均需得到满足

(2) 信息交换需求。如表 3-8 所示,在其中,对涉及的信息、各信息包含的属性及属性的相关性质进行了详细规定。以该交换需求中的建筑能耗目标(Building(Energy Target))信息为例,其属性包括目标能耗计量单位(Energy Target Units)与目标能耗值(Energy Target Value)。其中,目标能耗计量单位属性为强制性(Required)属性,其数据类型为字符串(String),单位值未定(Varied);目标能耗值属性也为强制性属性,其数据类型为实数(Real),单位值未定(Varied)。

表 3-8 "信息交换需求:能耗分析输入 2"的说明(限于篇幅,只截取部分)[18]

信息类型	需要的信息	必填?	选填?	数据类型	单位
建筑能耗目标	目标能耗计量单位	√		字符串	未定
	目标能耗值	√		实数	未定
空间	空间利用(热仿真类型)	√		枚举值	N/A
	空间内空调需求(制热与制冷、只制热、只制冷、无空调需求)	√		枚举值	N/A
	空间人员密度	√		实数	人/m²

3) IDM 标准对 BIM 用户的作用

通过前面的内容可以看到,IDM 标准对建筑工程项目的过程、信息交换需求进行了详细规定,从而使该活动对应的信息交换有据可依,保证了信息交换的完整性与协调性。具体来讲,对于 BIM 用户,IDM 标准可以明确以下内容:

(1) 以通俗易懂的语言与形式对建筑工程项目的实施过程进行了明确描述,促使工作流程实现标准化。

(2) 明确用户在不同阶段进行不同工作时需要的信息,便于用户确认接收信息的完整性与正确性。

(3) 明确用户在不同阶段进行不同工作时需提交的信息,使相关的工作更具有针对性。

4) IDM 标准对 BIM 应用软件开发者的作用

对于 BIM 应用软件开发者,IDM 标准的作用如下:

(1) 识别并描述对建筑工程项目实施过程的详细分解,为 BIM 应用软件中相关工作流程的建立提供参考。

(2) 对各任务涉及的相关信息的类型、属性等进行详细描述,为基于数据标准(如 IFC 标准)建立相应的数据模型提供了依据。

3.5.2 MVD 标准

在上一节介绍的 IDM 标准中,信息交换需求是用自然语言定义的。对于计算机,只有将这些自然语言基于数据模型标准"翻译"成机器能读懂的语言才具有实际应用价值。模型视图定义(Model View Definition,MVD)就是对应于这些信息交换需求的、机器能读懂的"语言",这里的数据模型标准特指 IFC 标准。

bSI 组织对其描述是:MVD 标准是将信息交换需求映射至 IFC 大纲形成的基于 IFC 标准的概念集(IFC-specific concepts),该概念集定义了利用 IFC 标准描述交换的 BIM 模型中数据元素(data element)与数据约束(data constraints)的方法[19]。

MVD 标准的特征可归结为以下两点:

(1) 基于 IFC 标准,是 IFC 大纲的子集。

(2) 对应于 IDM 标准中的信息交换需求,是它在 IFC 标准中的映射。

下面在上一节介绍的 IDM 标准实例的基础上,介绍其对应的 MVD 标准实例。如图 3-13 所示,围框内的 ePset_建筑能耗目标(ePset_Building Energy

图 3-13　MVD 中 Building 实体的层次图(限于篇幅,只截取部分)[20]

Target)实体对应于 IDM 标准中信息交换需求所包含的建筑能耗目标(Building(Energy Target))(表 3-8)信息,MVD 中建筑能耗目标计量单位(Building Energy Target Units)与建筑能耗目标值(Building Energy Target Value)分别对应于信息交换需求中建筑能耗目标的属性——能耗目标计量单位(Energy Target Units)与能耗目标值(Energy Target Value)。

以上层次图的结构已符合 IFC 标准的要求,但依然以自然语言表达,计算机尚不能直接使用。具体落实到 IFC 标准,如图 3-14 所示,ePset_BuildingEnergyTarget 以扩展属性集的方式成为 IfcBuilding 中的属性,建筑能耗目标计量单位(Building Energy Target Units)与建筑能耗目标值(Building Energy Target Value)为该属性集的子属性。对照表 3-8 可以看到,关于建筑能耗目标(Building(Energy Target)),该 MVD 标准表达的信息与信息交换需求中表达的信息是相对应的。

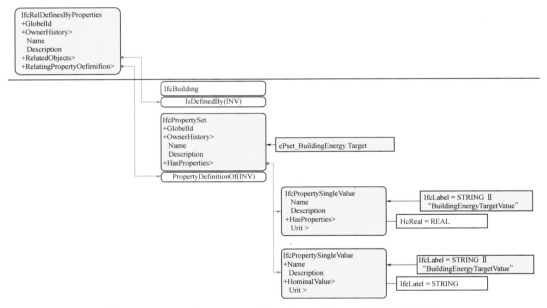

图 3-14 MVD 中 ePset_Building Energy Target 的 IFC 表达[20]

因为 MVD 标准是 IDM 标准在 IFC 标准中的映射,对于普通 BIM 用户来说,通常不需要涉及。对于 BIM 应用软件开发者来说,MVD 具有以下两个作用:首先是确定在软件开发过程中采用哪些 IFC 数据元素(Element);其次是确定如何基于这些 IFC 数据元素实现信息交换。

3.5.3 IFD 库

在信息交换过程中会碰到这样的情形:基于某数据标准(如 IFC 标准)描述某事物时,需用自然语言为一些属性赋值,但这一自然语言能否被另一个

BIM 应用软件理解是不能确定的。例如，一名建筑师在建立 BIM 模型时，可将梁的组成材料设置为"混凝土"，也能设置为"砼"，甚至可以用英文表示为"concrete"。这种信息表示形式存在很大的随意性，对于人来讲理解不是问题，但计算机则不能直接识别出该信息。

1）IFD 的组成

为解决以上问题，IFD(International Framework for Dictionaries，国际字典框架)的概念应运而生。IFD 以 3.2.1 节所述的 ISO 12006-3 为基础，由以下三部分组成[21]：

（1）概念(concept)。每一个概念包含 GUID(Globally Unique Identifier，全局唯一标识符)、名字(name)、描述(description)三个部分。其中一个概念只对应一个全球唯一的 GUID；对应多种名字，如混凝土这个概念可对应"混凝土"、"砼"、"concrete"等；对应多种描述，对混凝土可描述其材料组成、力学性质等。在信息交换时，各计算机系统只需交换 GUID 便完成了该概念涉及信息的交换。

（2）关系(relationship)。概念与概念间存在各种关系，如组成关系、父子类关系等，如图 3-15 所示。以围框内的关系为例，该关系表示门由门扇与门框组成。

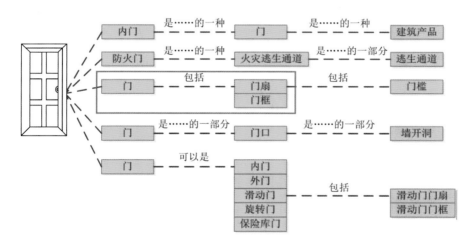

图 3-15　与门相关的各概念间关系示意[22]

（3）过滤(filtering)。对概念体系的过滤是基于一定标准的，即背景(context)。背景是一系列关系的集合，用以表示整个概念体系的一部分。例如基于某背景过滤 IFD 形成的概念体系可与前面介绍的 Ominiclass 相对应。

2）IFD 的内涵

虽然称 IFD 字面意思为"字典"，但其意义不仅限于此。可以从三个层面上对其进行理解：

（1）字典。IFD 中每一个概念都有一个 GUID，都对应多个名字与描述方式。就像查字典一样，计算机或用户通过查找 GUID 就能找到该概念对应多个名字或描述方式。

（2）概念体系（或本体）。IFD 中各概念并不是孤立存在的，其间存在着关系，利用该关系概念之间可以互相描述。例如，对"门"的描述可以为"门"由"门扇"与"门框"组成；对"门框"的描述可以为"门框"是"门"的组成部分。对于具体某用户或工程项目的某阶段，可能不需要该概念体系的所有概念，可基于背景（context）对其进行过滤，从而获得符合需要的子概念体系（或视图）。

（3）映射机制。这里以图 3-16 描述的"窗"为例来说明此机制。IFD 字典集合了窗的概念及与其关联的所有属性概念（Property concept，概念的一种），从而形成了一个包含所有窗的属性的一个最一般意义上的"窗"的概念。基于不同的背景，如"In a CAD system"，只有部分属性用于描述"窗"。在不同的背景中，有些属性可以共享，有些则不一样，这些属性都与 IFB 字典中的属性相映射。这样带来的好处是，当某背景下的 BIM 数据传送到另一背景下时，两背景共享的属性概念能在新的背景下得到识别与应用，保证了信息传递的准确性与可靠性。

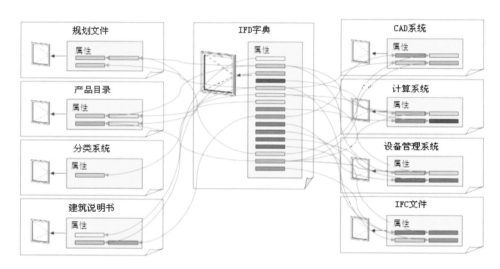

图 3-16　IFD 对"窗"的描述示意[22]

3) IFD 库的建设及应用

IFD 应用的具体形式是数据库，即 IFD 库。很显然，对于 IFD 库来说，建立其包含的内容要比建立其结构困难得多。在国际上，随着 ISO 12006-3 的发布，荷兰的 STABU LexiCon 和挪威的 BARBi 两个机构分别开始了数据库建设工作。2006 年 1 月，两个机构决定共同建设该数据库，并取名为 IFD 库。2006 年 9 月在葡萄牙里斯本由 bSI 组织举办的 IFD 专题研讨会上，美国 CSI（Construction Standard Institute）、加拿大 CSC（Construction Specification Canada）也加入进来，依据 ISO 12006-3 共同开发这个数据库的内容，使之成为统一的建设术语字典。2009 年，这个四方组织又向 bSI 组织提出申请，成为 bSI 组织国际委员会下的一个小组,并把开发一个国际化、多语言 IFD 库作为目标。

IFD 库的应用方式是调用其提供的 API。对该数据库的应用有在线与离线两种模式。利用在线模式时,BIM 应用软件开发人员在将本地软件远程连接到 IFD 官方服务器,BIM 应用软件运行时实时与 IFD 官方服务器交互,该方式可保证软件调用的 IFD 数据是最新数据;利用离线模式时,BIM 应用软件开发人员先下载 IFD 数据库到本地,BIM 应用软件在本地调用该数据库,该方式不能保证软件调用的 IFD 数据是最新数据。此外,IFD 官方组织提供了相关工具用于查看 IFD 的信息、向 IFD 数据库录入信息(录入的信息需经 IFD 组织审核通过)等,有兴趣的读者可以访问 IFD 官网查找相关信息[23]。

IFD 作为一套中立的概念体系,可以应用于多个领域。下面以两个常见应用场景为例说明 IFD 库的应用:

一个是语言翻译。将 BIM 模型中的信息翻译成其他语言,系统只需识别该信息在 IFD 库中对应的 GUID,然后选择该 GUID 下对应的其他语言将其替代即可完成翻译。

另一个是 IFD 概念与 IFC 实体的绑定。IFD 库中的概念在 IFC 标准中分别以实体 IfcLibraryDereference 与 IfcLibraryInformation 的形式存在。这两个实体共同组成 IfcLibrarySelect,并通过关系实体 IfcRelAssociatesLibrary 与 IFC 标准中的 IfcRoot 实体关联,从而实现 IFD 概念与 IFC 实体的绑定。通过该绑定,软件开发商可以基于相同的 GUID 将产品数据库中的产品信息与 BIM 模型进行连接,实现两类信息的集成,大大丰富了 BIM 模型的内容。具体技术细节,有兴趣的读者可访问 IFD 官网了解相关内容[24]。

3.6 本章小结

本章分两个层次对 6 种类型的标准进行了介绍,各标准间关系如图 3-17 所示:

(1) 建筑信息组织基础标准 ISO 12006-2 与 ISO 12006-3,分别对分类编码标准与 IFD 库的建立进行规定;

(2) BIM 信息交付手册基础标准 ISO 29481-1 为 IDM 标准的制定打下了基础;

(3) 数据模型表示标准 EXPRESS 与 XML 为数据模型标准的建立提供了"语言",在此"语言"基础上,针对不同应用融合不同的"语法"形成了各类数据模型标准;

(4) 作为过程标准的 IDM 标准是基于自然语言的,不能为计算机所利用,因此将其与 IFC 标准结合构成了计算机可以理解的 MVD 标准。

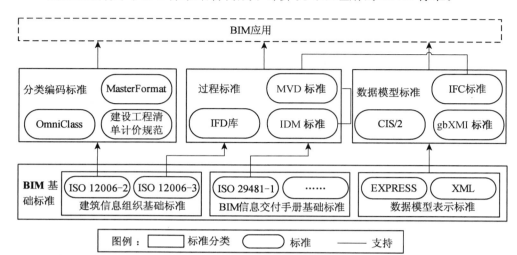

图 3-17　BIM 标准关系示意

在以上标准中,BIM 基础标准作为"标准的标准",对各类应用标准的制定起指导作用,这些标准是需要标准制定人员了解掌握的。而真正应用于工程实际的是分类编码标准、过程标准与数据模型标准,各类 BIM 软件、应用都是在其基础上建立的。作为 BIM 软件开发人员、BIM 应用人员只需对这些标准有所了解即可。

参 考 文 献

［1］OMG. Business Process Model and Notation（BPMN）Ver. 2. 0 ［EB/OL］. 2011 ［2013-08-30］. http://www. omg. org/spec/BPMN/2. 0.

［2］W3C. XML：Extensible Markup Language ［EB/OL］. ［2013-08-30］. http://www. w3. org/TR/1998/REC-xml-19980210.

［3］OCCS Development Committee Secretariat. OmniClassTM Introduction and User's Guide ［EB/OL］. ［2013-08-30］. http://www. omniclass. org/pdf. asp? id = 1&table = Introduction.

［4］中华人民共和国建设部. JG/T 151—2003 建筑产品分类和编码 ［S］. 北京：中国标准出版社,2003.

［5］中华人民共和国建设部. GB 50500—2003 建设工程工程量清单计价规范 ［S］. 北京：

中国计划出版社,2003.

［6］魏振华. 基于 BIM 和本体论技术的建筑工程半自动成本预算研究［D］. 北京：清华大学,2013.

［7］buildingSMART. IFC4 Release Summary ［EB/OL］. ［2013-08-30］. http://www. building-smart-tech. org/specifications/ifc-releases /ifc4-release/ifc4-release-summary.

［8］building SMART. Participants of the official buildingSMART IFC2x3 Coordination View V2. 0 certification process ［EB/OL］. ［2013-08-30］. http://www. buildingsmart-tech. org/certification/ifc-certification-2. 0/ifc2x3-cv-v2. 0-certification/participants.

［9］NIST. CIS/2 and IFC-Product Data Standards for Structural Steel ［EB/OL］. ［2013-08-30］. http://cic. nist. gov/vrml/cis2.

html.

［10］Robert R. Lipman. Publication citation ［DB/OL］. ［2013－08－30］. http://www. nist. gov/manuscript-publication-search. cfm? pub_id＝100936.

［11］General information ［EB/OL］. ［2013－08－30］. http://www. gbxml. org.

［12］Open Green Building XML Schema，Inc. gbXML validator ［EB/OL］. ［2013－08－30］. http://www. controlsestimate. com/ Validator/Pages/TestPage. aspx.

［13］中国建筑标准设计研究院. JG/T 198—2007 建筑对象数字化定义［S］. 北京：中国标准出版社，2010.

［14］中国标准化研究院. GB/T 25507—2010 工业基础类平台规范［S］. 北京：中国标准出版社，2011.

［15］Eastman C，Sacks R. Introducing a New Methodology to Develop the Information Delivery Manual for AEC Projects ［J］. Proceedings of the CIB W78 2010：27th International Conference-Cairo，Egypt，2010：49.

［16］buildingSMART. IDM Overview ［EB/OL］. ［2013－08－30］ http://iug. buildingsmart. org/idms/overview.

［17］US General Services Administration. IDM for Building Energy Analysis，Process Map ［EB/OL］. ［2013－08－30］. http://www. blis-project. org/IAI-MVD/IDM/GSA-003/ PM_

GSA-003. pdf.

［18］US General Services Administration. IDM for Building Energy Analysis，Exchange Requirements ［EB/OL］. ［2013－08－30］. http://www. blis-project. org/IAI-MVD/ IDM/GSA-003/ER_GSA-003. pdf.

［19］buildingSMART. MVD Process ［EB/OL］. ［2013－08－30］. http://www. buildingsmart. org/standards/mvd/mvd-process.

［20］buildingSMART. IFC Model View Definition Diagram ［EB/OL］. ［2013－08－30］. http:// www. blis-project. org/IAI-MVD/reporting/ browseMVD. php? MVD＝GSA-003&BND ＝IFC2x3&LAYOUT＝H.

［21］IFD library. IFD：IFD For Innovative Sustainable Housing ［EB/OL］. ［2013－08－30］. http://dev. ifd-library. org/index. php/Ifd：IFD_for_Innovative_Sustainable_ Housing.

［22］IFD library. IFD in a Nutshell ［EB/OL］. ［2013－08－30］. http://dev. ifd-library. org/index. php/Ifd：IFD_in_a_Nutshell.

［23］IFD library. IFD Resources ［EB/OL］. ［2013－08－30］. http://www. ifd-library. org/index. php? title＝Resources.

［24］IFD library. IFD：IFD Support In Ifc2x3g ［EB/OL］. ［2013－08－30］. http://dev. ifd-library. org/index. php/Ifd：Ifd_support_in _ Ifc2x3g.

4 支持 BIM 应用的软硬件及技术

4.1 BIM 应用的相关硬件及技术

通常来说,BIM系统都是基于3D模型的,因此相比于建筑行业传统2D设计软件,其无论是模型大小还是复杂程度都超过2D设计软件,因此BIM应用对于计算机的计算能力和图形处理能力都要高得多。BIM是3D模型所形成的数据库,包含建筑全生命周期中大量重要信息数据,这些数据库信息在建筑全过程中动态变化调整,并可以及时准确地调用系统数据库中包含的相关数据,所以必须要充分考虑到BIM系统对于硬件资源的需求,配置更高性能的计算机硬件以满足BIM软件应用。

BIM其中一个核心功能是在创建和管理建筑过程中产生的一系列BIM模型(Building Information Models)作为共享知识资源,为全生命周期过程中决策提供支持,因此BIM系统必须具备共享功能。共享可分为三个层面:①BIM系统共享;②应用软件共享;③模型数据共享。第一层级BIM系统共享是构建一个全新的系统,由该系统解决全过程中所有的问题,目前难度较大尚难以实现。第三层级的模型数据共享则相对较容易实现,配置一个共享存储系统,将所有数据存放在共享存储系统内,供所有相关方进行查阅参考,该系统还需考虑数据版本和使用者的权限问题。第二层级是应用软件共享,是在数据共享的基础上,同时将BIM涉及的所有相关软件集中进行部署供各方共享使用,可基于云计算的技术实现。

4.1.1 BIM 系统管理构建

BIM 以 3D 数字技术为基础,集成了建筑工程项目各种相关信息的数据模型,可以使建筑工程在全生命周期内提高效率、降低风险。传统 CAD 一般是平面的、静态的,而 BIM 是多维的、动态的。因此构建 BIM 系统对硬件的要求相比传统 CAD 将有较大的提高。BIM 信息系统随着应用的深入,精度和复杂度越来越大,建筑模型文件容量从 10 MB~2 GB。工作站的图形处理能力是第一要素,其次是 CPU 和内存的性能,还有虚拟内存,以及硬盘读写速度也是十分重要的。

相比于 AutoCAD 等平面设计软件,BIM 软件对于图形的处理能力要求都有很大的提高。对于 BIM 的应用较复杂的项目需配置专业图形显示卡,例如,Quadro K2000 以上的图形显示卡,在模型文件读取到内存后,设计者不断对模型修改和移动、变换等操作以及通过显示器即时显现出最新模型样式,图形处理器(GPU)承担着用户对模型文件操作结果的每一个过程显示,这体现了 GPU 对图形数据与图形的显示速度。

1) 强劲的处理器

由于 BIM 模型是多维的,在操作过程中通常会涉及大量计算,CPU 交互设计过程中承担更多关联运算,因此需配置多核处理器以满足高性能要求。另外,模型的 3D 图像生成过程中需要渲染,大多数 BIM 软件支持多 CPU 多核架构的计算渲染,所以随着模型复杂度的增加,对 CPU 频率要求越高、核数越多越好。CPU 推荐以主流规格的 4 核 Xeon E5 系列。CPU 和内存关系,通常是 1 个 CPU 配 4G 内存,同时还要兼顾到使用的模型的容量来配置。

以基于 Bentley 软件的 BIM 图形工作站为例,可配置 4 核至 8 核的处理器,内存 16G 以上为佳。再以 Revit 为例,当模型达到 100 MB 时,至少应配置 4 核处理器,主频应不低于 2.4 GHz,4 GB 内存;当模型达到 300 MB 时,至少应配置 6 核处理器,主频应不低于 2.6 GHz,8 GB 内存;当模型达到 700 MB 时,至少应配置 4 个 4 核处理器,主频应不低于 3.0 GHz,16 GB 内存(32~64 GB 为最佳)。

2) 共享的存储

项目中的 BIM 模型,希望能贯穿于整个设计、施工、运营过程中,即贯穿于建筑全生命周期。因此必须保证模型共享,实现不同人员和不同阶段数据共享。因此 BIM 系统的基本构成是多个高端图形工作站和一个共享的存储。

硬盘的重要性经常被使用者忽视,大多数使用者认为硬盘就是用于数据存储,但是很多用于处理复杂模型的高端图形工作站,在编辑过程中移动、缩放非常迟钝,原因是硬盘上虚拟内存在数据编辑过程中数据交换明显迟滞,严重影响正常的编辑操作,所以要充分了解硬盘的读写性能,这对高端应用非常重要。如果是非常大的复杂模型,由于数据量大,从硬盘读取和虚拟内存的数据交换时间长短显得非常重要,推荐使用转速 10 000 rpm 或以上的硬盘,并可考虑阵列方式提升硬盘读写性能,也可以考虑使用企业级 SSD① 硬盘阵列。建议系统盘采用 SSD 固态硬盘。

4.1.2　BIM 系统企业平台

1) 企业传统使用模式的主要问题

(1) 高投入:传统 CAD 设计模式中,由于软件运行在本地图形工作站,图形处理和计算都在本地,且有时候模型数据也存放在本地,需要在本地为每一个设计人员配置高性能图形工作站,高性能的图卡、高性能的处理器和高性能的硬盘,导致硬件整体投入高。

(2) 数据安全性低:对于单机设计模式和基于 PDM② 产品管理的 CAD 设计早期阶段,由于设计数据存放在设计人员本地图形工作站,设计人员可以自由控制和管理,因此数据安全性低。

(3) 管理复杂:IT 管理人员需要管理和维护每一台设计人员的工作站及其设计软件和数据,当 CAD 设计人员较多时,如何有效管理这些软、硬件及其模型数据便是个相当麻烦的问题,而且工作量大、不方便。

(4) 性能瓶颈:基于 PDM 产品管理的 CAD 设计,虽然引入了 PDM 服务器,集中存放和管理设计完成的模型数据,实现了数据集中管理。但同时访问 PDM 数据服务器人数较多时,PDM 服务器本身便成为性能瓶颈。

(5) 影响 CAE 分析效率:在基于 HPC③ 的 CAE 分析计算过程中,由于需要不断地上传模型和下载结果数据,尤其是分析结果数据量非常庞大,通常是几 GB、几十 GB 甚至上百 GB 的数据,系统配置不当将大大影响分析的效率。

2) 用云计算技术构建企业级 BIM 系统平台

对于企业级 BIM 系统,由于 BIM 系统作为一个建筑设计、施工和运营等全过程管理的系统,不可避免地涉及多个应用软件多个业务部门甚至是外部关联企业,这就决定了 BIM 系统是跨专业、跨部门的平台。为实现跨专业、跨部门系统共享,作为企业 BIM 平台可采用云计算技术构建基于应用软件共享的 BIM 系统平台。

如图 4-1 构建的 BIM 系统企业平台中,所有工作站和共享存储设备均部

---

① SSD 是 Solid State Drives(固态硬盘)的缩写。

② PDM 是 Product Data Management(产品数据管理)的缩写。PDM 是一项管理所有与产品相关信息(包括零件信息、配置、文档、CAD 文件、结构、权限信息等)和所有与产品相关过程(包括过程定义和管理)的技术,最终达到信息集成、数据共享、人员协同、过程优化和减员增效的目的。

③ HPC: High Performance Computing 高性能计算的缩写。

署在企业内部中心机房,BIM 相关应用均部署在中心工作站上,据此构建的 BIM 系统企业平台实现了设计人员在本地无须安装任何应用软件,通过 Web 页面即可访问并操作云端 BIM 应用软件,BIM 设计的所有模型和数据也均存放在云端,依赖云端工作站的图形处理能力和计算能力,在企业内部的任何地方,只要有网络,低端配置的计算机即可实现 BIM 应用的操作。

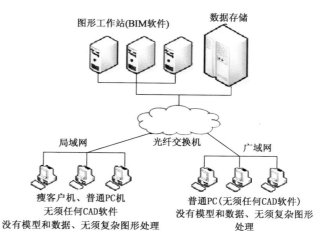

图 4-1　企业 BIM 系统平台示意图

对于数据集中存储及协同工作下的数据服务器及网络环境配置要求如表 4-1 所示。

表 4-1　　　　　　　　　Revit Server 技术及网络服务器环境要求

描述项	需　　求		
操作系统	Microsoft® Windows Server® 2008 64 位 Microsoft® Windows Server® 2008 R2 64 位		
WEB 服务器	Microsoft® Internet Information Server 7.0 或更高版本		
小于 100 个并发用户(多个模型并存)	最低要求	高性价比	性能优先
CPU 类型	4 核及以上 2.6 GHz 及以上	6 核及以上 2.6 GHz 及以上	6 核及以上 3.0 GHz 及以上
内存	4 GB RAM	8 GB RAM	16 GB RAM
硬盘	7 200＋ RPM	10 000＋ RPM	15 000＋ RPM
100 个以上并发用户(多个模型并存)	最低要求	高性价比	性能优先
CPU 类型	4 核及以上 2.6 GHz 及以上	6 核及以上 2.6 GHz 及以上	6 核及以上 3.0 GHz 及以上
内存	8 GB RAM	16 GB RAM	32 GB RAM
硬盘	10 000＋ RPM	15 000＋ RPM	高速 RAID 磁盘阵列
网络	支持 VMware and Hyper-V 系统(请参考 Revit Server 管理员指南手册); 百兆或千兆局域网,支持本地网络协同设计; 安装 Revit Server 工具并配置专用服务器可支持广域网协同设计		

在 BIM 系统企业云平台中,BIM 应用软件逻辑计算和图形界面显示是分开执行的,应用软件逻辑执行完全在云端工作站上完成。把键盘和鼠标动作等控制信息传输到云端工作站由应用软件处理,将图形界面的信息进行压缩,通过网络协议传输到本地客户机进行解压并显示在用户界面上。传输的只是

增量变换的压缩图像信息,而无须将整个模型传输到本地客户机,降低了对本地客户机及网络的资源要求,本地客户机图形操作速度能够等同或接近图形工作站的速度。由于一般情形下这种信息带宽仅需 1 MB 或者 2 MB,因此通常企业内部局域网都可满足要求。

基于云计算模式下的 BIM 系统企业平台,对于云端工作站是采用多用户共享模式,而不是传统的虚拟化技术,此时不同的用户可以共用一个工作站,只是根据模型的需要和实际操作分别占用一部分系统资源。由于现在处理器的核数较多,6 核、8 核甚至 12 核的处理器和单根容量为 16 GB 的内存条都已经大规模使用,单台机器 16 核 CPU 和 128 GB 内存都可以轻易配置,在传统模式中一个设计软件通常只能用到 1 个核以及有限的内存,因此这样配置是浪费的,但是基于多用户共享模式恰恰能够发挥多处理器和大内存的优势。

基于云计算技术的 BIM 系统企业平台其硬件部分主要包含四个部分:工作站、管理服务器、存储服务器和网络。其中,工作站部分主要运行 BIM 设计的应用软件,因此其对于图卡和 CPU 的要求比较高,考虑到多用户的模式,建议配置 2 个 6 核或 8 核处理器,而处理器的主频应不低于 2.6 GHz,内存应不少于 64 GB。作为企业的 BIM 系统平台,管理服务器的负载一般不会太重,因此采用普通的单路处理器,12 GB 内存即可满足要求。存储服务器中存储容量的配置一般根据设计人员的规模进行配置,需充分考虑构建系统的可扩展性以便今后升级扩容。网络也是一个核心组成部分,由于所有的数据均存放在后端存储,因此一般建议在平台内部以万兆网络构建数据存储和通讯网络。构建基于云计算的企业 BIM 系统架构拓扑图如图 4-2 所示。

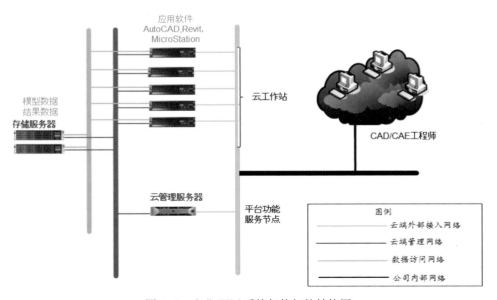

图 4-2　企业 BIM 系统架构拓扑结构图

BIM 系统平台中的部分产品目前支持市场主流的虚拟化技术系统。一般的瘦客户端硬件资源就可以满足 BIM 系统平台在虚拟化 IT 基础架构上的运行。瘦客户端的硬件要求基本等同于或低于个人计算机终端,是服务器集中存储的 IT 基础架构中对个人终端机器的最低要求(入门级配置)。

4.1.3 BIM 系统行业平台

随着网络技术的不断发展,Internet 带宽也在不断被刷新。这为基于 Internet 的 BIM 系统行业平台提供了必要保障。作为一个行业平台,除了企业 BIM 系统中作为 BIM 设计资源库配置的工作站、管理服务器、存储服务器和网络等四个部分外,还将涉及基于 CAE 的建筑性能分析等。图 4-3 为企业 BIM 系统行业平台示意图。

图 4-3 企业 BIM 系统行业平台示意图

建筑性能分析的内容很多,可以分成如下四类,分别是舒适性能、环境性能、安全性能和经济性能等。对于平台硬件配置提出了更高的计算性能要求,具体配置一般包括:

计算节点:负责并行计算分析,计算节点配置高端处理器,如 Intel E7 等。

管理节点:负责整个高性能计算系统的监控和管理,配置要求相对较低。

存储节点:负责模型的存放和计算数据的保存,需配置较大容量的云数据存储。

计算网络:负责计算节点的数据通讯,当前一般选择带宽为 56 Gb/s 的 InfiniBand。

管理网络:负责管理节点和计算节点间的信息和通讯管理。

系统各节点构建如图 4-4 所示。

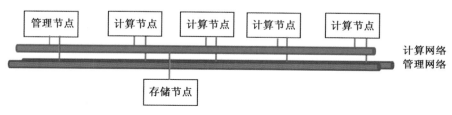

图 4-4 BIM 系统行业云平台拓扑结构

上述系统构建主要是应用于设计阶段,而实际上在 BIM 系统的全生命周期中,还会用到如激光测距仪、3D 扫描仪、GPS 定位仪、全站仪、高清摄像机、大量的传感器等一系列数据采集和监控设备。这些设备都是保证 BIM 系统完整性和可靠性的重要依据。

Autodesk 公司基于公有云、通过互联网向商业用户提供了 BIM 云服务及云产品,如 AutoCAD WS,Autodesk Design Review Mobile,Autodesk Cloud Rendering 等。

4.2 BIM 应用的相关软件

4.2.1 BIM 应用的相关软件概述

在 BIM 的应用中,人们已经认识到,没有一种软件是可以覆盖建筑物全生命周期的 BIM 应用,必须根据不同的应用阶段采用不同的软件。

现在很多软件都标榜自己是 BIM 软件。严格来说,只有在 buildingSMART International(bSI)获得 IFC 认证的软件才能称得上是 BIM 软件。这些软件一般具有本书在第一章介绍过的 BIM 技术特点,即操作的可视化、信息的完备性、信息的协调性、信息的互用性。有许多在 BIM 应用中的主流软件如 Revit,MicroStation,ArchiCAD 等就属于 BIM 软件这一类软件。

还有一些软件,并没有通过 bSI 的 IFC 认证,也不完全具备以上的四项技术特点,但在 BIM 的应用过程中也常常用到,它们和 BIM 的应用有一定的相关性。这些软件,能够解决设施全生命周期中某一阶段、某个专业的问题,但它们运行后所得的数据不能输出为 IFC 的格式,无法与其他软件进行信息交流与共享。这些软件,只称得上是与 BIM 应用相关的软件而不是真正的 BIM 软件。

在本节中介绍的软件既包括严格意义的 BIM 软件,也包括与 BIM 应用相关的软件。表 4-2 列出了本节要介绍的软件,它们属于在当前 BIM 应用中使用较多、较有代表性的一批软件。

1) 项目前期策划阶段

(1) 数据采集

数据的收集和输入是有关 BIM 一切工作的开始。目前国内的数据采集方式基本有"人工搭建"、"3D 扫描"、"激光立体测绘"和"断层模型"等;数据的输入方式基本有"人工输入"和"标准化模块输入"等。其中"人工搭建"与"人工输入"的方式在实际工程应用较多,通常有两种形式:一是由设计人员直接完成,其投入成本较低,但效率也较低,且往往存在操作不规范和技术问题难以解决的问

表 4-2

BIM 应用的相关软件

软件名称	国别	开发商	适用专业					适用阶段																			
								项目前期策划				设计							施工				运营维护			
			建筑专业	水暖电专业	结构专业	土木专业	运营维护	数据采集	投资估算	阶段规划	场地分析	设计方案论证	设计建模	结构分析	能源分析	照明分析	其他分析与评估	3D审图及协调	数字化建造与预制件加工	施工场地规划	施工流程模拟	竣工模型	维护计划	资产管理	空间管理	防灾规划
Affinity	美	Trelligence	•								★	★	★													
AiM	美	Assetworks	•				•		★			★											★	★	★	
AIM Workbench	美	Autodesk	•								★	★	★													
Allplan	德	Nemetschek	•						★				★											★	★	
ArcGIS	美	ESRI	•					★	★		★		★													
ArchiCAD	匈牙利	Graphisoft	•				•						★													
ArchiFM	匈牙利	Vintocon/ Graphisoft	•																				★	★	★	
AutoCAD Civil 3D	美	Autodesk				•	•	★			★		★					★		★	★					
Bentley Architecture	美	Bentley Systems	•										★					★	★		★					
Bentley RAM Structural System	美	Bentley Systems			•								★	★				★	★							
Bentley Map	美	Bentley Systems	•								★															
Bentley ConstructSim	美	Bentley Systems	•															★		★	★		★		★	★
Bentley ProjectWise	美	Bentley Systems					•											★					★		★	

续表

软件名称	国别	开发商	适用专业					项目前期策划				设计							施工				运营维护			
			建筑专业	水暖电专业	结构专业	土木专业	运营维护	数据采集	投资估算	阶段规划	场地分析	设计方案论证	设计建模	结构分析	能源分析	照明分析	其他分析与评估	3D审图及协调	数字化建造与预制件加工	施工场地规划	施工流程模拟	竣工模型	维护计划	资产管理	空间管理	防灾规划
BIM 360 Field	美	Autodesk				•	•											★			★					★
BIMx	匈牙利	Graphisoft				•	•											★				★				
Cadna/A	德	Datakustik	•													★										
CATIA	法	Dassault Systemes	•		•								★	★			★									
Citymaker	中	伟景行科技股份有限公司					•	★																		★	
CostOS BIM	英	Nomitech	•						★																	
Daysim	加拿大, 德	加拿大国家研究委员会和德国 Fraunhofer 太阳能系统研究所联合开发		•											★	★										
DDS CAD	挪威	Data Design System	•						★			★	★					★								
Design Advisor	美	美国麻省理工学院		•											★											
Digital Project	美	Gehry Technologies	•			•							★					★	★							
DProfiler	美	BeckTechnology	•						★	★	★		★		★		★									
e-SPECS	美	InterSpec	•																							
Eagle Point suite	美	Eagle Point Software Corporation	•										★													

续表

软件名称	国别	开发商	建筑专业	水暖电专业	结构专业	土木专业	运营维护	数据采集	投资估算	阶段规划	场地分析	设计方案论证	设计建模	结构分析	能源分析	照明分析	其他分析与评估	3D审图及协调	数字建造与预制件加工	施工场地规划	施工流程模拟	竣工模型	维护计划	资产管理	空间管理	防灾规划
			适用专业					项目前期策划				设计						施工					运营维护			
EcoDesigner STAR	匈牙利	Graphisoft		·											★	★										
ECOTECT Analysis	美	Autodesk	·								★				★											
EnergyPlus	美	美国能源部和劳伦斯伯克利国家实验室共同开发	·	·											★	★										
ETABS	美	CSI			·	·							★	★												
Fastrak	英	CSC			·								★	★				★	★							
Google Earth 及插件	美	Google	·					★																		
Green Building Studio	美	Autodesk	·												★	★	★									
Innovaya Suite	美	Innovaya	·						★												★					★
ISY Calcus	挪威	Norconsult	·						★																	
iTWO	德	RIB Software	·										★				★							★		
Lumion	荷兰	Act 3D	·										★													
MagiCAD	芬兰	Progman		·									★		★		★									

续表

软件名称	国别	开发商	建筑专业	水暖电专业	结构专业	土木专业	运营维护	数据采集	投资估算	阶段规划	场地分析	设计方案论证	设计建模	结构分析	能源分析	照明分析	其他分析与评估	3D审图及协调	数字化建造与预制件加工	施工场地规划	施工流程模拟	竣工模型	维护计划	资产管理	空间管理	防灾规划
MicroStation	美	Bentley Systems	•								★		★				★	★								
Newforma	英	Newforma	•						★	★		★														
Navisworks	美	Autodesk	•										★						★	★	★					
ONUMA System	美	ONUMA	•						★	★		★	★					★								
PKPM	中	中国建筑科学研究院建研科技股份有限公司	•	•	•								★	★	★	★	★	★								
Radiance	美	美国劳伦斯伯克利国家实验室														★										
Revit	美	Autodesk	•	•	•					★	★	★	★	★			★	★	★		★					
Robot Structural Analysis Professional	美	Autodesk	•		•								★	★												
SAGE	美	Sage	•		•					★														★		
SAP2000	美	CSI			•								★	★												
SDS/2	美	Design Data			•									★				★	★							
Shadow Analyzer	美	Dr. Baum Research e. K.	•								★															
Solibri Suite	芬兰	Solibri				•												★				★				

续表

软件名称	国别	开发商	建筑专业	水暖电专业	结构专业	土木专业	运营维护	数据采集	投资估算	阶段规划	场地分析	设计方案论证	设计建模	结构分析	能源分析	照明分析	其他分析与评估	3D审图及协调	数字化建造与预制件加工	施工场地规划	施工流程模拟	竣工模型	维护计划	资产管理	空间管理	防灾规划
Tekla	芬兰	Tekla	•		•								★	★				★	★		★					
Tokoman	美	Digital Alchemy	•						★												★					
Vectorworks Suite	德	Nemetschek	•						★				★		★	★	★	★								
VICO Office Suite	美	vicosoftware	•					★	★									★	★	★	★					
VRP	中	中视典					•																		★	
3D3S	中	上海同磊土木工程技术公司			•								★	★				★	★							
广联达算量系列	中	广联达	•	•	•	•	•			★																
鸿业BIM系列	中	鸿业科技	•	•		•	•	★	★		★		★				★	★								
理正系列	中	北京理正	•	•	•		•		★				★	★			★	★								
鲁班算量系列	中	Lubansoft	•	•			•	★	★				★							★					
斯维尔系列	中	深圳斯维尔	•	•			•		★			★	★	★	★	★	★	★			★			★		
天正软件系列	中	天正公司	•	•			•					★	★	★	★	★	★	★				★	★	★		

139

题；二是由公司内部专门的 BIM 团队来完成，其团队建设、软硬件投入与日常维护成本高，效率也较高，基本不会存在技术难题，工作流程较为规范，但由于设计人员并未直接控制，所以对二者之间的沟通与协作有较高的要求。

常用于数据采集的软件的功能简介见表 4-3。

表 4-3　　　　　　　　　　常用于数据采集的软件的功能简介

常用软件	数据获取	数据输入	数据分析	2D/3D 制图
ArcGIS	●	●	●	
AutoCAD Civil 3D		●	●	
Google Earth 及插件	●		●	
理正系列	●	●	●	●

（2）投资估算

在进行成本预算时，预算员通常要先将建筑师的纸质图纸数字化，或将其 CAD 图纸导入成本预算软件中，或者利用其图纸手工算量。上述方法增加了出现人为错误的风险，也使原图纸中的错误继续扩大。

如果使用 BIM 模型来取代图纸，所需材料的名称、数量和尺寸都可以在模型中直接生成。而且这些信息将始终与设计保持一致。在设计出现变更时，如窗户尺寸缩小，该变更将自动反映到所有相关的施工文档和明细表中，预算员使用的所有材料名称、数量和尺寸也会随之变化。

通过自动处理烦琐的数量计算工作，BIM 可以帮助预算员利用节约下来的时间从事项目中更具价值的工作，如确定施工方案、套价、评估风险等，这些工作对于编制高质量的预算非常重要。

常用于投资估算的软件的功能简介见表 4-4。

表 4-4　　　　　　　　　　常用于投资估算的软件的功能简介

常用软件	数据库	成本估算	多维信息模型	工程算量	资产管理
Allplan Cost Management		●			●
CostOS BIM	●	●			
DDS-CAD		●	●		
DProfiler		●		●	
ISY Calcus	●	●	●		
iTWO	●	●	●	●	
Newforma		●			●
Revit		●	●		
SAGE	●	●			●
Tokoman		●		●	
VICO Suite		●	●		
广联达算量系列	●	●		●	
理正系列	●	●		●	
鲁班算量系列		●	●	●	●
斯维尔系列	●	●	●	●	

（3）阶段规划

基于 BIM 的进度计划包括了各工作的最早开始时间、最晚开始时间和本工作持续时间等基本信息，同时明确了各工作的前后搭接顺序。因此计划的安排可以有所弹性，伴随着项目的进展，为后期进度计划的调整留有一定接口。利用 BIM 指导进度计划的编制，可以将各参与方集中起来协同工作，充分沟通交流后进行进度计划的编制，对具体的项目进展、人员、资源和工器等布置进行具体安排。并通过可视化的手段对总计划进行验证和调整。同时各专业分包商也将以 4D 可视化动态模型和总体进度计划为指导，在充分了解前后工作内容和工作时间的前提下，在对本专业的具体工作安排进行详细计划。各方相互协调进行进度计划，可以更加合理地安排工作面和资源供应量，防止本专业内以及各专业间的不协调现象发生。

常用于阶段规划的软件的功能简介见表 4-5。

表 4-5 常用于阶段规划的软件的功能简介

常用软件	时间规划	工程算量	团队协作	多维信息模型
Newforma		●	●	
SAGE	●		●	
VICO Suite	●		●	●
广联达算量系列	●	●	●	●

2）设计阶段

（1）场地分析

在建筑设计开始阶段，基于场地的分析是影响建筑选址和定位的决定因素。气候、地貌、植被、日照、风向、水流流向和建筑物对环境的影响等自然及环境因素；相关建筑法规、交通系统、公用设施等政策及功能因素；保持地域本土特征、与周围地形相匹配等文化因素，都在设计初期深刻影响了设计决策。由于应用 BIM 的流程不同于之前的场地分析流程，BIM 强大的数据收集处理特性提供了对场地的更客观科学的分析基础，更有效平衡大量复杂信息的基础和更精确定量导向性计算的基础。运用 BIM 技术进行场地分析的优势在于：

① 通过量化计算和处理，以确定拟建场地是否满足项目要求、技术因素和金融因素等标准；

② 降低实用需求和拆迁成本；

③ 提高能源效率；

④ 最小化潜在危险情况发生；

⑤ 最大化投资回报。

BIM 场地模型分析了布局和方向信息，参考了地理空间基准，包括明确的施工活动要求；例如，现存或拟建的排水给水等地下设备，道路交通等信息。此外这些模型也涵盖了劳动力资源、材料和相关交付信息，为环境设计、土木工程、外包顾问提供了充分客观的信息。对于设计早期的模型基本的概念形态，基本的信息以及大概的空间模型即可满足大部分对于初步分析的要求。但是 BIM 模型所包含的大量相关数据不仅可以在设计深化过程中起到重要作用，也能在初步设计中帮助建筑师进行更深入全面的考量。

常用于场地分析的软件的功能简介见表 4-6。

表 4-6   常用于场地分析的软件的功能简介

常用软件	地理信息（地形、水文等）	气候信息（温度、降水等）	设计信息（阴影、光照等）
ArcGIS	●		
Bentley Map	●	●	●
Dprofiler	●		●
Ecotect Analysis		●	
Shadow Analyzer			●

（2）设计方案论证

BIM 方案设计软件的成果可以转换到 BIM 核心建模软件里面进行设计深化，并继续验证满足业主要求的情况。在方案论证阶段，项目投资方可以使用 BIM 来评估设计方案的布局、设备、人体工程、交通、照明、噪音及规范的遵守情况。BIM 甚至可以做到建筑局部的细节推敲，迅速分析设计和施工中可能需要应对的问题。方案论证阶段还可以借助 BIM 提供方便的、低成本的不同解决方案供项目投资方进行选择，通过数据对比和模拟分析，找出不同解决方案的优缺点，帮助项目投资方迅速评估建筑投资方案的成本和时间。

运用 BIM 技术进行设计方案论证的优势在于：

① 节省花费：准确的各种论证可以减少在设计生命周期中潜在的设计问题。在设计初始时进行论证可以有效减少对于规范及标准的错误，遗漏或者失察所带来的时间浪费，以及避免后期设计以及施工阶段更为昂贵的修改。

② 提高效率：建筑师借助 BIM 工具自动检查论证各种规范及标准可以得到快速的反馈并及时修改，这样帮助建筑师将更多的时间花在设计过程中而不是方案论证中。

③ 精简流程：为本地规范及标准审核机构减少文件传递时间或者减少与标准制定机构的会议时间，以及参观场地进行修改的时间；改变规范及标准的审核以及制定方式。

④ 提高质量：本地的设计导则以及任务书可以在 BIM 工具使用过程中充分考量并自动更新。节省在多重检查规范及标准的时间以及通过避免对支出及时间的浪费以达到更高效的设计。

常用于设计方案论证的软件的功能简介见表 4-7。

表 4-7 常用于设计方案论证的软件的功能简介

常用软件	布局	设备	人体工程	交通	照明	噪音
AIM Workbench	●					●
Autodesk Navisworks	●	●	●	●	●	
DDS-CAD	●	●		●	●	
Onuma System	●	●		●	●	
斯维尔系列	●	●			●	

（3）设计建模

BIM 在设计过程中的建模流程和方法可以被归类为以下五种：

① 初步概念 BIM 建模

在初步概念建模阶段，设计者需要面对对于形体和体量的推敲和研究。另外对于复杂形体的建模和细化也是初期的挑战。在这样的情况下，运用其他建模软件可能比直接使用 BIM 核心建模软件更方便、更高效，甚至可以实现很多 BIM 核心建模软件无法实现的功能。这些软件的模型也可以通过格式转换插件较为完整地导入 BIM 建模软件中进行细化和加工。Rhinoceros（包括 Grasshopper 等插件），SketchUp，form·Z 等是较为流行的概念软件。这些工具可以实现快速的 3D 初步建模，便于设计初期的各种初步条件要求，并便于团队初步熟悉和了解项目信息。另外，由于这些软件的几何建模优势，在 BIM 模型中的复杂建模所需要的时间可以大大缩短。

② 可适应性 BIM 建模

在设计扩初阶段，模型需要有大量的设计意见反馈和修改。可适应性的 BIM 建模流程可以大大提高工作效率并对设计的不同要求快速高效地提供不同的解决方式。CATIA，Digital Project 以及 Revit 在设计初级阶段以及原生族库中，需要设计或者已具有大量可适应型的构件可以应用，然而由于其设置复杂性的时间考量，以及设计对于复杂形态的处理，在此阶段往往需要借助编程以及用户开发插件等辅助手段。在 Rhinoceros 平台下的 Grasshopper 插件很大程度上对这方面的需求进行了较为完善的处理和考量，其所具备的大量几何以及数学工具可以处理设计过程中所面对的大量重复和复杂计算。通过大量用户开发的接口软件，例如纽约 CASE Inc. 公司的一系列自研发工具，Grasshopper 所生成的几何模型可以较为完整地导入 Revit 等原生 BIM 建模平台以进行进一步的分析及处理。同时在 Revit 平台下，软件自身所具有的 Adaptive Component 即可适应构建、建模方式，为幕墙划分、构件生成及设计等需求提供了有力的支持，在一次完整参数设定下，可即时对不同环境，几何及物理状况进行反馈和修改，并及时更新模型。

③ 表现渲染 BIM 建模

在设计初期阶段,由于对于材料和形态以及业主初步效果的需求,大量的建筑渲染图需要进行不断的生成和修改。在 Revit 中,Autodesk 360 的云渲染技术,能在极短时间内对所需要表现的建筑场景进行无限次、可精确调节、及时修改的在线渲染服务。Lumion,Keyshot,CryEngine 等专业动画及游戏渲染软件也对于 BIM 的模型提供了完善接口的支持,使得建筑师能够通过 IFC,FBX 等通用模型格式,对 BIM 的原生模型进行更专业和细致的表现处理。

④ 施工级别 BIM 建模

设计师可以通过 BIM 技术实现施工级别的建筑建模。以往建筑师无法对设计建造施工过程进行直接的控制和设计,只能提供设计图纸和概念。但是由于 BIM 模型不再是以前的 CAD 图,不会再将图纸和 3D 信息、材料及建设信息分开,建筑师获得了更多的控制项目施工和建造细节的能力,提高了设计的最后完成度。BIM 模型可以详细准确地表达设计师的意图,使得承建商在设计初期即可运用建筑师的 BIM 模型创立自己独立的建筑模型和文件,在建筑过程中可以进行无缝结合和修改,并且在遇到困难和疑问时能够及时使建筑师了解情况并协调作出相应对策。模拟施工过程在 BIM 设计过程中也可以得到实际的体现,在各个方面的建设中,BIM 都能起到重要的整合作用,设计和建造以及预先计划都被更详细地被表示出来,各个细节的建造标准会被清晰分类和表现,从而使设计团队和承建商的合作更加顺畅。另一方面,施工级别的 BIM 建模技术也可以使施工方对于设计有更深刻的理解,在建造过程中其对建筑施工的安排也会得到优化,以提高其对于建筑生产的效率和质量。

⑤ 综合协作 BIM 建模

在过去,各个不同专业的建模经常会由于图纸或者模型的不配套,或者由于理解误差和修改时间差,造成很多问题和难以避免的损失,沟通不便和设计误差也会造成团队合作的不和谐。BIM 的协同合作模式也是最为引人注目的优势。在设计过程中,结构、施工、设计、设备、暖通、排水、环境、景观、节能等其他专业从业人员可以运用 BIM 软件工具进行协同设计,专注于一个项目。在 BIM 建模过程中,建筑设计不仅是整体工作的一部分,也是整个过程中同等重要的贡献者,其他专业工作同样重要。BIM 软件例如 Revit 所提供的协同工作模式可以帮助不同专业工作人员通过网络实时更新和升级模型,以避免在设计后期发生重大的错误。另外,由于综合协作的实现,团队合作和交流可以达到更好的实现,建筑质量会得到显著提高,成本可以得到更好的控制。

常用于设计建模的软件的功能简介见表 4-8。

表 4-8　　　　　　　　常用于设计建模的软件的功能简介

常用软件	初步概念BIM 建模	可适应性BIM 建模	表现渲染BIM 建模	施工级别BIM 建模	综合协作BIM 建模
Affinity	●				
Allplan Architecture	●	●	●		●
Allplan Engineering		●		●	
ArchiCAD	●	●	●	●	
Bentley Architecture	●	●		●	●
CATIA	●	●		●	●
DDS-CAD		●	●	●	
Digital Project	●	●		●	●
EaglePoint suite		●			●
IES Suite	●		●		
Innovaya Suite	●	●	●		
Lumion	●		●		
MagiCAD	●	●		●	
MicroStation	●	●	●	●	●
PKPM	●	●	●	●	
Revit	●	●	●	●	●
SketchUp Pro	●		●		
Vectorworks Suite	●	●	●		●
鸿业 BIM 系列	●	●		●	
斯维尔系列	●	●		●	●
天正软件系列	●	●	●	●	

（4）结构分析

在 BIM 平台下,建筑结构分析被整合在模型中,这使得建筑师可以得到更准确快捷的结果。对于不同状态的结构分析,可以分为概念结构、深化结构和复杂结构。

对于概念结构,建筑师可以运用 BIM 核心建模软件自带的结构模块进行大概的分析与研究,已取得初步设计时所需要的结果。

针对建筑复杂模型结构,建筑师可以使用参数化分析软件(如 Millipedes 和 Karamba 等软件)进行复杂形体的正对型分析。

对于后期深化的结构模型,建筑师应该结合其他的专业结构分析软件进行分析与研究。

常用于结构分析的软件的功能简介见表 4-9。

表 4-9　　　　　　　　常用于结构分析的软件的功能简介

常用软件	概念结构	深化结构	复杂结构
AutoCAD Structural Detailing		●	
Bentley RAM Structural System	●	●	●
ETABS	●	●	
Fastrak		●	
Robot	●	●	●
SAP2000	●	●	
SDS/2		●	
Tekla	●	●	●
3D3S		●	●

（5）能源分析

当下针对建筑室内环境的热舒适性以及节能措施的优化,国内外通常采用单目标的模拟软件计算进行评价,然后提出一些改进的意见。在热工性能方面,目前国内外计算空调负荷和热工舒适性的软件工具更是多种多样。其中较精确且被广泛运用的有英国苏格兰 Integrated Environmental Solutions Ltd 开发的 IES＜VE＞等。在节能方面,通常对整体建筑的能耗进行解析评价。最具代表性和被广泛应用的软件当属美国能源部开发的 DOE2,EnergyPlus 等。目前国际上也有一些软件可以对建筑设计进行多目标优化,比如 modeFRONTIER，Optimus，iSIGHT，MATLAB 等。然而,在采用多目标性能算法进行综合优化之前,对每个单一目标的定量评价,和各个单一目标之间的折中条件的设定并非一个简单、自动的过程。而且至今还没有一个统一的优化建筑综合性能的方式。

通常情况下,在不同的设计阶段,因为 BIM 模型需要提供的信息内容的深度不同,环境性能分析的目标是一个逐步深化达到的过程。在前期方案设计阶段,因为 BIM 模型主要提供包括建筑体型、高度、面积等信息,评价往往集中于相对较宏观的分析,如气象信息、朝向、被动式策略和建筑体量;而在方案深化设计阶段,因为 BIM 模型可以提供包括基本的建筑模型元素,总体系统以及一部分非几何信息,分析会相对集中于日照、遮阳、热工性能、通风以及基本的能源消耗等;最后的施工设计阶段,因为 BIM 模型的组成元素实现了精确的数量、尺寸、形状、材料以及与分析研究相关的信息深化,分析可以实现非常细致的采光、通风、热工计算以及能源消耗报告。

常用于能源分析的软件的功能简介见表 4-10。

表 4-10　　　　　常用于能源分析的软件的功能简介

常用软件	概念能源分析	生命周期能耗	再生能源分析
Affinity	●		
Design Advisor	●		●
DProfiler	●	●	
EcoDesigner	●	●	
Ecotect Analysis	●	●	●
EnergePlus		●	●
Green Building Studio	●		●
MagiCAD	●	●	●
Project Vasari	●		
斯维尔系列	●	●	

（6）照明分析

BIM 模型借助其数据库的强大能力，可以完成大量以前不可想象的任务。在 BIM 技术的支持下，照明分析得到大大简化。

与照明分析相关的参数包括了几何模型、材质、光源、照明控制以及照明安装功率密度等几个方面，它们基本上都可以直接在 BIM 软件中定义。因此，与能耗分析软件相比，照明分析软件对于建筑信息的需求量也就相对低一些。例如，它往往不需要知道房间的用途、分区以及各种设备的详细信息。

目前照明分析软件还不是那么完美，信息的交流与共享还不是那么顺畅，但就当前的情况来看已经够用了。随着技术的发展和进步，期望 BIM 与照明分析之间的结合将会臻于完美。

常用于照明分析的软件的功能简介见表 4-11。

表 4-11　　　　　常用于照明分析的软件的功能简介

常用软件	自然采光	人工照明
Daysim	●	
DProfiler	●	
Ecotect Analysis	●	●
EnergyPlus	●	
ModelIT	●	
Radiance	●	●
斯维尔系列	●	

（7）其他分析与评估

常用于其他分析与评估的软件的功能简介见表 4-12。

表 4-12   常用于其他分析与评估的软件的功能简介

常用软件	环境评估	构建评估	噪音评估
Cadna/A			●
e-SPECS	●	●	
Ecotect Analysis	●		
EnergyPlus	●		
MagiCAD	●	●	●
Project Vasari	●		
Solibri Suite		●	
Vectorworks	●	●	

3）施工阶段

（1）3D 视图及协调

施工阶段是将建筑设计图纸变为工程实物的生产阶段,建筑产品的交付质量很大程度上取决于该阶段。将基于 BIM 技术的施工 3D 视图可视化应用于工程建设施工领域,在计算机虚拟环境下对建筑施工过程进行 3D 虚拟分析,以加强对建筑施工过程的事前预测和事中动态管理能力,为改进和优化施工组织设计提供决策依据,从而提升工程建设行业的整体效益;基于 BIM 技术的施工可视化应用在工程建设行业中的引入,能够拓宽项目管理的思路,改善施工管理过程中信息的共享和传递方式,有助于 BIM 实践及其效益发挥,提高工程管理水平和建筑业生产效率。

常用于 3D 视图及协调的软件的功能简介见表 4-13。

表 4-13   常用于 3D 视图及协调的软件的功能简介

常用软件	3D 浏览	建筑元素信息	综合协同	施工管理
Bentley Architecture	●	●	●	●
BIMx	●	●	●	
DDS-CAD	●	●		
Innovaya Suite	●	●		
iTWO	●	●	●	●
Navisworks	●		●	
ONUMA System	●			
Revit	●	●	●	
斯维尔系列	●	●	●	●

（2）数字化建造与预制件加工

随着数字时代的设计方法、理念与计算工具的迅猛发展,各种复杂形体的建筑如雨后春笋般遍布世界各地。复杂形体建筑如何实现数字化建造？复杂系统建筑如何实现快速建造？预制、预装配、模块定制成了必要条件，先进建造理念、先进制造技术、计算机及网络技术的应用再次推动了建筑产业工业化的进程。随着 3D 打印机走向普通家庭，3D 打印技术在美国已经产业化，数字工业时代的工具日新月异，个性化定制已经不再是梦想。复杂的设计会随着技术的进步得以实现，比如在过去，外墙的规格越少越好，因为加工工序过于复杂，而现在通过数控机床，每一块可加工材料都可以是不同的——做一种和几百种所耗费的成本是趋于相同的。

当前数字化建造还被经常用于一些自由曲面设计，而由于面积较大，必须根据材料的特性分割成可加工、运输、安装的模块。这样，求出每一个模块的几何信息和坐标位置，并能结合施工图和加工详图进行施工模拟，将变得非常重要。如果没有 BIM 技术，对复杂形体建筑的加工制造将难以实现，设计效果将很难保证。

BIM 系统能将模块可参数化、可自定义化、可识别化，使得定制模块建造成为可能。但由于条件的限制，如数字加工材料有限，加工成本昂贵，数字加工工具尺寸限制、大量的各不相同的模块等，这必然会增加制造成本和施工难度。尽量以直代曲，将模块调整成单一或者几种尺寸、形状仍然是现在数字化建造的主流。

常用于数字化建造与预制件加工的软件的功能简介见表 4-14。

表 4-14　　　常用于数字化建造与预制件加工的软件的功能简介

常用软件	参数化构件	结构性能分析	施工支持
CATIA	●	●	
Digital Project	●		●
Fastrak	●	●	
Navisworks	●		●
Revit	●		●
SDS/2	●	●	●
Tekla	●	●	●
VICO Suite	●		●
3D3S	●	●	●

（3）施工场地规划

传统的施工平面布置图，以 2D 施工图纸传递的信息作为决策依据，并最终以 2D 图纸形式绘出施工平面布置图，不能直观、清晰地展现施工过程中的现场状况。随着施工进度的展开，建筑按 3D 方式建造起来，以 2D 的施工图纸及 2D 的施工平面布置图来指导 3D 的建筑建造过程具有先天的不足。

在基于 BIM 技术的模型系统中，首先建立施工项目所在地的所有地上地下已有和拟建建筑物、库房加工厂、管线道路、施工设备和临时设施等实体的 3D 模型；然后赋予各 3D 实体模型以动态时间属性，实现各对象的实时交互功能，使各对象随时间的动态变化形成 4D 的场地模型；最后在 4D 场地模型中,修改各实体的位置和造型,使其符合施工项目的实际情况。在基于 BIM 技术的模型系统中,建立统一的实体属性数据库,并存入各实体的设备型号位置坐标和存在时间等信息,包括材料堆放场地、材料加工区、临时设施、生活文化区、仓库等设施的存放数量及时间、占地面积和其他各种信息。通过漫游虚拟场地,可以直观地了解施工现场布置,并查看到各实体的相关信息,这为按规范布置场地提供极大的方便;同时,当出现有影响施工布置的情况时,可以通过修改数据库的相关信息来更改需要调整的地方。

常用于施工场地规划的软件的功能简介见表 4-15。

表 4-15　　　　　常用于施工场地规划的软件的功能简介

常用软件	施工规划	施工管理	施工项目可视化
Navisworks	●	●	●
ProjectWise	●	●	
Vico Office Suite	●	●	●

（4）施工流程模拟

据统计,全球建筑业普遍存在生产效率低下的问题,其中 30% 的施工过程需要返工,60% 的劳动力被浪费,10% 的损失来自材料的浪费。BIM 模型中集成了材料、场地、机械设备、人员甚至天气情况等诸多信息,并且以天为单位对建筑工程的施工进度进行模拟。通过 4D 施工进度模拟,可以直观地反映施工的各项工序,方便施工单位协调好各专业的施工顺序,提前组织专业班组进场施工、准备设备、场地和周转材料等。同时,4D 施工进度的模拟也具有很强的直观性,即使是非工程技术出生的业主方领导也能快速准确地把握工程的进度。

基于 BIM 技术的 4D 施工模拟在高、精、尖和特大工程中正发挥着越来越大的作用,大大提高了建筑行业的工作效率,减少了施工过程中出现的问题,为越来越多的大型、特大型建筑的顺利施工提供了可靠的保证,为建设项目工程各方带来了可观的经济效益和社会效益。

常用于施工流程模拟的软件的功能简介见表 4-16。

表 4-16　　　　　常用于施工流程模拟的软件的功能简介

常用软件	4D 施工进度模拟	碰撞检测	建筑全生命周期管理
BIM 360 Field	●	●	●
iTWO	●	●	
ProjectWise			●
Tekla	●	●	
Tokoman	●		
VICO Suite	●	●	
鲁班算量系列	●		

4）运营阶段

BIM 参数模型可以为业主提供建设项目中所有系统的信息，在施工阶段做出的修改，将全部同步更新到 BIM 参数模型中形成最终的 BIM 竣工模型，该竣工模型作为各种设备管理的数据库为系统的维护提供依据。

此外，BIM 可同步提供有关建筑使用情况或性能、入住人员与容量、建筑已用时间以及建筑财务方面的信息，同时，BIM 可提供数字更新记录，并改善搬迁规划与管理。BIM 还促进了标准建筑模型对商业场地条件（例如零售业场地，这些场地需要在许多不同地点建造相似的建筑）的适应。有关建筑的物理信息（例如完工情况、承租人或部门分配、家具和设备库存）和关于可出租面积、租赁收入或部门成本分配的重要财务数据都更加易于管理和使用。稳定访问这些类型的信息，可以提高建筑运营过程中的收益与成本管理水平。

常用于运营阶段的软件的功能简介见表 4-17。

表 4-17　　　　　　　常用于运营阶段的软件的功能简介

常用软件	竣工模型	维护计划	资产管理	空间管理	防灾规划
AiM		●	●	●	
ArchiFM		●	●	●	
Citymaker				●	
Innovaya Suite					●
ProjectWise		●			
SAGE			●		
Solibri Suite	●				
VICO Office Suite	●				
VRP				●	
斯维尔系列			●		

4.2.2　相关软件简介

1）产品名称：Affinity

开发商：Trelligence Inc.（美国）

产品网址：http://www.trelligence.com/affinity_overview.php

使用阶段：场地分析，设计方案论证，设计建模

支持格式：IFC，RVT，DWG，DXF，gbXML，SVG 等

功能简介：

Affinity 是一款 BIM 软件，其主要功能在于提供一个独特的建筑及空间规划和设计解决方案。软件整合了 Graphisoft 公司的 ArchiCAD，Bentley 公司的 AECOsim Building Designer，Autodesk 公司的 Revit，Google 公司的 SketchUp，IES 公司的 VE-Gaia 和 VE- Navigator for LEED 等，以及和其他基于 BIM 的设计工具，很好地解决了复杂的建筑项目的早期设计阶段的各种

问题。

Affinity 系列软件,包括建筑规划、概念及原理设计、早期的可持续性分析和设计方案论证与分析。

2)产品名称:AiM

开发商:Assetworks(美国)

产品网址:www. assetworks. com/integrated-workplace-management

使用阶段:投资估算,设计方案论证,维护计划,资产管理,空间管理

功能简介:

AiM 是一款用于设施及不动产管理的软件系统。它包含 5 个模块:Operations and Maintenance Management,Space Planning and Facilities Management,Capital Planning and Project Management (CPPM),Lease and Property Portfolio Management 和 Energy Management Suite (EMS)。

Operations and Maintenance Management 是运行和维护管理模块。其主要的功能有:严密控制和跟踪计划内外的维护费用、准确估计工作、供应商和合同工人的管理、对减少库存成本和提高采购效率的控制、有效配置劳动力与劳动时间、减少设备停机时间以提高资产利用率。这些功能可减少维护、维修、操作的支出,提高资产的可用性和减少设备停机时间。

Space Planning and Facilities Management 是空间规划和设施管理模块。其主要的功能有:提高空间利用率和节约成本、改善质量控制管理和法规遵从性、更好生成图形化的管理报告、跨部门共享公共数据库、减少用于检索信息的工时、减少重复和冗余数据、支持资产跟踪。这些功能使设施的使用和性能得到有效的管理。

Lease and Property Portfolio Management 是不动产和租赁管理模块,提供一个全面的商业工具,使不动产经理人和高管有效监管投资组合的方方面面,包括房地产数据库管理、租赁管理和跟踪、物业管理、会计以及维护管理和预算。

Energy Management Suite(EMS)是能源管理套件。它密切监测能消可带来巨大的收益。该套件满足这个挑战并提供卓越的解决方案,跟踪、分析、管理和报告能源消费情况。

3)产品名称:AIM Workbench

开发商:Autodesk(美国)

产品网址:http://www. dynasonics-acoustics. com/AIM. php

使用阶段:场地分析,设计方案论证,设计建模,3D 审图及协调

支持格式:RVT 以及 Revit 常用格式

功能简介:

AIM 就是 Acoustic Information Model(声学信息模型)的缩写,AIM 软件是一个噪声预测工具,旨在对通过机械系统到达建设项目内部个人空间的噪声量建模。该应用程序使用通过 HVAC 系统组件投射下来的声音数据、噪

音控制配件、以及建筑构件来预测个人空间的背景噪声水平。AIM 使用最新的行业既定的标准和计算方法，包括 2011 年美国采暖、制冷和空调工程师协会（ASHRAE）应用手册的有关规定，来预测噪声。

4）产品名称：Allplan

开发商：Nemetschek（德国）

产品网址：http：//www. nemetschek-allplan. eu/software/

使用阶段：投资估算，设计建模，资产管理，空间管理

支持格式：IFC，RVT，DWG，3D PDF，JPEG 或 GIF 等 50 种以上常用格式

用户界面：如图 4-5 所示。

图 4-5   Allplan Architecture 的界面

功能简介：

应用 Allplan 可迅速建立起模型，并确定其成本。可以方便地进行体量计算，同时包括成本估算并按照德国标准列出说明性的图形（例如，德国建筑合同程序（VOB））。面积与体量等数据可以被保存为 PDF 或 Excel 文件，或作为图形报告打印出来，用于成本决策和招标服务或者导入其他合适的软件，如 Allplan BCM。以下介绍 Allplan 中的一些软件。

① Allplan Architecture

Allplan Architecture 为用户提供新的智能建筑模型。不仅可以得到平面图，剖面图，不同规划阶段的详细信息，而且还有复杂的面积和体量计算、建筑规范、成本计算、招标管理等。还可将建筑数据提供给合作伙伴，比如结构设计师等。当需要对设计进行修改时，使用数字建筑模型的优点得以显现，只需做一步修改，那么全局的设计都会跟着改变。建筑模型的可以通过 Allplan 的 CAD 对象进行参数化的添加，即所谓的 Smart Parts。

② Allplan Engineering

Allplan Engineering 特点在于 3D 总体设计和加强的细节设计,节省时间并降低出错的风险。软件还包括广泛的现行行业标准和文件格式(包括 DWG,DXF,DGN,PDF,IFC),可方便流畅地进行数据交换。Allplan Engineering 还可与 StatikFrilo 或 SCIAEngineer 集成,为 CAD 和结构分析提供了一个集成的解决方案。

Allplan Engineering 可以设置 3D 的整体设计和详细的细节设计。除了传统的 2D 的设计方法,Allplan Engineering 支持 3D 下的设计。天花平面图、立面图、横截面、体量和弯钢筋表等都可以从一个智能化建筑模型得到。同时,对建筑模型的修改也是自动化和一体化的。

5)产品名称:Allplan Cost Management

开发商:Nemetschek(德国)

产品网址:http://www.nemetschek-allplan.eu/software/

使用阶段:投资估算,资产管理

支持格式:IFC,RVT,DWG 等常用格式

功能简介:

Allplan Cost Management 可以进行订单管理、发票鉴定以控制成本。通过与 Allplan Building Costs 相结合,用户也可以根据订单的技术规范,转换总订单价值和折扣等。

6)产品名称:ArcGIS

开发商:ESRI(美国)

产品网址:http://www.esrichina-bj.cn/softwareproduct/ArcGIS/

使用阶段:数据采集,场地分析

支持格式:GML,XML,WFS,DWG/DXF 等 100 多种格式

用户界面:如图 4-6 所示。

功能简介:

① ArcGIS for Desktop

ArcGIS for Desktop Advanced 是全面的、可扩展的 GIS 软件。它囊括了 ArcView 和 ArcEditor 的全部功能并且增加了高级的地理处理和数据转换功能,可以进行各方面的数据构建、模拟、分析以及地图的屏幕显示和输出,构建用于发现关系、分析数据和整合数据的强大地理处理模型,以及执行矢量叠加、邻近及统计分析功能。

② ArcGIS Online

ArcGIS Online 是 ESRI 建设的公有云,它是基于云的完整的协作式内容管理系统,组织可利用它在安全的可配置环境中管理其地理信息。系统主要功能是提供大量的底图,创建、管理群组和资源,上传、共享地图和应用,从 API、模板和工具创建地图和应用程序,查找相关的有用底图、数据和可配置的 GIS 资源,ArcGIS Online 开发。

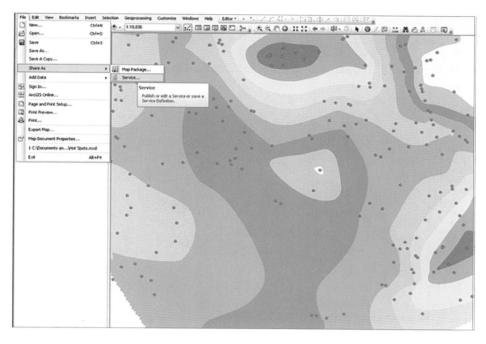

图 4-6　ArcGIS 的界面

③ 移动 GIS

目前拥有 GPS 功能的无线移动设备被常常使用于野外专题数据获取和野外信息获取。消防员、垃圾收集员、工程检修员、测量员、公用设施施工工人、士兵、统计调查员、警察以及野外生物学家是使用移动 GIS 这个工具的一些野外工作者的代表。

7）产品名称：ArchiCAD

开发商：Graphisoft（匈牙利）

产品网址：http：//www. graphisoft. com/products/archicad/

使用阶段：设计建模，能源分析

支持格式：IFC，PLN，PLA，MOD，TPL，PLC，PCA，DWG，SKP，PDF，JPEG 或 GIF 等常用格式

用户界面：如图 4-7 所示。

功能简介：

ArchiCAD 是世界上最早的 BIM 软件，其扩展模块中也有 MEP（水暖电）ECO（能耗分析）及 Atlantis 渲染插件等。ArchiCAD 支持大型复杂的模型创建和操控，具有业界首创的"后台处理支持"，更快地生成复杂的模型细节。用户自定义对象、组件及结构需要一个非常灵活多变的建模工具。ArchiCAD引入了一个新的工具——MORPH，以提高在 BIM 环境中的快速建模能力。变形体工具可以使自定义的几何元素以直观的方式表现，例如最常用的建模方式——推拉来完成建模。变形体元素还可以通过对 3D 多边形的简单拉伸

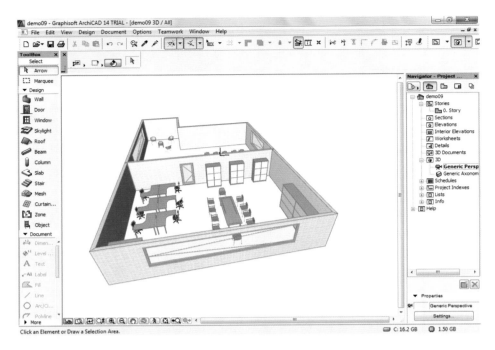

图 4-7　ArchiCAD 的界面

来创建或者转换任意已有的 ArchiCAD 的 BIM 元素。

　　ArchiCAD 中提供一对多的 BIM 基础文档工作流程。它简化了建筑物模型和文档甚至是模型中包含了高层次的细节。ArchiCAD 的终端到终端的 BIM 工作流程允许了模型直到最后项目结束可以依然保持工作。

　　8) 产品名称:ArchiFM

　　开发商:Vintocon / Graphisoft(匈牙利)

　　产品网址:http://www. archifm. com/

　　使用阶段:维护计划,资产管理、空间管理

　　功能简介:

　　ArchiFM 是一款在 Web 服务器上运行、完全与 BIM 集成的设施管理软件。ArchiFM 支持运营和维护活动,例如区域管理、能源管理、成本控制和库存控制等。ArchiFM 具有生成和评估工作顺序的功能,不同项目团队可以通过 Web 服务器在 Web 上共享模型数据。

　　ArchiFM 系统用一个独特的任务和进程的方式,来进行设施管理。它不使用普通软件的方法,而更像是一个组织良好的网站,包含当前的各项数据,可直接编辑,执行任务。

　　9) 产品名称:AutoCAD Civil 3D

　　开发商:Autodesk(美国)

　　产品网址:http://www. autodesk. com. cn/products/autodesk-autocadcivil-3d/overview

使用阶段：数据采集，场地分析，设计建模，3D 审图及协调，施工场地规划，施工流程模拟

支持格式：DWG，DXF，3ds 等常用 3D 模型格式，及 LandXML 模型格式（DEM，XML，DDF）

用户界面：如图 4-8 所示。

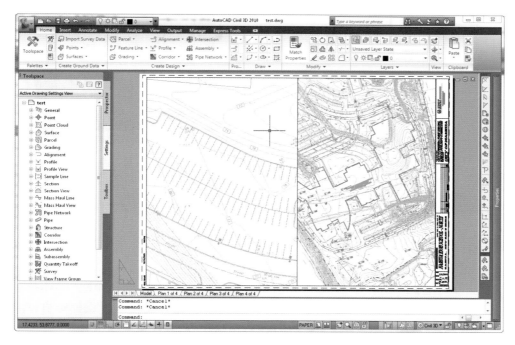

图 4-8　AutoCAD Civil 3D 的界面

功能简介：

AutoCAD Civil 3D 软件是一款面向土木工程设计与文档编制的 BIM 的解决方案，包含的功能有设计（道路设计、管网设计、放坡设计、地块设计等）、分析（地理空间分析、雨水分析与仿真、土方量平衡、可视化分析等）、测量、绘图和文件制作等功能。还可以以补充工作流的方式与 InfraWorks，Navisworks，Revit Structure 等多种软件配合。

10）产品名称：Bentley Architecture

开发商：Bentley Systems（美国）

产品网址：http://www.bentley.com/en-US/Products/Bentley+Architecture/

使用阶段：设计建模，3D 审图及协调，数字化建造与预制件加工，施工流程模拟

支持格式：IFC，DGN，DWG，SKP，PDF，JPEG 或 GIF 等常用格式

用户界面：如图 4-9 所示。

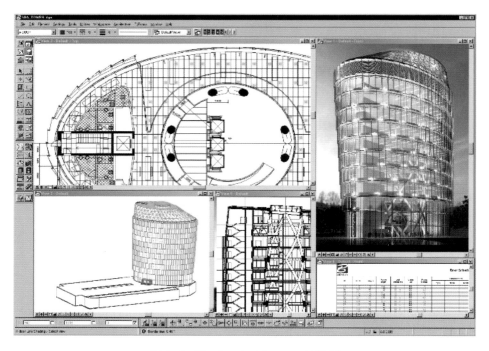

图 4-9　Bentley Architecture 的界面

功能简介：

Bentley Architecture 是立足于 MicroStation 平台、基于 Bentley BIM 技术的建筑设计系统。智能型的 BIM 模型能够依照已有标准或者设计师自订标准，自动协调 3D 模型与 2D 施工图纸，产生报表，并提供建筑表现、工程模拟等进一步的工程应用环境。施工图能依照业界标准及制图惯例自动绘制；而工量统计、空间规划分析、门窗等各式报表和项目技术性规范及说明文件都可以自动产生，让工程数据更加完备。

① 建筑全信息模型

适用于所有类型建筑组件的全面、专业的工具；以参数化的尺寸驱动方式创建和修改建筑组件；针对任何类型建筑对象的用户可定义的属性架构（属性集）；对设计、文档制作、分析、施工和运营具有重要意义的固有组件属性；用于捕获设计意图的嵌入式参数、规则和约束；利用建筑元素之间的关系和关联迅速完成设计变更；用于自动生成空间、地板和天花板的覆满选项；自动放置墙、柱的表面装饰；包含空间高度检测选项的吊顶工具；地形建模、屋面和楼梯生成工具。

② 施工文档

创建平面图、剖面图和立面图；自动协调建筑设计与施工文档；自动将 3D 对象的符号转换为 2D 符号；根据材料确定影线/图案、批注和尺寸标注；用户可定义的建筑对象和空间标签；递增式门、窗编号；房间和组件一览表、数量与成本计算、规格；与办公自动化工具兼容，以便进行后续处理和设置格式。

③ 设计可视化和 3D 输出

各种高端集成式渲染和动画工具,包括放射和粒子跟踪;导出到 STL 以便使用 3D 打印机、激光切割机和立体激光快速造型设备迅速制作模型和原型;支持 3D 的 Web 格式,如 VRML,Quick Vision 和全景图;将 Bentley Architecture 模型发布到 Google Earth 环境。

11) 产品名称:Bentley ConstructSim

开发商:Bentley Systems(美国)

产品网址:http://www.bentley.com/zh-CN/Products/ConstructSim/

使用阶段:项目管理、施工计划、维护计划、防灾规划

功能简介:

ConstructSim 是一款用于细化和自动化大型项目施工计划的虚拟施工模拟系统。ConstructSim 为施工管理提供所需的可见性,从而提高工作效率、降低成本、缩短项目周期,同时降低风险并确保人员安全。此外,还可解决施工问题,如物料的齐备性、完工成本、信息管理、移交系统安装管理和现场工作人员的效率。

在 ConstructSim 中,项目团队可以可视化虚拟施工模型(VCM)并与其交互,可视化地将工程组件组织到施工工作区(CWA)、施工工作包(CWP)和安装工作包(IWP)中。这样即可形成一个更加优化和细化的工作分解结构,并可根据现场安装的顺序需要驱动工程设计、采购和制造。可视化地定义 CWA 和 CWP 使施工计划管控达到了前所未有的水平。施工管理人员可以更轻松准确地规划工作重点和安装顺序。

在项目上实施 ConstructSim V8i 后,将通过以下方面提高生产力:

- 通过虚拟施工模型在初始规划中全面了解现代建设项目的复杂性;
- 改进可施工性分析以及工程办事处与现场办公室之间的规划和协调;
- 设计时排除不安全的施工实践;
- 缩短创建工作包的时间,同时提高准确性;
- 能够将可用人员与工作包进行匹配;
- 支持敏捷/精益/WFP 施工方法;
- 提前规划,以减少施工瓶颈;
- 减少返工和工作顺序错误;
- 简化移交及调试计划和程序。

12) 产品名称:Bentley Map

开发商:Bentley Systems(美国)

产品网址:http://www.bentley.com/en-US/Products/Bentley+Map/

使用阶段:场地分析,施工场地规划

支持格式:ESRI 的 SHP,WMS,Google 的 KML/KMZ,3D PDF,i-models,DWG,DGN,Oracle 的 Geometry 等格式

功能简介：

Bentley Map 是一个 3D 的地理信息系统。它支持 2D/3D 地理信息的创建、维护、分析与共享，也可用于自定义 GIS 应用的开发工作，是一款专门为全球基础设施领域从事测绘、设计、规划、建造和运营活动的组织而设计的功能全面的 GIS 软件。它增强了各种 MicroStation 基本功能，可为创建、维护和分析精确的地理空间数据提供强有力的支持。

在与 Bentley Map 集成时，使用不同坐标系的多种数据类型可以实时进行转换。Bentley Map 还支持直接的 Oracle Spatial 数据集编辑和全面的拓扑维护。直观的"地图管理器"可简化大量复杂空间信息的显示与查询过程。用户可以在一个所见即所得的环境中轻松创建自定义地图，并可随时保存地图定义以供日后调用、编辑、分析或绘图之用。

13）产品名称：Bentley ProjectWise

开发商：Bentley Systems（美国）

产品网址：https://www.bentley.com/en-US/Products/ProjectWise＋Project＋Team＋Collaboration/

使用阶段：项目管理，3D 审图及协调，施工计划，维护计划

支持格式：DGN，DWG，DXF，BMP，JPEG，TIFF，GIF，TXT，DOC，XLS，PPT，HTML 等各类光栅影像、文档格式

功能简介：

Bentley ProjectWise 为用户构建一个集成的协同工作环境，可管理工程项目过程中产生的各种 A/E/C（Architecture/Engineering/Construction）文件内容，使项目各个参与方在一个统一的平台上协同工作。

① 协同工作平台

ProjectWise 基于工程全生命周期管理的概念而产生，它把项目周期中各个参与方集成在一个统一的工作平台上，支持异地工作，实现信息的集中存储与访问，从而缩短项目的周期时间，增强了信息的准确性和及时性，提高了各参与方协同工作的效率。ProjectWise 可以将各参与方工作的内容进行分布式存储管理，并且提供本地缓存技术，这样既保证了对项目内容的统一控制，也提高了异地协同工作的效率。ProjectWise 不仅仅是一个文档存储系统，而且还是一个信息创建的工具，它与 MicroStation，Revit，AutoCAD，Microsoft Office 和 PDF 等的软件紧密集成，使系统能和许多应用系统方便地创建信息和交换信息。

② 工作流程管理

ProjectWise 可以根据不同的业务规范，定义自己的工作流程和流程中的各个状态，并且赋予用户在各个状态的访问权限。当使用工作流程时，文件可以在各个状态之间串行流动到某个状态，在这个状态具有权限的人员就可以访问文件内容。通过工作流的管理，可以更加规范设计工作流程，保证各状态的安全访问。

③ 实时性协同工作

所有设计人员在同一环境进行设计，并随时可以参考其他人或者其他专业的 BIM 模型，任何地点项目成员都可在第一时间获得唯一准确的文档。各级管理人员随时可以查看和控制整个项目的进度。

④ 规范管理和设计标准

ProjectWise 可以提供统一的工作空间的设置，使不同品牌工程软件的用户可以使用规范的设计标准。同时文档编码的设置能够使所有文档按照标准的命名规则来管理，方便项目信息的查询和浏览。

14) 产品名称：Bentley RAM Structural System

开发商：Bentley Systems（美国）

产品网址：https://www. bentley. com/en-US/Products/RAM＋Structural＋System/

使用阶段：结构分析，设计建模，3D 审图及协调

支持格式：IFC，DGN，DWG SKP，PDF，JPEG 或 GIF 等常用格式

用户界面：如图 4-10 所示。

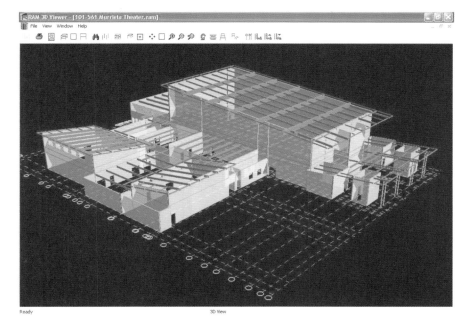

图 4-10　Bentley RAM Structural System 的界面

功能简介：

RAM Structural System 是立足于 MicroStation 平台的一款完全与钢结构和混凝土结构的整个建筑分析、设计和制图集成的工程软件解决方案。该软件通过建立一个单独的房屋模型，提供专业的设计功能与完整的文档，以优化工作流程。

RAM Structural System 有四个模块：RAM Steel 用于分析、设计并创建钢结构建筑中重力荷载抵抗因素的工程结构图；RAM Frame 是 3D 静态和动态分析和设计的程序；RAM Concrete 是一个完全整合混凝土的分析、设计的文档包；RAM Foundation 用于对扩展承台、连续基脚和桩帽基脚进行设计、评估和分析。

该软件能提高工作效率，完成建筑设计工作中一些特定的、耗时的计算功能，如活荷载折减、风力或地震力等水平荷载的计算。

15）产品名称：BIM 360 Field

开发商：Autodesk（美国）

产品网址：http://bim360field.com/

使用阶段：3D 审图及协调，施工流程模拟，防灾规划，其他分析与评估（风险分析）

支持格式：IFC，CIS/2，RVT，DSTV，DWG，DXF，DGN 等常用格式

用户界面：如图 4-11 所示。

图 4-11　BIM 360 Field 的界面

功能简介：

BIM 360 Field 是 Autodesk 公司革命性的现场施工管理软件，它改变了以往施工管理领域的工作方式。与以往携带大量图纸到施工现场的工作方式不同，Autodesk BIM 360 Field 通过管理报告将移动技术与 BIM 模型在施工场地结合。用户可以使用移动设备把 BIM 模型的数据带到施工

现场。现场工作人员可以在调试、运营或维护阶段对 BIM 数据进行实时更新。

Field BIM-Data 产品使得用户可以在特定工作阶段(如调试阶段)对 BIM 对象(如设备)的属性(如名字、类型、制造商)进行调整。数据从模型传输到 BIM 360 Field 而后再反馈到模型,这一过程创建了一个实时更新的 BIM 模型。最终用户甚至不需要在施工现场再看 BIM,因为这些数据已经成为了 BIM 360 Field 工作流程的一部分。

① 施工流程模拟

BIM 360 Field 的任务规划软件可以帮助用户规定相关工作人员在规定日期前完成相应的任务。当一项工程包含多个步骤时,用户可以简单地指定每一步工程的操作人员,软件会自动生成施工进度表。当一个给定的任务状态发生变化时,项目主管和任务派发者可以第一时间收到通知并追踪这一变化发生的缘由。

② 风险分析

360 BIM Field 的安全软件简化了现场检查流程并帮助企业减少了风险,因为它提供了一套迅速、一致的安全审计方法。利用审计日志,以及 KPI(关键绩效指标)的审核报告,这一软件可以帮助现场安检员、安全主管和项目高管实现高效管理。安全检查对照预先设定的项目清单,迅速,彻底,高效。目前,用户可以在 iPad 和多种移动设备上访问文档。而安全教育和现场施工规章可以根据客户公司数据自定义。

16) 产品名称:BIMx

开发商:Graphisoft(匈牙利)

产品网址:http://www.graphisoft.com/bimx/

使用阶段:3D 审图及协调,竣工模型

功能简介:

BIMx(Building Information Model Explorer)是一个 BIM 模型的浏览器,任何人可以从中浏览到完整的 BIM 模型,而不必拥有创建模型所使用的原始软件授权。BIMx 适用于苹果 iOS,微软 Windows,MacOS X,安卓等操作系统,因此 BIMx 的模型既可以在计算机上运行,也可以在移动式平板电脑或手机上运行。

BIMx 可提供类似游戏的体验来探索建筑项目。任何 ArchiCAD 用户都可以发布自己的 BIMx 模型给其他用户在 BIMx 上运行浏览。它还通过一个相应的应用程序便可以链接到 BIMx 社区,从而实现"群体"模型的共享。这就大大方便了建筑师和相关的承包商、建造者、用户、业主以及设计管理者的交流。

17) 产品名称:CadnaA

开发商:Datakustik(德国)

产品网址:http://www.datakustik.com/en/products/cadnaa

使用阶段：其他分析与评估（噪声分析）

支持格式：gbXML，DXF，3DS，RVT 等格式

功能简介：

CadnaA 系统是基于 ISO 9613—2：1996 标准方法的噪声模拟和控制软件，广泛适用于多种噪声源的预测、评价、工程设计和研究，以及城市噪声规划等工作。软件界面输入采用电子地图或图形直接扫描，定义图形比例按需要设置。对噪声源的辐射和传播产生影响的物体进行定义，简单快捷。按照各国的标准计算结果和编制输出文件图形，显示噪声等值线图和彩色噪声分布图。

CadnaA 具有较强的计算模拟功能：可以同时预测各类噪声源（点声源、线声源、任意形状的面声源）的复合影响，对声源和预测点的数量没有限制，噪声源的辐射声压级和计算结果既可以用 A 计权值表示，也可以用不同频段的声压值表示，任意形状的建筑物群、绿化林带和地形均可作为声屏障予以考虑。由于参数可以调整，可用于噪声控制设计效果分析，其屏障高度优化功能，可以广泛用于道路等噪声控制工程的设计。

18）产品名称：CATIA

开发商：Dassault Systèmes（法国）

产品网址：http://www.3ds.com/zh/products-services/catia/welcome/

使用阶段：设计建模，结构分析

支持格式：IFC，DGN，DWG，SKP，PDF，JPEG 或 GIF 等常用格式

用户界面：如图 4-12 所示。

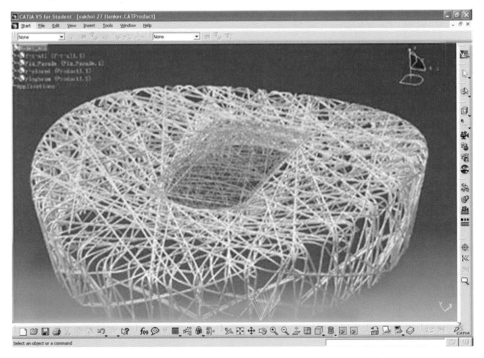

图 4-12　CATIA 的界面

功能简介：

CATIA 是广泛用于航空工业以及其他工程行业的产品建模和产品全生命周期管理的 3D 产品设计软件，由于盖里在复杂 3D 曲面造型设计中应用 CATIA 而被建筑界引入使用。CATIA 包含很多建模工具，支持综合分析和可视化。CATIA 支持与许多分析工具的集成，并可在 CATIA 中实现 MEP 组件模型的设计和建模。CATIA 系列软件支持较大的项目团队之间的协同管理。

模块化的 CATIA 系列产品旨在满足客户在产品开发活动中的需要，包括风格和外型设计、机械设计、设备与系统工程、管理数字样机、机械加工、分析和模拟。CATIA 产品基于开放式可扩展的 V5 架构。通过使企业能够重用产品设计知识，缩短开发周期，CATIA 解决方案加快企业对市场的需求的反应。

① 自顶向下的设计理念

在 CATIA 的设计流程中，采取"骨架线＋模板"的设计模式。首先通过骨架线定义建筑或结构的基本形态，再通过把构件模板附着到骨架线来创建实体建筑或结构模型。通过对构件模板的不断细化，就能实现 LOD 逐渐深化的设计过程。而一旦调整骨架线，所有构件的尺寸可自动重新计算生成，极大地提高了设计效率。

② CATIA 混合建模技术

设计对象的混合建模：在 CATIA 的设计环境中，无论是实体还是曲面，做到了真正的互用。

变量和参数化混合建模：在设计时，设计者不必考虑如何参数化设计目标，CATIA 提供了变量驱动及后参数化能力。

几何和智能工程混合建模：对于一个企业，可以将企业多年的经验积累到 CATIA 的知识库中，用于指导本企业新手，或指导新车型的开发，加速新型号推向市场的时间。

③ CATIA 所有模块具有全相关性

CATIA 的各个模块基于统一的数据平台，因此 CATIA 的各个模块存在着真正的全相关性，3D 模型的修改，能完全体现在 2D，以及有限元分析，模具和数控加工的程序中。并行工程的设计环境使得设计周期大大缩短。

CATIA 提供的多模型链接的工作环境及混合建模方式，使得并行工程设计模式已不再是新鲜的概念，总体设计部门只要将基本的结构尺寸发放出去，各分系统的人员便可开始工作，既可协同工作，又不互相牵连；由于模型之间的互相联结性，使得上游设计结果可作为下游的参考，同时，上游对设计的修改能直接影响到下游工作的刷新，实现真正的并行工程设计环境。

19) 产品名称：Citymaker

开发商：伟景行科技股份有限公司（中国）

产品网址：http://www.citymakeronline.com/index.htm

使用阶段:空间管理

功能简介:

CityMaker 是国内首个应用于城市管理的 3D GIS 平台软件、面向城市规划和建筑的 3D 设计及辅助决策软件、高性能图形计算集群系统,可应用于多通道大屏幕投影系统。

CityMaker 可轻松管理多类型、大规模地理特征数据,并提供精确的空间分析能力。CityMaker 已广泛应用于城市规划、市政管线、国土、测绘、应急、交通、房管、电力、石油石化等行业。

20) 产品名称:CostOS

开发商 :Nomitech(英国)

产品网址:http://www.nomitech.eu

使用阶段:投资估算

支持格式:GML,XML,WFS,DGN,DWG/DXF 等

用户界面:如图 4-13 所示。

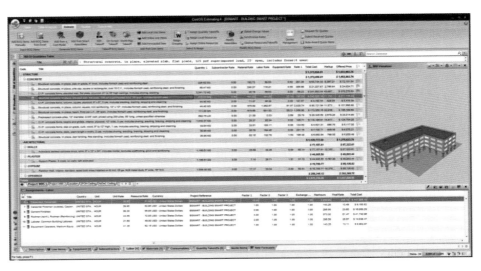

图 4-13　CostOS 的界面

功能简介:

CostOS 系统是一个先进的成本估算工具。从最初的可行性分析,到最终出价,CostOS 可以在一个平台上处理项目每一个阶段的成本估算。可以核查主要成本数据(设备、分包商费用、材料、供应商费用、劳力、消耗和折旧费用),并及时更新其参数以进行当前的成本估算。它适用于总承包商、土木工程承包商、分包商、建造顾问等大小用户。其数据可以来自本地采购的历史或在线数据库(NODOC, Spons, Richardson, RSMeans 等)。其数量能够以多种方式进行量出,可以是人工或电子表格输入,以电子方式从 PDF 文件或 2D CAD 文件测量,但最重要的是可直接从 BIM 模型和 GIS 地图获取数据,处理

时间将显著减少。利用 IFC 的开放标准,BIM 模型可以完全嵌入到 CostOS 中,即使是由多个系统(Revit,ArchiCAD,Bentley)生成的多个模型都可以同时载入同一个模型中去求出成本计算。

21)产品名称:Daysim

开发者:加拿大国家研究委员会(National Research Council,NRC)和德国 Fraunhofer 太阳能系统研究所联合开发

产品网址:http://daysim.ning.com/

使用阶段:照明分析,能源分析

支持格式:gbXML,DXF,3DS,RVT 等格式

功能简介:

Daysim 是一款以 RADIANCE 的蒙特卡罗反向光线跟踪算法为基础的天然采光分析工具,可以在 Windows 和 Linux 两种操作系统下运行的免费软件。该软件可以根据气候资料模拟全年动态光环境,包括评估传统的天然采光系数,以及一些新的采光参数,如天然光自主参数和有效天然采光照度。

此外,Daysim 还在尝试做一些采光照明"质"的评估,包括根据以往行为研究成果,模拟室内工作者如何控制办公室内的照明和遮阳系统,以及对一些自动光控系统进行节能模拟。Daysim 本身并不提供建立模型的功能,但它提供了接口以支持其他 CAD 软件,包括 Rhinoceros,Autodesk Ecotect Analysis 和 Google Sketch Up。

Daysim 软件采用的是 Perez 全天候天空亮度模型,它能够综合计算全年阴天、晴天和多云天空等各种天空条件下直射光、漫射光及地面反射光对室内天然采光的影响。Perez 天空模型由两个独立的部分组成:一是 Perez 亮度效能模型(The Perez luminousefficacy model),另一个是 Perez 天空亮度分布模型(The Perez sky luminous distribution model)。相较于 CIE 全阴天天空模型,Perez 天空更具优越性。因为 Perez 的全阴天天空模型有了明暗区分,在天空亮度分布上提供了更多的详细信息。

Daysim 还可以计算室内照度、照明能耗,模拟动态遮阳以及进行眩光分析。

22)产品名称:DDS-CAD

开发商:Data Design System(挪威)

产品网址:http://www.dds-cad.net

使用阶段:投资估算,设计建模,设计方案论证,3D 审图及协调

支持格式:IFC,BCF,PDF,gbXML,DWG,DXF,DWF 和 3DS 格式

功能简介:

DDS-CAD 是为水暖电工程师提供的开放 BIM 工具。它提供电气、给排水、采暖、通风、空调和光伏系统解决方案。所有 DDS-CAD 的产品支持开放的 BIM 规划过程。

DDS-CAD 提供了建筑设计和物业管理所有必要的功能,并在此基础上进行结构计算,成本概预算,水电、暖通工程设计,施工进度规划等全方位的操作。还可以用于避灾逃生路线规划。在应用该软件完成电气设计的同时,还能够产生全面和可靠的文档,例如综合审查报告和记录等,而装配说明、维护和维修说明等技术文件也可以直接连接到 3D 模型中。该软件能够实现智能管网建设和自动标注,高效发现管网的碰撞与冲突,还可根据人数、卫浴换气需求和废气的排放来计算空气流量要求。

DDS-CAD 支持 IFC 格式,实现了与 ArchiCAD, Allplan, Bentley, Revit 或 ACA 等主流设计软件中的数据交换。

23)产品名称:Design Advisor

开发者:美国麻省理工学院

产品网址:http://designadvisor.mit.edu/design/

使用阶段:能源分析

功能简介:

The MIT Design Advisor 可在几分钟内模拟建筑能耗,评估建筑的采暖、制冷、照明和舒适度等指标。建筑师和其他设计人员可以使用电子模型来研究和改善室内舒适度和整幢建筑的节能效果。但大多数模拟软件被制作得过于繁琐,它们把一个简单的问题复杂化了。

快速、可视化的方案对比是设计前期的第一需要。The MIT Design Advisor 可以帮助用户在 5 分钟内描述和模拟一个建筑模型。即使没有相关技术经验和训练背景的人士也可毫无障碍地操作这一软件。每年的能耗模拟可以在 1 分钟之内得出结果。

MIT Design Advisor 程序包含了周围空气与人体之间的传热、入射太阳辐射、玻璃或遮阳百叶向室内的红外辐射和其他与空气接触的表面辐射传热。

24)产品名称:Digital Project

开发商:Gehry Technologies(美国)

产品网址:http://www.gehrytechnologies.com/digital-project/

使用阶段:设计建模,3D 审图与协调,数字建造与预制件加工

支持格式:IFC, CIS/2, SDNF, DSTV, DWG, DXF, DGN 等常用格式

用户界面:如图 4-14 所示。

功能简介:

Digital Project 使用 CATIA 软件作为核心引擎,其可视化界面适合于建筑设计工作。目前,Digital Project 包含三个子软件,分别为 Designer, Manager 以及 Extensions。

Digital Project Designer 用于建筑物 3D 建模,其主要功能包括生成参数化的 3D 表面,任意曲面建模(NURBS),项目组织,预制构件装配,构件切割,高级实体建模等,还可以与 Microsoft 的项目管理软件 Microsoft Project 整合。

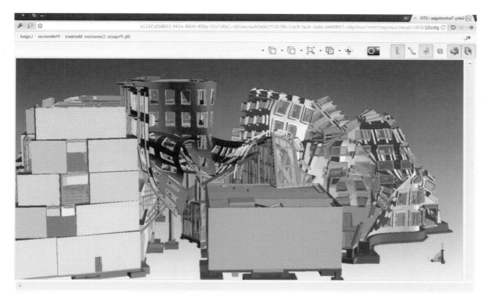

图 4-14 Digital Project 的界面

Digital Project Manager 提供轻量化、简单易用的管理界面,适合于项目管理、估价及施工管理。其主要功能包括实时截面检查,构件尺寸测量,体积测量,项目团队协作,2D/3D 格式支持,3D 模型协调。

Digital Project Extensions 提供一系列扩展功能,通过与其他软件平台或技术结合,实现更多高级功能。其主要功能包括链接整合 Primavera 数据实现 4D 模拟,设备系统管线设计的优化,快速实现曲面的创建、概念表达与模拟,设计知识的重用,STL 文件的转换,生成效果图与视频等。

25)产品名称:DProfiler

开发商:BeckTechnology(美国)

产品网址:http://www.beck-technology.com

使用阶段:投资估算,场地分析,阶段规划,设计建模,能源分析

支持格式:IFC,DWG,DXF 等格式

用户界面:如图 4-15 所示。

功能简介:

其最基本的功能是在实时的成本分析下进行 3D 概念性建模。这样可以较早地分析规划和早期设计阶段的设计方案,精确显示各种方案的成本金额,降低业主、建筑师和承包商之间的各自估算成本差距。除了可以评估建筑成本外,还可以评估项目实施的阶段规划、能源消耗等。

其能源分析模块使用项目所在地的气象信息、建筑造型、楼层数、建筑外围护结构的热工性能、遮阳系数、窗墙比、电气和照明负荷等参数就可综合估算建筑耗能峰值。基于这一估算,设计者可以为建筑物选择适当功率的机械和电气设备,并由此计算造价成本。

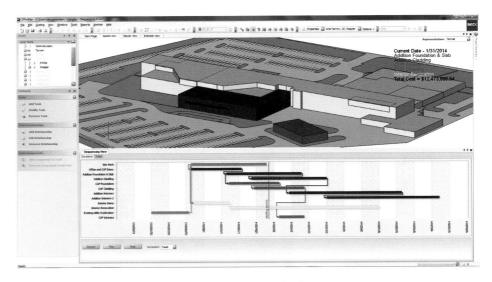

图 4-15　DProfiler 的界面

其场地分析功能可以实现：迅速确定场地分级规划，动态估算土方开挖和回填数量和成本，估算土方工程的挖填成本。

26）产品名称：e-SPECS

开发商：InterSpec（美国）

产品网址：http://www.e-specs.com/

使用阶段：设计建模，其他分析与评估

支持格式：gbXML，DXF，3DS，RVT 等格式

功能简介：

e-SPECS 系列产品可以自动地直接从项目的 BIM 模型或图纸提取产品和材料需求信息，从而大大减少了繁琐的准备时间。对于图纸上的每一个构件，e-SPECS 都可以链接到选定的主设计说明，并仅列出所需的产品或材料信息。

① e-SPECS Linx

e-SPECS Linx 是一款工程专用的文字处理软件，可帮助用户更快地创建设计和施工说明，这比使用 Microsoft Word 更高效。可调用 e-SPECS for Revit 的所有功能而不需 BIM 帮助。同时，用户可以把已购买的 e-SPECS 工具免费更新到 e-SPECS Linx。

在列出建筑设计所需材料和设备的规格后，e-SPECS Linx 还可以帮助用户找出满足这些要求的产品。它可以直接在互联网上搜索供应商信息和产品规格，直接为用户列出合格的产品列表供用户选择。大大节省了建材和设备选购的时间和人力成本。

② e-SPECS for Revit

e-SPECS for Revit 扩展了 Autodesk Revit 系列软件的功能，它帮助协调

和改善符合建筑规格要求的施工规范,借助于 BIM,用户可以在 Revit 程序中直接访问这些建筑信息。

e-SPECS 内置 Revit 接口,可直接连接到 Revit 参数数据库。程序可以根据建筑模型要求实时更新设计说明和各项工程指标。任何对象、墙、门、窗,或任何其他建筑构件添加到 Revit 模型中后,e-SPECS 都会及时更新项目手册,修改相应规格。设计上的任何修改都将被自动纳入设计说明。

③ e-SPECS Designer

e-SPECS Designer 内置各种主要规范供用户设计时选择,并支持用户自定义设计标准,以满足特殊的设计要求。借助这一系统,设计公司可以建立自己独有的设计风格。通过对不同的建筑类型(学校、医院、厂房等)分别设置不同设计标准,可以大大减少审图和数据管理的工作量。而公司全体设计人员可以在同一平台下以同一标准和风格进行设计工作。

这样,设计公司就可以做到设计说明简明扼要、清晰明了,且具有设计事务所独有风格的高品质文档,因而可以减少低等级的重复工作,实现高效、统一、协调的管理。

27)产品名称:Eagle Point suite

所属公司:Eagle Point Software Corporation(美国)

产品网址:http://www.eaglepoint.com

使用阶段:设计建模

支持格式:IFC,DWG,SKP,JPEG 或 GIF 等常用格式

功能简介:

Eager Point suite 提供了基于 AutoCAD,AutoCAD Civil 3D,InfraWorks,Revit,Navisworks 和 3ds Max 设计平台上进行二次开发的解决方案。以帮助建筑和工程客户使用 Autodesk 软件产品的技术,使他们能够最大限度地发挥其技术投资回报。下面介绍其部分软件:

① Designer's Companion

通过一个简单的接口,使用几个单一的命令,Designer's Companion 就为 AutoCAD Civil 3D 的用户提供了极为高效的工具,可以设计、布置街道、高速公路、停车场、蓄水池和地下结构。

② LANDCADD for Revit

LANDCADD for Revit 旨在为建筑师、景观设计师或室内设计师提供在 Autodesk Revit Architecture 中快速简捷设计创建项目景观组件的解决方案。例如,用户可以通过访问 LANDCADD 丰富的植物数据库,选择合适的乔木、灌木或花卉,并将植被覆盖到指定的区域。用户也可以设置其他的景观,如路径或庭院等。LANDCADD for Revit 提供停车场、灯光、绿化等设施的备选方案,用户可以方便地在备选方案间进行切换、比较。可轻松获得路面、人行道、天井等设施的详细报告。

通过访问植物数据库指定室内或室外绿化方案。所有景观设计均在

Revit 模型中进行，省去了将 AutoCAD 中模型导回 Revit 的步骤。

28）产品名称：EcoDesigner STAR

开发商：Graphisoft（匈牙利）

产品网址：http://www.graphisoft.com/archicad/ecodesigner_star/

使用阶段：能源分析，照明分析

支持格式：gbXML，DXF，3DS 等格式

功能简介：

EcoDesigner STAR 是 ArchiCAD 的一个插件，可在 ArchiCAD 的环境下进行建筑能耗的模拟分析。

EcoDesigner STAR 建立起一种高能效的建筑设计，它通过将 ArchiCAD 的 BIM 模型转换成包含多个热工区域的建筑能效模型（Building Energy Model，BEM）。建筑能效仿真是以可视化的方式进行的。

ArchiCAD 和 EcoDesigner STAR 之间的接口一致性好；直观的界面使用户能够快速、轻松地输入建筑物的材料属性和运行数据；提供符合节能标准的能耗分析，并提供详细的分析结果，使建筑师对建筑物可能的碳排放和能源消耗有一个清晰的认识。

29）产品名称：ECOTECT Analysis

开发商：Autodesk（美国）

产品网址：http://usa.autodesk.com/ecotect-analysis/

使用阶段：能源分析，照明分析，其他分析与评估

支持格式：gbXML，DXF，3DS 等格式

功能简介：

Ecotect Analysis 软件是一个全面的、从概念到细节进行可持续建筑设计的工具。Ecotect Analysis 软件提供了广泛的模拟和建筑节能分析功能，可以提高现有建筑和新建筑设计的性能。它也是在线的能源、水和碳排放分析能力的整合工具，使用户能可视化地对其环境范围内建筑物的性能进行模拟。其主要功能有：

建筑整体的能量分析——使用的气象信息的全球数据库来计算逐年、逐月、逐天和逐时的建筑模型的总能耗和碳排放量。

热性能——计算模型的冷热负荷和分析对入住率、内部得益与渗透以及设备的影响。

水的使用和成本评估——估算建筑内外的用水量。

太阳辐射——可视化显示任一个时段窗户和外围护结构面的太阳辐射量。

日照——计算模型上任一点的采光系数和照度水平。

阴影和反射——显示相对于模型在任何日期、时间和地点的太阳的位置和路径。

此外，Ecotect Analysis 还有以下的分析功能：自然通风，风能，光电收集，

可视化效果,声学分析。

30)产品名称:EnergyPlus

开发者:美国能源部和劳伦斯伯克利国家实验室共同开发

产品网址:apps1. eere. energy. gov/buildings/energyplus/

使用阶段:能源分析,照明分析

支持格式:gbXML,DXF,3DS,RVT 等格式

功能简介:

EnergyPlus 由美国能源部资助开发,是以 BLAST 和 DOE-2 为基础的大型能耗分析计算软件。该软件依据动态负荷理论,采用反应系数法,对建筑物及相关的供热、通风和空调设备能耗,进行模拟计算。该软件比较适合于研究多区域气流、太阳能应用方案以及建筑物热力性能,输出是简单的 ASCII 文件,可供电子数据表进一步的分析。EnergyPlus 软件的核心功能包括:对于建筑反应与外部环境紧密结合的情况,进行综合性模拟;对建筑物与外部环境的相互影响进行时程分析,用户可自定义时长;对建筑物与空调设备的相互影响进行可变时长的分析;ASCII 文件格式输出,内容包括气候、环境条件,以及建筑物能耗分析结果。用户可按需定制报告内容;对建筑物的热辐射及热对流情况进行模拟计算;对建筑物墙面、基础、楼板等部位的热传导模拟计算;通过 3D 大地模型及简化分析方法,进行大地热传导模拟;热—质传递模拟。模拟水分的渗透、吸附效果;热舒适性模型,包括温度、湿度等指标;大气传热模型,用于计算散射太阳光对建筑物表面的影响。

31)产品名称:ETABS

开发商:CSI(美国)

产品网址:http://www.csiamerica.com/etabs2013

使用阶段:结构分析,设计建模

支持格式:IFC,DXF,XLS,E2K,S2K 等常用格式

用户界面:如图 4-16 所示。

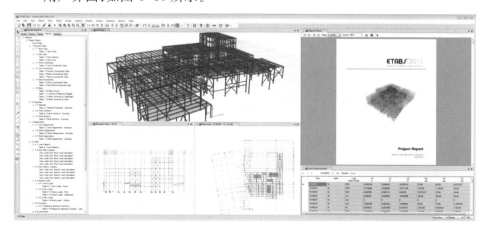

图 4-16　ETABS 的界面

功能简介：

ETABS 是一款房屋建筑结构分析与设计软件，已有近 30 年的发展历史，是美国乃至全球公认的高层结构计算程序，在世界范围内广泛应用。

目前，ETABS 已经发展成为一个建筑结构分析与设计的集成化环境：系统利用图形化的用户界面来建立一个建筑结构的实体模型对象，通过先进的有限元模型和自定义标准规范接口技术来进行结构分析与设计，实现了精确的计算分析过程和用户可自定义的(选择不同国家和地区)设计规范来进行结构设计工作。

ETABS 除一般高层结构计算功能外，还可计算钢结构、钩、顶、弹簧、结构阻尼运动、斜板、变截面梁或腋梁等特殊构件和结构非线性计算(Pushover, Buckling, 施工顺序加载等)，甚至可以计算结构基础隔震问题，功能非常强大。

32) 产品名称：Fastrak

开发商：CSC（英国）

产品网址：http://www.cscworld.com/Regional/UK/Products/Fastrak.aspx

使用阶段：结构分析，设计建模，3D 审图及协调，数字建造与预制件加工

支持格式：IFC, DXF, XLS, E2K, S2K 等常用格式

功能简介：

Fastrak 是一款钢结构设计和制图软件。Fastrak 生成材料清单，建立链接的详细信息，支持钢、混凝土和木结构分析。Fastrak 可以与主流 BIM 平台如 Revit, Tekla 等共享结构工程师创建的设计数据，并与 CSC 系统软件集成。

使用 Fastrak，用户能够快速简便地设计复杂的钢框架建筑，使用真实的结构构件进行设计，如梁、柱和楼板。自动风荷载、复合设计和网页接口可以为设计者节省大量时间。该软件集成了英国标准(BS)、欧洲规范(EC)和美国标准。

该软件可以快速评估设计方案，建立最符合成本效益的解决方案，制作简洁明了的文件，包括图纸和计算，轻松高效地处理项目变更。

33) 产品名称：Google Earth 及插件

开发商：Google(美国)

产品网址：http://www.google.com/earth/index.html

使用阶段：场地分析，施工场地规划

支持格式：GPX, KML, SHP, TAB, MIF, TIFF, PNG, DWG(插件)、SKP(插件)等格式

功能简介：

Google Earth 在设计初期场地分析阶段可以进行信息提供，建筑师可以通过其视觉化功能对拟建建筑在不同尺度和距离的情况下进行研究和测试。

在与 BIM 平台的结合运用方面，各个 BIM 服务提供商也研发了使用

GoogleEarth 地理信息的插件及工作流程。Globe Link for Autodesk Revit 插件可以通过格式转换将 Revit 的 BIM 模型发布到 GoogleEarth 的 3D 场景下,转换为 KML 以及 XML 等格式,帮助设计师了解实时场地信息以及在 3D 场地中建筑的状态。

通过 Google Earth Connections add-on package 设计师可以对 Graphisoft 的 ArchiCAD 软件以及 Google Earth,SkechUp 等格式进行交换结合,从而实现 BIM 以及 GIS 信息的事实反馈和更新。

34)产品名称:Green Building Studio

开发商:Autodesk(美国)

产品网址:http://www. autodesk. com/products/green-building-studio/overview

使用阶段:能源分析,照明分析,其他分析与评估

支持格式:gbXML,DXF,3DS,RVT 等格式

功能简介:

Autodesk Green Building Studio 是一款基于云计算的能源分析软件,它可以帮助建筑师和设计师在设计过程前期进行整个建筑的能耗,优化能源效率,实现碳分析工作。该软件可以实现:全能建筑能耗分析——确定建筑的总能耗和碳足迹;设计替代方案——考虑替代方案,以提高能源利用效率;详细天气分析——广泛的气象数据可用于工程现场天气分析;碳排放报告——提供几乎所有方面的碳排放量;采光分析——根据 LEED 规范进行采光分析;用水量和成本——估计在建筑物内外水的使用量及成本;ENERGY STAR® 评分——为每个设计项目提供分数;自然通风能力——估计机械冷却,以及室外空气自然冷却建筑物的所需时间;以及用水成本的评估等。

35)产品名称:Innovaya Suite

开发商:Innovaya(美国)

产品网址:http://www. innovaya. com

使用阶段:工程量估算,施工流程模拟,防灾规划,投资估算

支持格式:IFC,INV,DWG,SKP,JPEG 或 GIF 等常用格式

功能简介:

Innovaya Suite 包括了 Innovaya Visual BIM,Innovaya Visual Quantity Takeoff,Innovaya Visual Estimating,Innovaya Design Estimating 和 Innovaya Visual 4D Simulation 等模块。软件的目标是立足于 BIM,整合用户已经使用的最佳的、现成的应用程序。

Innovaya Visual BIM 支持 BIM 技术,为用户提供强大而智能的 3D 可视化功能和项目协调功能。它具有直观且互动性极高的用户界面,用户可以在其中浏览 Autodesk Revit,AutoCAD Architecture/MEP,或 Tekla 软件中的结构模型。其强大的 3D 虚拟现实功能实现了交互式 3D 可视化,可以大大提高设计者、建设者和业主之间沟通合作的效率。用户也可以在 3D 虚拟现实

环境中制订其防灾计划。

其他的几个模块具有工程算量,成本估算,并可链接著名的数据库完成整个设计的估算的强大功能。

36)产品名称:ISY Calcus

开发商:Norconsult(挪威)

产品网址:http://www.nois.no

使用阶段:投资估算,能源分析

功能简介:

ISY Calcus 设立了一个前期工程概算、分析和成本控制的新标准。ISY Calcus 可以在项目阶段创建一个实时更新的成本模型。这一程序拥有 1 500 种完整的建筑构件(墙、板等),并且这些构件信息可以任意转换。该软件被广泛应用于项目早期设计中的成本削减和方案替换过程。

37)产品名称:iTWO

开发商:RIB Software(德国)

产品网址:www.rib-software.com/cn/landingpage/rib-itwo.html

使用阶段:投资估算,3D 审图及协调,施工流程模拟

功能简介:

RIB 的 iTWO 通过应用标准界面进入第三方应用软件,实践并优化了传统施工流程,整合了 CAD 与企业资源管理系统(ERP)的信息及其应用,将传统施工规划和先进 5D 规划理念融为一体。

iTWO 的 CPI(建筑流程整合)技术集合了几何与数字:通过该技术,规划者即可获知机械设备规格信息,而施工者则可获知建筑材料和设备资料信息。同时,可根据时间进程和流程分布,将模型数据添加于系统中。通过 2D 数据与 5D 模型,用户可通过屏幕展示的几何图形随时掌握施工项目,资源数据以及流程规划数据。

数字化模型和冲突侦查模型是 iTWO 建筑管理解决方案的主要特征。数字化模型可确保量化规划维度的精确性和快速性。而 CPI 技术可保证项目规划和施工阶段数据和质量的完整性和统一性。

通过 3D 模型,iTWO 建筑管理解决方案可根据设计抽取数据,提高估价操作和基准值审定的准确性,同时也可在设计变更的情况下及时导入工程选项值以备施工操作;可在设计规划时跟踪工程量,并进行实时传输,以加强对运营的管控和绩效管理;通过冲突侦查,可在施工进行前发出设计错误消息。运营方即可在项目施工之前审定设计流程,提前发现错误,并进行更改;在 iTWO 模型中可以清晰显示建筑流程变更及其引起的成本和期限变化;多个案例表明,该技术的应用可将时间和成本减少 30%。

38)产品名称:Lumion

开发商:Act-3D(荷兰)

产品网址:http://lumion3d.com

使用阶段:设计建模

支持格式:COLLADA，FBX，MAX，3DS，OBJ 以及 DXF 等常用格式

功能简介:

建筑可视化软件 Lumion 是一个实时的 3D 可视化工具,用来制作视频和静帧作品,涉及的领域包括建筑、规划和设计。它可以方便地将诸如 Revit，ArchiCAD 建立的 3D 模型导入到 Lumion 上,也可以传递现场演示。Lumion 的强大就在于它能够提供优秀的图像,并将快速和高效工作流程结合在了一起,为用户节省时间、精力和金钱。

39) 产品名称:MagiCAD

开发商:Progman Oy(芬兰)

产品网址:http://www.magicad.com

使用阶段:其他分析与评估,设计建模,能源分析

支持格式:gbXML，DXF，3DS，RVT 等格式

用户界面:如图 4-17 所示。

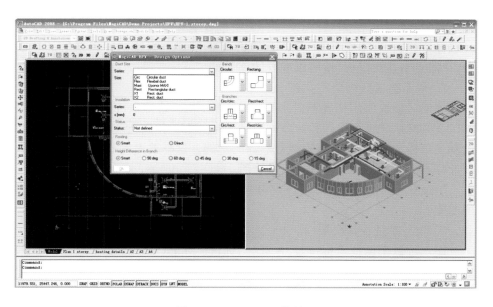

图 4-17　MagiCAD 的界面

功能简介:

MagiCAD 是为 AutoCAD 和 Revit 开发的系列软件,可以应用在电气、给排水、采暖、通风、能耗分析和 3D 建模等设计工作中,其计算功能强大,还附带有一个欧洲最大的数据库,其中有 70 多个供应商的几十万个不同产品供用户设计时选用。因而 MagiCAD 是高性能的一站式通用设计软件,可以广泛用于从简单的办公楼、学校到非常复杂的医院以及工业厂房等各类工程项目的设计、制图和管理中。

① 智能化 3D 设计建模

MagiCAD 是一个为 3D 设计而开发的软件。即使用户选择在 2D 中工作，MagiCAD 也能够自动创建 3D 模型，是一个智能化的 BIM 模型，因而任何在 2D 中的改动都能够在 3D 模型中直接更新。

其 3D 模型是基于建筑的真实几何形状和技术特性，这是所有计算的基础。所有建造参与单位都可以在建造过程中使用这个模型，从初始化研究和系统功能分析，到最终设计和维护阶段。

② 风系统设计模块

该设计模块是一款适用于绝大多数空气系统设计的 CAD 辅助设计软件。如果在绘图过程中改变风管方向的话，MagiCAD 会自动产生弯头。如果需要将风管连接到某个弯头，该弯头会自动转变成一个 T 形连接（三通）。如果更改了管系中某段的管径，该管段与其他部分的连接件（如变径连接）会自动生成。如果添加了自定义的管径尺寸，MagiCAD 会自动创建该尺寸在进行管径自动选择计算时所需的所有部件。从简单的风管到系统末端设备，全部产品都包含技术数据。

MagiCAD 风系统设计模块包含大量的计算功能，例如流量叠加计算、管径选择计算、水力平衡计算、噪声计算和材料统计。当绘制好风系统的轮廓后，只需点击几次鼠标，就可以进行计算了。

③ 水系统设计模块

该设计模块使用户能够对采暖、制冷、空调水、给排水、污水系统、消防喷淋以及特殊系统进行设计和计算。通过 MagiCAD 水系统设计模块可以同时绘制多条管道，而且还具有连接散热器的功能。这样就大大节省了设计时间，设计师不再需要自己去绘制每一条管道。

MagiCAD 水系统设计模块中包含了管径自动选择计算和系统平衡计算的功能。

④ 电气系统设计模块

用户可以根据技术标准使用 2D 图标，而 MagiCAD 自动创建 3D 模型。通过该设计模块，可以快速布置电缆桥架和照明设备。对于开关和插座可以逐一连接，也可以同时连接多个。

只需点击几下鼠标，就可以创建配电盘原理图，如果对图纸或配电盘原理图作了修改，MagiCAD 将可靠地在配电盘原理图和平面图中更新这些修改。

⑤ 舒适和能效分析模块

MagiCAD 能快速、准确地完成空调计算和方案设计，方便比较设计方案，能在项目早期就给予项目可靠的支持。可对建筑和单独房间进行舒适环境和能效模拟，计算是基于当地的气候数据和建筑的朝向、海拔和纬度进行的。模块可向用户提供浅显易懂的图形报告，该报告显示了来自窗户、灯光、人、计算机和其他设备的建筑热负荷。

⑥ 故障、风险分析模块

Magicad 附带碰撞检测功能,它包含了所有的电气、给排水、暖通空调系统以及建筑结构对象之间的碰撞检测。这样一来,就可以大大降低施工时产生碰撞问题的风险。

40) 产品名称:MicroStation

开发商:Bentley Systems(美国)

产品网址:http://www.bentley.com/zh-CN/Products/MicroStation/

使用阶段:场地分析,设计方案论证,设计建模,模型分析与性能模拟,3D审图及协调,制作文档

支持格式:IFC,DGN,DWG,SKP,PDF,JPEG 以及 GIF 等常用格式

用户界面:如图 4-18 所示。

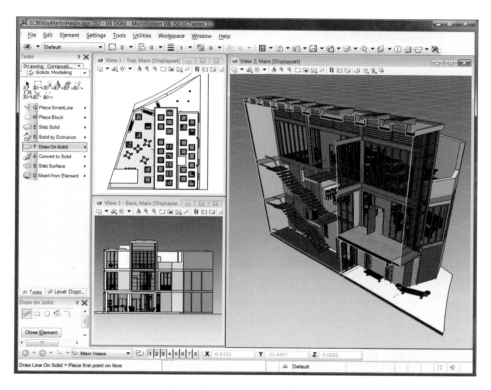

图 4-18　MicroStation 的界面

功能简介:

MicroStation 是一个用于工程设计的软件,也是一个工程软件平台。在此平台上可以统一管理 Bentley 公司所有软件的文档,实现数据互用。它已成为一个面向建筑工程、土木工程、交通运输、工厂系统、地理空间……多个专业解决方案的核心,也是适用于设计和工程项目的信息和工作流程的集成平台和 CAD 协作平台。在 Bentley 公司各专业软件上创建的信息,都可以通过

这个平台进行交流和管理,因此有很强的处理大型工程的能力。其主要功能有:

① 直观的设计建模

可直接建立真 3D 实体模型;利用概念设计工具创建 3D 实体模型,进行可视化的概念设计,可以更轻松地直观塑造实体和表面;支持 3D 打印;并实现创建 3D 模型和 2D 设计并与之交互。

② 逼真的实时渲染与动画

采用 Luxology 渲染引擎技术,可为常用的设计提供近乎实时的渲染,加快设计可视化过程,提高渲染图像的质量,通过功能强大的动画和生动的屏幕预览提高真实感。

③ 强大的性能模拟功能

有检测并解决碰撞、动态模拟、日照和阴影分析、动态平衡照明等功能。

④ 特有的地理坐标系

利用 MicroStation 特有的地理坐标系,用户可使用常用坐标系从空间上协调众多来源的信息。用户可利用真实背景从空间上定位文件,以便在 Google Earth 中进行可视化审查,还可在工作流中发布和引用地理信息 PDF 文件。该地理坐标系涵盖所有类型的 GIS 和土木工程信息,使项目业主能在更广范围内重复使用。

⑤ 深入的设计审查工具

设计审查工具可帮助用户收集和审查多个设计文件,以协调和分析设计决策,并实时添加项目设计评价。

⑥ 对文件变更的管理和统计能力

项目的 DGN 文件的全部历史都被作为每一个 DGN 文件的一个完整的组成部分。它的历史日志可以跟踪一个设计所做的任何修改,用户可以返回到给定设计的某一历史时刻。

除上述以外,MicroStation 还可在 3D 模型中快速创建 2D 工程图及智能 3D PDF 和 3D 绘图等文档,以及采用了包括数字权限、数字签名在内的多种安全技术。

41)产品名称:Navisworks

开发商:Autodesk(美国)

产品网址:http://www. autodesk. com. cn/products/autodesk-navisworks-family/

使用阶段:场地分析,设计方案论证,设计建模,3D 审图及协调,数字建造与预制件加工,施工场地规划,施工流程模拟

支持格式:IFC, NWD, NWF, NWC, DWG, 3DS, STP, DNG 等格式

功能简介:

Autodesk Navisworks 软件能够将 AutoCAD 和 Revit 系列等软件创建的设计数据,与来自其他设计工具的几何图形和信息相结合,将其作为整体的 3D 项

目,通过多种文件格式进行实时审阅,而无须考虑文件的大小。Navisworks 软件产品可以帮助所有相关方将项目作为一个整体来看待,从而优化从设计决策、建筑实施、性能预测和规划直至设施管理和运营等各个环节。

Autodesk Navisworks 软件系列包括四款产品:

① Autodesk Navisworks Manage 软件是设计和施工管理专业人员使用的一款全面审阅解决方案,用于保证项目顺利进行。Navisworks Manage 将错误查找和冲突管理功能与动态 4D 项目进度仿真和照片级可视化功能相结合。

② Autodesk Navisworks Simulate 软件能够再现设计意图,制定准确的 4D 施工进度表,超前实现施工项目的可视化。Autodesk Navisworks Review 提供创建图像与动画功能,将 3D 模型与项目进度表动态链接。该软件能够帮助设计与建筑专业人士共享与整合设计成果,创建清晰、确切的内容,以便说明设计意图,验证决策并检查进度。

③ Autodesk Navisworks Review 软件支持用户实现整个项目的实时可视化,审阅各种格式的文件。可访问的 BIM 模型支持项目相关人员提高工作和协作效率,并在设计与建造完毕后提供有价值的信息。软件中的动态导航漫游功能和直观的项目审阅工具包能够帮助人们加深对项目的理解。

④ Autodesk Navisworks Freedom 软件是 Autodesk Navisworks NWD 文件与 3D 的 DWF 格式文件浏览器。可以自由查看 Navisworks Review,Navisworks Simulate 或 Navisworks Manage 以 NWD 格式保存的所有仿真内容和工程图。

42) 产品名称:Newforma

开发商:Newforma(英国)

产品网址:http://www.newforma.com/products-services/

使用阶段:阶段规划,投资估算,设计建模,设计方案论证

支持格式:DWG,DXF,RVT 等模型格式,XLS 等文档格式

用户界面:如图 4-19 所示。

功能简介:

Newforma 一共有五个模块,分别为 Newforma Project Center,Newforma Contract Management,Newforma Building Information Management,Newforma Project Cloud 和 Newforma Project Analyzer。

Newforma Project Center 是一款可用于建设和基础设施行业的各种形式的项目信息管理软件。其优点有:有很强的项目信息管理的优势;提高盈利能力,降低风险;捕捉和相互关联的过程;审查文档无须打印;方便快捷地查找文件。

Newforma Contract Management 是 Newforma Project Center 的一个附加模块,为施工过程中文件和合同的管理,提供了一个全面的解决方案。无论是在审查和批准申请时,为 RFI 提供一个答案,或对合同进行变更管理,

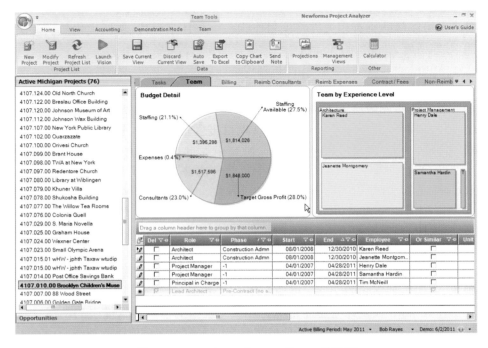

图 4-19　Newforma Project Center 的界面

Newforma Project Management 简化了工作流程,提供审计途径,提高响应速度,减少延迟,提高项目交付效率。

Newforma Building Information Management 是一个 Newforma Project Center 的附加模块,整合了项目的 BIM 模型与项目信息管理中心。耦合 BIM 与 PIM 技术,能够帮助用户更快地做出更明智的决策,减少风险,并提高了整个设计和施工过程的速度和质量。

Newforma Project Cloud 是基于网络的建设协作软件,它集成了从设计、施工到客户各个团队间的信息和相关文件,使文件审批、通信等工作流程自动化。

Newforma Project Analyzer 允许建筑工程的项目经理和管理人员对项目阶段日程安排、人员编制和预算做出更明智的决策。

43) 产品名称:ONUMA System

开发商:ONUMA(美国)

产品网址:http://onuma.com/products/OnumaPlanningSystem.php

使用阶段:设计方案论证,设计建模,3D 审图及协调

支持格式:IFC,OGC,RVT,DWG,XML,KML,GML,cityGML 等常用格式

功能简介:

ONUMA 系统是一款基于网页的 BIM 分析工具。该系统的主要功能有:在项目初步规划阶段进行预测性的论证,编制项目需求,迅速的早期规划,

项目管理,在一个在线平台中进行大量的 BIM 数据处理,在云平台下进行 BIM 信息交换,多用户合作机制与常用的 BIM 软件链接,与常用的 GIS 软件链接,在开源平台下进行建模例如 IFC 以及 OGC 格式,不需要进行软件安装,在标准互联网浏览器以及各种系统下均可运行,为 BIM 模型进行云计算节省时间。在网页平台下与其他的软件进行结合。Onuma System 不是传统的软件,而是云系统,虽然它有一些简单的建模,BIM 功能,但是它并不替代专业软件在传统领域的优势,而是兼容了很多规划、设计以及 BIM 信息传递和管理的功能。所以在本地准备自己所需的软件也是必需的,比如 SketchUp,Google Earth,Revit,AutoCAD 等。

44)产品名称:PKPM

开发商:中国建筑科学研究院建研科技股份有限公司(中国)

产品网址:http://www.pkpm.cn

使用阶段:设计方案论证,设计建模,结构分析,3D 审图及协调

支持格式:DWG,BMP,JPG,GIF,WMF 等常用格式

功能简介:

PKPM 系列软件系统是一套集建筑设计、结构设计、设备设计、节能设计于一体的建筑工程综合 CAD 系统。

PKPM 建筑设计软件用人机交互方式输入 3D 建筑形体,直接对模型进行渲染及制作动画。APM 可完成平面、立面、剖面及详图的施工图设计,还可生成 2D 渲染图。

PKPM 结构设计容纳了国内各种计算方法,如平面杆系、矩形及异形楼板、墙、各类基础、砌体及底框抗震、钢结构、预应力混凝土结构分析、建筑抗震鉴定加固设计等等。

设备设计包括采暖、空调、电气及室内外给排水,可从建筑 APM 生成条件图及计算数据,交互完成管线及插件布置,计算绘图一体化。

PKPM 建筑节能设计方面提供按照最新国家和地方标准编制的,适应公共建筑、住宅建筑、各类气候分区的节能设计软件,同时提供民用建筑能效测评及居住建筑节能检测计算软件。

45)产品名称:Radiance

开发者:美国劳伦斯伯克利国家实验室

产品网址:http://www.radiance-online.org/about

使用阶段:照明分析

支持格式:gbXML,DXF,3DS,RVT 等格式

用户界面:如图 4-20 所示。

功能简介:

Radiance 是基于反向光线跟踪模型的静态光环境模拟软件。可对天然光和人工照明条件下的照明情况进行精确模拟。Radiance 可以用作可视化照明设计与分析。

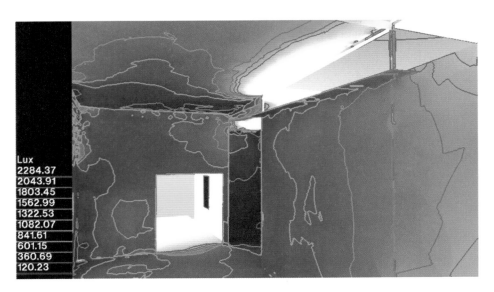

图 4-20　Radiance 的界面

Radiance 的特点是计算精度高,扩展性强,在使用中没有几何形状或材料的限制。很多的建筑师、工程师和研究人员用 Radiance 来进行照明分析,视觉质量控制和外观空间的创新设计,评估新的照明和采光技术。

Radiance 广泛地应用于建筑采光模拟和分析中,其产生的图像效果完全可以媲美高级商业渲染软件,并且比后者更接近真实的物理光环境。Radiance 中提供了包括人眼、云图和线图在内的高级图像分析处理功能,它可以从计算图像中提取相应的信息进行综合处理。

46) 产品名称:Revit

开发商:Autodesk(美国)

产品网址:http://www. autodesk. com. cn/products/revit-family/overview

使用阶段:阶段规划,场地分析,设计方案论证,设计建模,结构分析,3D审图及协调,数字建造与预制件加工,施工流程模拟

支持格式:RVT,IFC,DWG,SKP,JPEG 或 GIF 等常用格式

用户界面:如图 4-21 所示。

功能简介:

Revit 是基于 BIM 开发的软件,可帮助专业的设计和施工人员使用协调一致的基于模型的方法,将设计创意从最初的概念变为现实的构造。Revit是一个综合性的应用程序,其中包含适用于建筑设计、水、暖、电和结构工程以及工程施工的各项功能。

Revit 帮助用户捕捉和分析设计构思,提供了包含丰富信息的模型,能够支持针对可持续设计、冲突检测、施工规划和建造做出决策。设计过程中的所

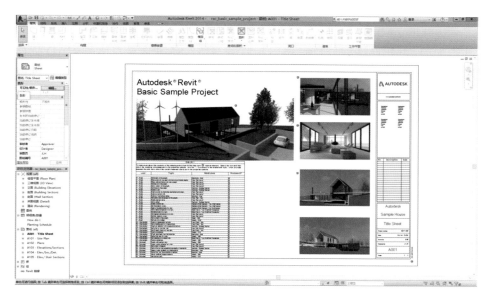

图 4-21　Revit 的界面

有变更都会在相关设计与文档中自动更新,实现更加协调一致的流程,获得更加可靠的设计文档。

① 完整的项目,单一的环境

Revit 中的概念设计功能提供了易于使用的自由形状建模和参数化设计工具,并且还支持在开发阶段及早对设计进行分析。

② 参数化构件

参数化构件是在 Revit 中设计所有建筑构件的基础。这些构件提供了一个开放的图形系统可以用来设计精细的装配(例如细木家具和设备),以及最基础的建筑构件(例如墙和柱)。

③ 双向关联

任何一处变更,所有相关位置随之变更。所有模型信息存储在一个协同数据库中。对信息的修订与更改会自动反映到整个模型中。

④ 详图设计

Revit 附带丰富的详图库和详图设计工具,可以根据各公司不同 标准创建、共享和定制详图库。

⑤ 明细表

明细表是整个 Revit 模型的另一个视图。对于明细表视图进行的任何变更都会自动反映到其他所有视图中。明细表的功能包括关联式分割及通过明细表视图、公式和过滤功能选择设计元素。

⑥ 材料算量功能

利用材料算量功能计算详细的材料数量。材料算量功能非常适合用于计算可持续设计项目中的材料数量和估算成本,优化材料数量跟踪流程。

⑦ 功能形状

Building Maker 功能可以将概念形状转换成全功能建筑设计。可以选择并添加面,由此设计墙、屋顶、楼层和幕墙系统。还可将来自 AutoCAD 软件和 Autodesk Maya 软件,及 formZ、McNeel Rhinoceros、SketchUp 等应用或其他基于 ACIS 或 NURBS 的应用的概念性体量转化为 Revit 中的体量对象,然后进行方案设计。

⑧ 协作

工作共享工具可支持应用视图过滤器和标签元素,以及控制关联文件夹中工作集的可见性,以便在包含许多关联文件夹的项目中改进协作工作。

⑨ Revit Server

Revit Server 能够帮助不同地点的项目团队通过广域网更加轻松地协作处理共享的 Revit 模型。在同一服务器上实现综合收集 Revit 中央模型。

⑩ 结构设计

Revit 软件是专为结构工程公司定制的 BIM 解决方案,拥有用于结构设计与分析的强大工具。Revit 将多材质的物理模型与独立、可编辑的分析模型进行了集成,可实现高效的结构分析,并为常用的结构分析软件提供了双向链接。

⑪ 水暖电设计

Revit 可通过数据驱动的系统建模和设计来优化建筑设备与管道专业工程。在基于 Revit 的工作流中,它可以最大限度地减少设备专业设计团队之间,以及与建筑师和结构工程师之间的协调错误。

⑫ 工程施工

利用 Vault 和 Autodesk 360 的集成功能,加强了施工过程的综合分析;通过多种手段的协同工作,加强了施工各参与方的联系与协调;实行碰撞检测可避免施工中造成浪费。

47)产品名称:Robot Structural Analysis Professional

开发商:Autodesk(美国)

产品网址:http://www.autodesk.com/products/autodesk-simulation-family/features/robot-structural-analysis/all/gallery-view

使用阶段:结构分析,设计建模

支持格式:IFC,DXF,XLS,E2K,S2K 等常用格式

用户界面:如图 4-22 所示。

功能简介:

Autodesk Robot Structural Analysis Professional 软件为结构工程师提供了针对大型复杂结构的高级建筑模拟和分析功能。用户可以利用 Revit 进行建模,利用 Robot Structural Analysis 进行结构分析。在两款软件之间无缝地导入和导出结构模型。双向链接使结构分析和设计结果更加精确,这些结果随后在整个 BIM 模型中更新,以制作协调一致的施工文档。用户还可以利用 Autodesk Robot Structural Analysis Professional 进行结构分析,利用

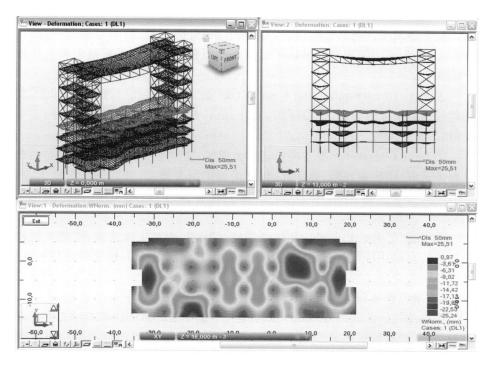

图 4-22　Robot Structural Analysis Professional 的几个结构分析界面

AutoCAD Structural Detailing 创建施工图。Autodesk Robot Structural Analysis Professional 能够无缝地将选定的设计数据传输到 AutoCAD Structural Detailing 软件,能够为结构工程师在从分析、设计到最终项目文档与结构图的整个过程中提供集成的工作流程。

　　此外,Autodesk Robot Structural Analysis Professional 能够分析类型广泛的结构,其采用一种直观的用户界面来对建筑物进行建模、分析和设计。建筑设计布局包括楼层板视图,用户能够轻松地创建柱体和生成梁框架布局。工程师也可以利用相关工具高效地添加、复制、移除和编辑几何图,以模拟建筑物楼层。

　　该软件能够实现对多种类型结构进行简化且高效的非线性分析,包括重力二阶效应(P-delta)分析;受拉/受压单元分析;支撑、缆索和塑性铰分析。Autodesk Robot Structural Analysis Professional 提供了市场领先的结构动态分析工具和高级快速动态解算器,该解算器确保用户能够轻松地对任何规模的结构进行动态分析。

48)产品名称:SAGE 系列软件

开发商:SAGE (美国)

产品网址:http://na.sage.com/sage-construction-and-real-estate

使用阶段:投资估算,阶段规划,施工流程模拟,资产管理

功能简介:

SAGE 系列软件支持如会计、预算、项目管理、施工进度和文档等施工活动。对于建筑工程与房地产行业,其产品包括合同管理、施工与地产管理、预算等方面,为施工管理者提供基于云计算的服务支持。现将系列中相关软件介绍如下:

① Sage Construction and Real Estate 是 Sage 系列软件的核心部分,其功能包括施工项目管理、建设评估、会计、云计算服务、文档与报告管理、工资支付、采购管理等。

② Sage Contractor 覆盖项目全生命周期,简单易用,缩短学习时间,强化了服务管理、供应商、报告等功能,包括增强的服务能力、快速的报告检索、改进的合同与供应商管理、电子邮件存根直接存款、严格的工作级别、快速采购等。

③ Sage Estimating 是应用广泛的估计软件,能对工作成本、资源及材料需求进行自动化计算。在相应的数据库支持下,用户可自行输入价格信息,也可选择预先设定的数据库,一旦建议得到通过,相关信息将自动提供给财务管理软件,避免数据冗余、错误或者遗漏。

④ Sage Construction Anywhere 是一个基于云计算的协调解决方案。通过人员、文档及数据的紧密联系,整个项目团队能够随时随地共享项目数据库,通过与 Sage 系列其他软件的整合,进一步加强管理办公室与工程现场的沟通与联系。

49)产品名称:SAP2000

开发商:CSI(美国)

产品网址:https://www.csiamerica.com/sap2000

使用阶段:结构分析,设计建模

支持格式:IFC,DXF,XLS,E2K,S2K 等常用格式

用户界面:如图 4-23 所示。

功能简介:

SAP2000 为在交通运输、工业、公共事业、运动和其他领域工作的工程师提供高性能的分析引擎和设计工具。

SAP2000 每个版本都分为四个层次:Basic,Plus,Advanced 和 Ultimate。层次越高的版本其分析能力就越强。在 SAP2000 的 3D 图形环境中提供了多种建模、分析和设计选项,且完全在一个集成的图形界面内实现。SAP2000 已经被证实是最具集成化、高效率和实用的通用结构软件。

在这个直观的界面里,可以很快地设计出直观的结构模型。从简单的 2D 框架静力分析到复杂的 3D 非线性动力分析,SAP2000 能为所有结构分析和设计提供解决方案。

软件提供 3D 结构整体性能分析,空间建模方便,荷载计算功能完善,可从 CAD 等软件导入,文本输入输出功能完善。结构弹性静力及时程分析功能相当不错,后处理方便,还提供二次开发接口,是结构工程分析中常用的工具。

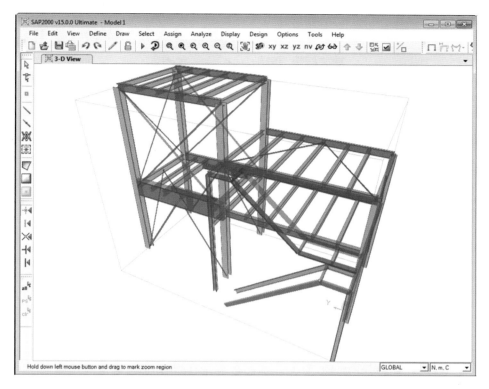

图 4-23　SAP2000 的用户界面

50) 产品名称:SDS/2

开发商:Design Data(美国)

产品网址:http://www.sds2.com/

使用阶段:结构分析,设计建模,3D 审图及协调,数字建造与预制件加工

支持格式:IFC,DXF,XLS,E2K,S2K 等常用格式

用户界面:如图 4-24 所示。

功能简介:

SDS/2 是一款钢结构详图软件。具有内置的连接组件库(如梁、柱、支柱和桁架等元素)。SDS/2 利用参数化方法来创建生成指定荷载下的构件连接详图。它有着简捷的 3D 模型输入、自动的节点生成、准确的详图抽取、精确的材料统计,以及与其他工具的多种接口等优点。SDS/2 可以实现项目团队之间的协作。其他核心功能包括 3D 建模和 2D 制图等。SDS/2 极大地提高钢结构详图工作的效率和准确性。

SDS/2 软件共有 Detailing, Engineering, Modeling, Drafting, Fabracating, Erector, BIM, Approval, Viewer, Mobile,Connect 等 11 个模块。

SDS/2 Detailing 模块提供最高水平的自动化和智能化 3D 钢结构详图、

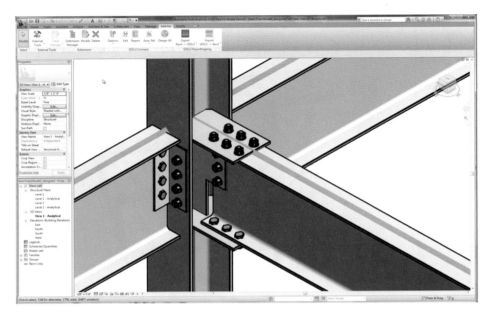

图 4-24　SDS/2 的界面

无与伦比的智能链接设计和高品质的绘图。

比如柱和梁,以及连接处与必要的材料,螺栓孔和焊缝都可以实现自动设计。作为链接设计的一部分,SDS/2 可以自动执行冲突检查。此外,SDS/2 可以评估工程项目上的连接件,帮助用户设计最经济的连接构件。

SDS/2 Engineering 模块结合了 3D 框架分析和构件设计,接口设计都作为精确的 BIM 模型整齐地打包。SDS/2 Engineering 用户可以用它创建一个符合制造标准的模型,用最好的钢结构分析方法,使连接处被自动设计,同时兼顾体量和施工性。SDS/2 Engineering 的另一个独特功能是可以在设计结构时计算力的转移,设计出更安全的连接和更安全的结构。

SDS/2 BIM 模块是 BIM 协调其模型信息的枢纽。SDS/2 BIM 可以让用户在其原生的 3D 模型环境中,查看所有关于钢结构项目的信息。SDS/2 BIM 可以导出各种格式的文件,与其他产品配合使用,并可以导入 DWF 参考模型。

51)产品名称:Shadow Analyzer

开发商:Dr. Baum Research e. K.(美国)

产品网址:http://www.drbaumresearch.com/

使用阶段:场地分析,施工场地规划,环境分析

支持格式:gbXML,DXF,3DS,BMP,HTML 等格式

功能简介:

Shadow Analyzer 作为独立开发的建筑阴影测试软件满足了建筑师在设计初期对于体量及阴影研究的要求。软件均可通过 Excel 格式与 BIM 软件

进行数据交换,并及时提供客观有效的分析结果。该软件可以发现太阳能的潜在储量,提高太阳能光伏电池板和太阳能集热器的能效。

52)产品名称:SketchUp Pro

开发商:Trimble Navigation(美国)

产品网址:www. sketchup. com/products/sketchup-pro

使用阶段:设计建模,3D 审图及协调

支持格式:IFC,DWG,SKP,JPEG 或 GIF 等常用格式

功能简介:

SketchUp Pro 是一套直接面向设计方案创作过程而不只是面向渲染成品或施工图纸的设计工具,其创作过程不仅能够表达设计师的思想而且能满足与客户即时交流的需要。

它可以导入草图、轮廓和航拍图像并快速生成 3D 模型,能够以多种 2D 和 3D 格式导出模型,以用于其他应用程序。SketchUp Pro 包含两个用于设计和演示的工具:LayOut 和 Style Builder,适合于概念设计和交互式演示。

SketchUp Pro 建模流程简单明了,就是画线成面,而后挤压成型,借助其简便的操作和丰富的功能可完成建筑和室内、城市、环境设计,形成的最终模型可以由其他后期制作软件继续形成照片级的商业效果图。还可以利用 SketchUp Pro 进行阴影分析。

53)产品名称:Solibri Suite

开发商:Solibri(芬兰)

产品网址:http://www. solibri. com/solibri-model-checker. html

使用阶段:其他分析与评估,3D 审图及协调,竣工模型

用户界面:如图 4-25 所示。

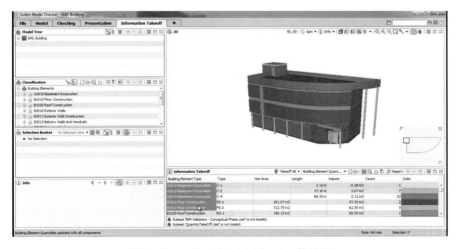

图 4-25　Solibri Model Checker 的界面

功能简介:

Solibri 系列主要有 Solibri Model Checker，Solibri Model Viewer 等产品。

① Solibri Model Checker

Solibri Model Checker 是一个基于 IFC 格式的 BIM 模型分析和检查软件。该软件可以帮助检查一个 BIM 文件是否符合一系列规范，以及将发现的潜在问题标识并报告出来。相对于传统的以手工方式来检查和分析建筑文档而言，用该软件更加快速可靠。

该软件提供了易于使用的可视化、直观的步行功能。只需用鼠标轻轻点击，系统便可透视建筑模型，找到潜在的缺陷和设计中的不足，突出了冲突检查的功能，软件还集成了各种建筑规范。

Solibri Model Checker 还有以下功能：①在建筑设计中自动检查和分析；②在 3D 可视化模型中标出可能的设计问题；③允许用户自定义模型检查的规则；④自动空间分析和测量；⑤体量计算与整体的成本估算系统；⑥用复杂的算法设计逃生路线；⑦基于组件设计规则和类型的智能冲突检查；⑧建筑和结构模型之间的一致性，包括墙壁和楼板、梁和柱的结构模型的关系；⑨支持绝大部分主流 BIM 软件。

② Solibri Model Viewer

Solibri Model Viewer 是一款用来查看开放标准的 IFC 文件和 Solibri Model Checker 文件的软件。Solibri Model Viewer 在一个单一的环境中可以浏览大多数的 BIM 文件以及所有 IFC 兼容的软件产品。

使用 Solibri Model Checker，用户可以制定基于各种规则的分析，来提高 BIM 文件和设计的质量。使用 SolibriModel Viewer，所有设计单位、业主以及未来的用户可以共享这些分析结果。

54）产品名称：Tekla

开发商：Tekla（芬兰）

产品网址：http://www.tekla.com/international/products/tekla-structures/

使用阶段：设计建模，结构分析，3D 审图，数字建造与预制件加工，施工流程模拟

支持格式：IFC，CIS/2，SDNF，DSTV，DWG，DXF，DGN 等常用格式

用户界面：如图 4-26 所示。

功能简介：

Tekla 是 3D 建筑信息建模软件，主要用于钢结构的工程项目。它通过创建 3D 模型，可以自动生成钢结构详图和各种报表。由于图纸与报表均以模型为准，而在 3D 模型中，操纵者很容易发现构件之间连接有无错误，所以它保证了钢结构详图深化设计中构件之间的正确性。

Tekla 用户可以在一个虚拟的空间中搭建一个完整的钢结构模型，模型中不仅包括结构零部件的几何尺寸，也包括了材料规格、横截面、节点类型、材质、用户批注语等在内的所有信息。使用连续旋转观察功能、碰撞检查功能，

图 4-26　Tekla 的界面

可以方便地检查模型中存在的问题。Tekla 的模型基于面向对象技术，这就是说模型中所有元素包括梁、柱、板、节点螺栓等都是智能目标，即当梁的属性改变时，相邻的节点也自动改变，零件安装及总体布置图都相应改变。

在确认模型正确后，Tekla 可以创建施工详图，自动生成构件详图和零件详图。构件详图可以在 AutoCAD 进行深化设计；零件图可以直接或经转化后，得到数控切割机所需的文件，实现钢结构设计和加工自动化。

模型还可以自动生成某些报表，如螺栓报表、构件表面积报表、构件报表、材料报表。其中，螺栓报表可以统计出整个模型中不同长度、等级的螺栓总量；构件表面积报表可以根据它估算油漆使用量；材料报表可以估算每种规格的钢材使用量。

55）产品名称：Tokoman

开发商：Digital Alchemy（美国）

产品网址：www. digitalalchemypro. com/html/products/TocomanProducts.html

使用阶段：投资估算，施工流程模拟

功能简介：

Tokoman 提供一个信息传递平台，用于建筑规划、管理，包括工程量、造价估算、采购及施工进度。其主要功能包括：对多种不同格式的 BIM 软件提供支持；对建筑模型进行多种计算工作；侦测不同版本模型的更改；对工程量进行量化、可视化的统计；自动对构件进行归类操作；在线导入构件库；可在工程各个阶段使用多种数据链接方式；按不同部位统计计算，如截面、楼层；工程量计算结果可保存为本地文件（如 Excel 格式），也可以在线共享。

56）产品名称：Vectorworks Suite

开发商：Nemetschek（德国）

产品网址：http://www.vectorworks.net/products/

使用阶段：设计建模，能源分析，照明分析，其他分析与评估，3D 审图及协调

支持格式：IFC，DGN，DWG，SKP，PDF，JPEG 或 GIF 等常用格式

功能简介：

Vectorworks 在建筑设计、景观设计、舞台及灯光设计、机械设计及渲染等方面拥有专业化性能。利用它可以设计、显现及制作针对各种大小的项目的详细计划。

设计师套包包括以下的几个模块：Architect（建筑师模块）；Landmark（景观园林模块）；Spotlight（灯光设计模块）；Fundamentals（基础模块）。

① ARCHITECT（建筑师模块）

Vectorworks Architect 设计工具能够帮助用户创作、建模、分析以及展示——一切工作均可在 BIM 的框架内完成。

支持可持续性建筑：当设计的目标是可持续性的时候，Vectorworks Designer 是必不可少的工具。这个程序能够通过内置试算表的编程分析（具有参数的空间物体）、细化的材料统计和照明要求来计算建筑功效，让用户实现材料发挥最大化和能耗最小化。不但能够使用日影仪工具进行日光测量，还可以使用工业基础类 IFC 2x3 协同标准（此标准被各种能量模拟，材料计算和预算，以及 4D 施工等软件广泛采用）导出富含信息的建筑模型。

② LANDMARK（景观园林模块）

园林景观模块为设计者提供了园林景观的设计功能，包括地形设计，园林专用建筑的设计，材质库智能化的设计，是景观园林设计的好助手。在灵活的设计环境中建立任何类型的项目。导入及直接使用地理参照航空/卫星图像和地理信息系统数据，或使用优秀的绘图、建模和图形处理去美化，展示引人注目的 2D 或 3D 图形。

③ SPOTLIGHT（灯光设计模块）

这是一款应用在娱乐表演行业的一流灯光设计软件，它融合了 2D 设计和 3D 表现模式，为舞台、播音、主持等娱乐工作场所的设计提供了非常好的设计工具。在轻松草拟灯光情景，创造惊人的舞台布景设计，或规划展览和活动布置的同时，用户可以自动处理相关的文书工作，及可视化用户的 3D 设计理念。除有一套绘图工具外，用户还可以访问多个丰富的图库-照明工具，配件，景区元素，建筑对象，音响对象，视频对象，机器零件，领先制造商的家具-

只需拖放到项目便成。

④ FUNDAMENTALS（基础模块）

为 Vectorworks 产品线的基础，提供基本的 3D 建模功能，可以让用户不受固有工作流程的限制，享有自己的工作方式，结合现有的方式，充分利用用户内已有的技术进行设计，并与使用其他软件程序的合作者及同事天衣无缝地合作。

57）产品名称：VICO Office Suite

开发商：Vicosoftware（美国）

产品网址：http：//www. vicosoftware. com/

使用阶段：3D 审图及协调，数字建造与预制件加工，施工场地规划，施工流程模拟，竣工模型，投资估算

功能简介：

VICO Office Suite 是一套 5D 虚拟建造软件。该软件有许多模块，可以用于施工工序安排、成本估计、体量计算、详图生成等应用。VICO 工具支持大型项目的施工管理，尤其是 5DBIM 的应用。该软件包括碰撞检查、模型发布、审查、施工问题检查和标记等功能。以下是各模块的介绍。

① Vico Constructability Manager 提供了一个集成的解决方案，使用户的团队可以在规划阶段确定施工过程中可能出现的问题，在现场发生冲突之前发现并协调解决。

② Vico Layout Manager 可以在虚拟模型中标注对应的临界点，并在实体模型中显示出来，加快安装，避免了昂贵的返工。

③ Vico LBS Manager 有组织地将项目分配到工作地点，基于位置的规划和管理是确保工作人员顺利完成后续任务的先决条件。

④ Vico Schedule Planner 可以使用 BIM 模型来创建并关联他们的任务和相应的材料、资源、劳动力以及施工进度，所有这些内容可通过位置进行优化。

⑤ Vico Production Controller 是应用在施工阶段。规划施工进度表只是任务的一半，另一半则是对现场生产进行管理。在施工现场可以使用 Vico Production Controller 实时上传施工进度信息，软件便可根据时间表进行预测，可能出现的问题会被列出，并有充裕的时间采取补救措施。

⑥ Vico 4D Manager 是一个 4D 模拟演示工具，提供 3D 可视化的项目时间表，延长施工队伍。

⑦ Vico Cost Planner 是一个基于模型的估算成本的解决方案。基于目标成本规划的概念，Vico Cost Explorer 是一个基于模型的预算应用程序，允许扩展项目团队直观地了解哪些方面的项目成本变化。

58）产品名称：VRP

开发商：中视典（中国）

产品网址：http：//www. vrp3d. com/article/html/vrplatform_232. html

使用阶段：空间管理

功能简介：

VRP 是自主开发的虚拟现实平台软件，可广泛地应用于城市规划、室内设计、工业仿真、古迹复原、桥梁道路设计、房地产销售、旅游教学、水利电力、地质灾害等众多领域，为其提供切实可行的解决方案。目前，已经在 VRP 引擎为核心的基础上，衍生出了多个相关 3D 产品的软件平台。在此介绍相关的部分产品。

① VRP-BUILDER 虚拟现实编辑器

用途：3D 场景的模型导入、后期编辑、交互制作、特效制作、界面设计、打包发布的工具。

② VRPIE-3D 互联网平台

用途：将 VRP-BUILDER 的编辑成果发布到互联网，并可让客户通过互联网进行对 3D 场景的浏览与互动。

③ VRP-DIGICITY 数字城市平台

用途：具备建筑设计和城市规划方面的专业功能，如数据库查询、实时测量、通视分析、高度调整、分层显示、动态导航、日照分析等。除了可虚拟城市规划场景，仿真城市风貌外，还可以在辅助规划审批、辅助城市土地与房产管理等，还可以建立信息平台，服务城市建设，加强公共参与城市规划与管理。

④ VRP-INDUSIM 工业仿真平台

用途：模型化，角色化，事件化的虚拟模拟，使演练更接近真实情况，降低演练和培训成本，降低演练风险。可应用来进行消防模拟、避灾逃生路线研究。

59）产品名称：3D3S

开发商：上海同磊土木工程技术公司（中国）

产品网址：www.tj3d3s.com/docc/products.asp

使用阶段：设计建模，结构分析，数字建造与预制件加工

支持格式：IFC，DWG，DXF，XLS，E2K，S2K 等常用格式

功能简介：

3D3S 软件包括 3D3S 空间钢结构设计系统、3D3S 钢结构实体建造及绘图系统、3D3S 钢结构非线性分析系统、3D3S 索膜结构设计系统共四个系统。

3D3S 钢与空间结构设计系统包括轻型门式刚架、多高层建筑结构、网架与网壳结构、钢管桁架结构、建筑索膜结构、塔架结构及幕墙结构的设计与绘图，均可直接生成 Word 文档计算书和 AutoCAD 设计图及施工图。

3D3S 钢结构实体建造及绘图系统主要是针对轻型门式刚架和多高层建筑结构，可读取 3D3S 设计系统的 3D 设计模型、读取 SAP2000 的 3D 计算模型或直接定义柱网输入 3D 模型，提供梁柱的各类节点形式供用户选用，自动完成节点计算或验算，进行节点和杆件类型分类和编号，可编辑节点，增/减/改加劲板，修改螺栓布置和大小、修改焊缝尺寸，并重新进行验算，直接生成节点设计计算书，根据 3D 实体模型直接生成结构初步设计图、设计施工图、加

工详图。

3D3S 钢与空间结构非线性计算与分析系统分为普通版和高级版,普通版主要适用于任意由梁、杆、索组成的杆系结构;可进行结构非线性荷载—位移关系及极限承载力的计算、预张力结构的初始状态找形分析与工作状态计算,包括索杆体系、索梁体系、索网体系和混合体系的找形和计算、杆结构屈曲特性的计算、结构动力特性的计算和动力时程的计算;高级版囊括了普通版的所有功能,此外还可进行结构体系施工全过程的计算、分析与显示。可任意定义施工步及其对应的杆件、节点、荷载和边界,完成全过程的非线性计算,可考虑施工过程中因变形产生的节点坐标更新、主动索张拉和支座脱空等施工中的实际情况。

3D3S 索膜结构设计系统可以进行索膜结构的找形、计算和裁剪设计;可以对膜结构进行剪裁操作;可以对充气膜进行设计及分析。可直接生成 Word 文档计算书和 AutoCAD 设计图和施工图。

60) 产品名称:广联达算量系列

开发商:广联达软件股份有限公司(中国)

产品网址:http://www. glodon. com/products

使用阶段:投资规划

支持格式:DWG,DXF,RVT 等模型格式,XLS 等文档格式

功能简介:

广联达算量系列软件(包括土建算量 GCL、钢筋算量 GGJ、安装算量 GQI、精装算量软件 GDQ),基于自主知识产权的 3D 图形平台,提供 2D CAD 导图算量、绘图输入算量、表格输入算量等多种算量模式,结合全国各省市计算规则和清单、定额库,运用 3D 计算技术,实现工程量自动统计、按规则扣减等功能和方法。

61) 产品名称:鸿业 BIM 系列

开发商:鸿业科技(中国)

产品网址:http://www. hongye. com. cn/

使用阶段:设计建模,能源分析,照明分析,其他分析与评估,3D 审图及协调

支持格式:RVT,DWG,DXF 等常用格式

功能简介:

提供基于 REVIT 平台的建筑、暖通、给排水及电气专业软件,并且能够与基于 REVIT 的结构软件进行协同,结合基于 AutoCAD 平台的鸿业系列施工图设计软件,可提供完整的施工图解决方案。可通过数据库构建服务器与客户端的标准化族管理机制,形成 3D 构件及设备的标准化信息化承载平台。软件中大量采用数据信息传递的方式进行专业间共享互通,充分体现了 BIM 条件下的高效协同模式。

62) 产品名称:理正系列

开发商:北京理正(中国)

产品网址:http://www. lizheng. com. cn/html/pro/cad/index. shtml

使用阶段：数据采集，投资估算，场地分析，设计建模，结构分析

支持格式：DWG，DXF 等图形格式，XLS，TXT 等文档格式

用户界面：如图 4-27 所示。

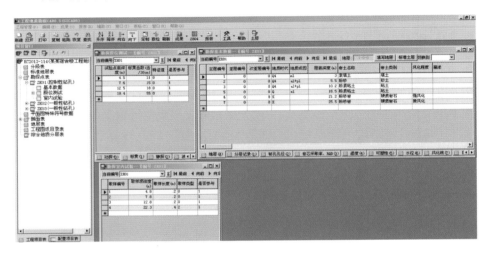

图 4-27　理正工程地质勘察 CAD 的界面

功能简介：

理正的计算机辅助设计系列软件有建电水系列、结构系列、勘察系列和岩土系列。这里主要介绍建水电系列和结构系列。

① 建电水系列：

理正建筑 CAD 提供建筑施工图绘制工具，包括平、立、剖面和 3D 绘图；尺寸、标号标注；文字、表格；日照计算；图库管理和图面布置等。与微软的合作以及对 Autodesk 的支持使理正建筑软件可以在任何装有 AutoCAD 版本的机器里打开，并可使用纯 AutoCAD 命令编辑。

理正给排水 CAD 具有室内给水、自动喷洒、水力表查询、减压孔板、节流管及雨水管渠等计算功能，可自动进行管段编号，计算出管径，并得到计算书。并按新规范编制了自动喷洒计算程序，迅速完成喷洒系统的计算和校核工作。设有与其他建筑软件的接口，可方便地与建筑专业衔接。

理正电气 CAD 提供电气施工图、线路图绘制工具及各种常用电气计算功能。包括：电气平面图、系统图和电路图绘制；负荷、照度、短路、避雷等计算；文字、表格；建筑绘图；图库管理和图面布置等。

② 结构系列：

结构快速设计软件 QCAD 是理正在国内推出基于 AutoCAD 平台的自动绘制结构施工图软件。结合自动绘图与工具集式的绘图，既可利用建筑图和上部计算数据自动生成梁、柱、墙、板施工图，又提供了大量绘图工具对施工图进行深度编辑。

钢筋混凝土结构构件计算模块可完成各种钢筋混凝土基本构件、截面的

设计计算；完成砌体结构基本构件的设计计算；软件可自动生成计算书及施工图。

63）产品名称：鲁班算量系列

开发商：上海鲁班软件有限公司（中国）

产品网址：http://www.lubansoft.com/index.php?_c=product&_a=product_front_center

使用阶段：投资估算

支持格式：DWG，DXF 等图形格式，XLS，TXT 等文档格式

功能简介：

鲁班算量系列软件是国内一款基于 AutoCAD 图形平台开发的工程量自动计算软件，包含的专业有土建预算、钢筋预算、钢筋下料、安装预算、总体预算、钢构预算。整个软件可以用于工程项目预决算以及施工全过程管理。增加时间维度后，可以形成 4D BIM 模型。

鲁班项目基础数据分析系统（Luban PDS）是依托鲁班算量系列软件创建的 BIM 模型和全过程造价数据为基础，把原来分散在个人手中的工程信息模型汇总到企业，形成一个汇总的企业级项目基础数据库，经授权的企业不同岗位都可以利用客户端进行数据的查询和分析。为总部管理和决策提供依据，为项目部的成本管理提供依据，并可以与 ERP 系统数据对接，形成数据共享。

64）产品名称：斯维尔系列

开发商：深圳斯维尔（中国）

产品网址：http://www.thsware.com/product1a.html

使用阶段：投资估算，阶段规划，设计建模，能源分析，照明分析，3D 审图及协调，施工流程模拟

支持格式：IFC，DWG，SKP，JPEG 或 GIF 等常用格式

功能简介：

斯维尔系列软件，主要涵盖设计、节能设计、算量计算与造价分析等方面。在此分别对系列软件进行介绍。

建筑设计 TH-Arch 是一套专为建筑及相近专业提供数字化设计环境的 CAD 系统，集数字化、人性化、参数化、智能化、可视化于一体，构建于 AutoCAD 2002~2012 平台之上，采用自定义对象核心技术，建筑构件作为基本设计单元，多视图技术实现 2D 图形与 3D 模型同步一体。软件还支持 Win7 的 64 位系统，把多核、大内存的性能最大程度的发挥。采用自定义剖面对象终结通用对象表达剖面图的历史，让剖面绘图和平面绘图一样轻松。

斯维尔节能设计软件 THS-BECS2010 是一套为建筑节能提供分析计算功能的软件系统，构建于 AutoCAD 2002~2011 平台之上，适于全国各地的居住建筑和公共建筑节能审查和能耗评估。软件采用 3D 建模，并可以直接利用主流建筑设计软件的图形文件，避免重复录入，因此提高了设计图纸节能审查的效率。

斯维尔日照分析软件 THS-Sun2010 构建于 AutoCAD2002～2011 平台，支持 Win7 的 64 位系统，为建筑规划布局提供高效的日照分析工具。软件既有丰富的定量分析手段，也有可视化的日照仿真，能够轻松应付大规模建筑群的日照分析。

虚拟现实软件 UC-win/Road 的操作简单、功能实用，可实现实时虚拟现实。通过简单的电脑(PC)操作，能够制作出如同身临其境的 3D 环境，为工程的设计、施工以及评估提供了有力的支援。

3D 算量软件 TH-3DA 是基于 Autocad 平台的建筑业工程量计算软件，软件集构件与钢筋一体，实现了建筑模型和钢筋计算实时联动、数据共享，可同时输出清单工程量、定额工程量、构件实物量。软件集智能化、可视化、参数化于一体，电子图识别功能强大，可以将设计图电子文档快速转换为 3D 实体模型，也可以利用完善便捷的模型搭建系统用手工搭建算量模型。

斯维尔安装算量软件 TH-3DM 以 AutoCAD 电子图纸为基础，识别为主、布置为辅，通过建立真实的 3D 图形模型，辅以灵活的计算规则设置，完美解决给排水、通风空调、电气、采暖等专业安装工程量计算需求。

斯维尔清单计价软件全面贯彻 GB 50500—2008 规范，是《建设工程工程量清单计价规范》的配套软件。软件涵盖 30 多个省市的定额，支持全国各地市、各专业定额，提供清单计价、定额计价、综合计价等多种计价方法，适用于编制工程概、预、结算，以及招投标报价。软件提供二次开发功能，可自定义计费程序和报表，支持撤消、重做操作。

65）产品名称：天正软件系列

开发商：天正公司(中国)

产品网址：http://www.tangent.com.cn/

使用阶段：设计建模，能源分析，照明分析，结构分析，3D 审图及协调

支持格式：T3，DWG，DXF 等常用格式

功能简介：

天正系列软件采用 2D 图形描述与 3D 空间表现一体化技术，以建筑构件作为基本设计单元，把内部带有专业数据的构件模型作为智能化的图形对象，天正用户可完成各个设计阶段的任务，包括体量规划模型和单体建筑方案比较，适用于从初步设计直至最后阶段的施工图设计，同时可为天正日照设计软件和天正节能软件提供准确的建筑模型。

建筑设计信息模型化和协同设计化是当前建筑设计行业的需求，天正建筑在这两个领域也取得了重要成果。一是在建筑设计一体化方面，为建筑节能、日照、环境等分析软件提供了基础信息模型，同时也为建筑结构、给排水、暖通、电气等专业提供了数据交流平台；二是为协同设计提供了完全基于外部参照绘图模式下的全专业协同解决技术。

5 基于 BIM 的工程项目 IPD 模式

5.1 概述

5.1.1 建设模式概述

1）设计—招标—施工建设模式

设计—招标—施工(Design-Bid-Build，DBB)建设模式是最为传统的一种建设项目承发包模式,对于业主而言,这种建设模式可以通过竞争性投标实现最低工程造价的目标,这使得 DBB 模式长期以来成为建设项目的主要建设交付模式。在 DBB 模式下,典型的项目流程包括以下三个步骤。

（1）业主委托设计与咨询机构,首先建立项目的总体建设目标,基于该目标展开一系列的深化设计工作,最终产生能够用于招投标和施工的图纸及相关建设技术规范文档。

（2）招投标依据施工图纸和相关建设技术规范文档进行,一般情况下,工程建设的合同授予往往以最低价中标为原则。中标的企业将与业主签订一份基于清单报价的承包合同,合同中一般约定,在项目结算时保持报价清单的单价不变,工程量将按实际发生结算。

（3）进入施工阶段后,承包方依据承包合同与图纸安排施工。期间,因各种原因产生的项目变更,将首先由业主许可,然后由设计机构出具变更单,变更单所造成的工程停滞、返工成本一般由业主承担,项目变更是项目结算总价与投标报价总价差额的主要根源,由业主支付项目变更款项的过程也被称作索赔。

在工程设计阶段,由于传统 2D 技术或工期紧张等原因,在工程实践中,很多的专业设计不详或产生疏漏,各专业之间不协调、空间冲突也是常见现象。在招投标阶段,投标方在报价中往往会压缩其利润空间而赢得中标机会,在激烈的竞争环境下,项目招投标中的恶性竞争时有发生,恶性竞争经常导致中标项目利润为零或负,中标后,承包方则寻找各种机会增加其利润空间,包括滥用变更索赔、放大设计变更给承包方造成的损失以提高索赔额,在 DBB 模式下,通过索赔增加收入已成为许多承包方的经营之道。这些原因共同导致施工阶段的设计变更频繁发生,并导致业主与承包方之间产生很多的纠纷和对抗利益。因设计变更造成的返工明显影响项目的工期和成本,一份研究资料显示[1],在以往的建设工程中,约有 30% 的工程存在返工现象,40% 的工程存在资源浪费现象,超过 40% 的工程存在工期延误现象。

在 DBB 模式下,BIM 在设计阶段的应用效果主要体现在:通过可视化设计与审查,提高业主对设计的理解,通过 3D 分析、设计冲突检查等功能提高设计质量。但是,由于在设计阶段施工承包方还未确定,有效的施工方案、施工技术难以体现在设计成果中,所产生的设计成果仍然存在不协调、施工不可行的风险,这些风险在施工阶段仍然会导致设计变更、计划外成本增加与工期延误的现象发生,在 DBB 模式下,BIM 应用的深度和广度均受到很多限制,只能收到有限的成效。

2)设计—施工建设模式

设计—施工(Design-Build,DB)建设模式是将设计与施工集成到一个承包主体上、从而简化任务实施关系的一种工程项目建设模式。在 DB 模式下,业主直接和设计—施工一体化的联合体签署合同,将首先开发一个完善的建设程序和概要设计来满足业主需求,然后,DB 承包商估算项目的整体预算,制定包括设计与施工在内的计划周期,最终交由业主审查、批复,获得业主批准的整体预算作为最终预算,最终预算将附加在双方签订的承包合同中。

最终预算一旦确立,对于工程承包方而言就是项目的最高限价,在此之后的项目实施中,所有的因变更造成的成本增加、工期延误、质量降低等责任,全部由承包方负责。从项目的整体利益而言,DB 模式允许在项目早期对设计以及相应的计划进行修改来满足业主的要求,与 DBB 模式相比,这种修改在所需周期和成本上都会有所降低。另一方面,由于设计与施工为同一个承包方,工程设计与施工可以互相融合、并行进行,项目建设周期明显缩短,并能减少承包方与业主之间因变更产生的纠纷,在一定程度上降低工程造价。DB 模式降低了业主的风险,但是当初始设计被批准并确立最终预算之后,业主也失去了要求变更的灵活性。

由于设计与施工集中为一个责任主体,设计与施工过程也允许存在一个并行的时期,因此,DB 模式比 DBB 模式更利于 BIM 发挥其虚拟设计与施工的价值。在 DB 模式下,业主与设计—施工总承包方能够在项目早期用 BIM 进行可视化设计、3D 分析、4D/5D 虚拟施工等,基于虚拟施工的施工方案也可以尽早反映在设计成果中,从而有效避免因不满足施工要求导致的设计变更。然而,由于最终预算并不是建立在最终施工图基础上的,在最终预算确立时,业主并没有看到完整的设计成果,尤其在设计细节方面,后来出具的详图设计并不一定完全符合业主的要求,然而那时业主也往往失去了变更的机会,BIM 在那时对业主也不具有更多的价值。DB 模式并非 BIM 最理想的实施环境。

3) IPD 模式

在 DBB 模式下,项目风险主要由业主承担,在 DB 模式下,风险主要由总包方承担,无论哪种模式,项目风险并没有按照项目相关方所获得利益的大小进行分摊。在传统项目实施过程中,项目参与方往往以各自组织机构的利益为主导,将风险转移给项目其他方,这种状况在某种程度上与交易平等原则是相违背的,项目相关方在项目中实施汇总其追求的目标不同,业主要求更低的成本、更高的质量、更短的工期,而设计和施工企业则追求更高的利润、更高的安全性和员工满意度,项目相关方的目标在某种程度是对立的,这种对立将直接影响着项目的整体利益,因此难以获得最佳项目建设效益。为此,一种基于创新思维的 IPD(Integrated Project Delivery,集成化项目交付)模式产生了,IPD 是一种将人员、系统、业务结构、实践整合到一起的项目建设模式。这种模式贯穿工程项目的全生命周期中,可以集中各相关方的智慧和经验优化项目建设,以减少浪费,更有效地完成既定目标。在 IPD 模式下,由项目各主要相关方组成的项目团队在项目早期就介入其中,项目各方以相互信赖为基础的协同工作一直延续到项目交付,并通过 IPD 合同结成契约关系,使团队成员的风险和利益一致。IPD 模式最突出的优势是项目团队使用最佳的协作工具和技术进行工作,以保证项目在所期望的造价和工期内满足业主的要求,其主要特征为:

① 项目团队实行基于相互信任的协同工作与开放式交流;

② 项目各方共同管理风险,按照预期利益分担项目风险;

③ 项目各方的成功依赖于项目的成功,不会发生项目失败而个别项目相关方成功的现象。

在 BIM 的应用实施中,IPD 模式是快速发展中的建设模式,许多的研究和实践均表明,IPD 模式也是 BIM 技术应用和实施的最佳模式。目前,虽然仅有为数不多的工业发达国家项目采用这种建设模式,但研究表明,采用该模式的项目取得了巨大的成功和效益,例如,2006 年,美国 DPR 公司实施建设的 Camino 医疗办公楼项目中,BIM 应用和 IPD 模式结合应用,细化到了安装级别。大大增强了与业主、设计和工程施工单位的紧密合作,最终节省项目资金 900 万美元,提前半年交付使用。项目团队机电工程的生产效率提高了 30%,并且实现了各系统间的零冲突和低于 0.2% 的返工率。[①]

5.1.2 基于 BIM 的 IPD 模式

1) IPD 模式的实践准则

IPD 模式基于项目相关方之间相互信任的合作而构成的项目团队,这种基于相互信任的合作将鼓励团队成员聚焦于项目的整体目标与团队整体利益,而不再是团队成员所服务企业的独立目标。如果不以充分信任为基础进行合作,IPD 模式不会取得项目的成功,项目参与方之间仍然会停留在因利害冲突而相互转移风险的状态。IPD 模式和 BIM 的应用实施需要项目全体成员遵循以下实践准则:

(1) 相互尊重,互相信任,互利互惠。业主、设计方、施工方、供应商必须理解并认可团队协作的价值,积极主动地作为项目团队的一个成员参与协同工作,基于相互尊重、相互信任以及互利互惠行为准则,共同制定项目的目标与激励机制。

(2) 在合作基础上进行创新与决策。只有当某种思想能在项目所有成员之间自由交换时,才能激发创新,一个主意是否有价值和切合实际,要由整个团队来评判并获得改进。

(3) 关键的项目成员应尽早介入。关键参与方的早期介入,可以为项目提供多学科的知识与经验,这些知识和经验对于项目的早期决策是非常有帮助的。

(4) 尽早制定项目总体目标。项目总体目标应是在项目初期被全体参与成员所关注并一致同意的结果,获得每一个项目成员对总体目标的理解与支持是重要的,它将推动项目成员的创新意识,鼓励项目成员以项目总体目标为框架制定其个体目标。

(5) 增强设计。集成化方法让人们认识到,增强设计会产生很好的项目实施效果,增强设计的汇报会,通过施工阶段降低返工、避免浪费、避免工期延误展现出来,因此,IPD 方法的主旨不是简化设计,而是加强设计投入来避免在施工过程中更大的投入。

(6) 创造开放式的交流与沟通氛围。开放的、直接而坦诚的交流几乎是所有 IPD 推介者所强调的,而实际上这样的氛围在项目中的确是重要的,可以说是实现 IPD 一切目标的基础,没有这样的氛围,没有信息的开放与共享,IPD 所承诺的目标只能停留在计划层面。

(7) 相匹配的技术和工具。采用相匹配的技术和工具实现项目功能性、

---

① 参考:Camino Medical Group Medical Office Building [EB/OL]. [2013-04-20]. http://www.dpr.com/projects/camino-medical-group-medical-office-building.

整体性、和协同工作能力的最大化,开放的、互用的数据交换将给予 IPD 强力支持,基于公开标准的技术将支持团队成员之间进行最好的交流。

(8)团队组织与负责人的选择。项目团队是一个拥有自主决策权的组织,所有的团队成员都应致力于项目团队的目标和价值观。团队负责人应是在专业工作和服务方面能力最强的团队成员。通常情况下,设计领域专家和承建商以他们在其各自领域的能力可赢得整个团队的支持,但是具体的角色必须结合项目实情确定。

2)IPD 模式的组织与契约综述

在传统项目实施过程中,当出现问题时,习惯性做法是做好守住自己一方利益的准备,而将损失转移到其他方,这种做法使各方的参与方之间的合作受到打击。相比之下,当问题出现时,IPD 则要求参与方协调一致解决问题,共同承担责任与损失。IPD 模式战略性地重组项目的角色、工作目标以及工作方式,希望充分发挥每个项目成员的能力、知识和经验的价值,产生最佳项目绩效。在人们习惯于传统建设模式下,这种对传统角色和项目目标的重新界定,将不可避免地导致一些新问题的出现,包括参与者的习惯行为如何改变、如何在大协作环境下应对风险等。

在 IPD 项目中,项目团队应在项目早期尽快组建,项目团队一般包括两类成员:主要参与方和关键支持方。主要参与方与项目有实质性关联并从头至尾承担项目责任,与传统项目相比,IPD 的主要参与方的成员选择范围更加宽泛,一般情况下既包括业主、设计方、承包方等项目相关方,也包括因利益关系而参与进来的其他组织或个体,他们将通过合约聚集为一个整体,或被集成到单一目标实体(Single Purpose Entity,SPE,一般指项目公司)中,SPE 虽是临时的,但在工程建设过程中却是一个正式组织,可以是公司或者有限公司。关键支持方是 IPD 项目的重要角色,在为项目服务的形式上更加独立些,如为项目提供结构设计咨询服务的结构专家,在许多 IPD 项目中可以以关键支持方角色为 IPD 项目提供结构设计咨询服务。关键支持方也将直接与主要参与方或 SPE 建立合同关系,并同意主要参与方之间的合作方法和工作流程,关键支持方与主要参与方的主要区别在于其阶段性,例如,在大部分建筑工程中,结构工程师一般不作为主要参与方服务于 IPD 项目,因为他们仅为项目的一个独立的阶段服务而不是贯穿整个项目生命期,而在桥梁工程中,结构工程师作为主要参与方会更加合适。

团队一旦建立,保持团队合作的意识和开放式的交流氛围是很重要的,它将有利于信息在团队成员之间共享,有利于发挥技术工具——BIM 的重要作用。团队以保密协议约定对敏感、私密信息的共享与使用权限。成功的集成项目有着让所有成员理解、认同并遵循的决策方法和过程,最终决策权并不固定在某成员身上,而是落在经团队一致同意的决策主体上,决策主体一般是以主要参与方为主、关键支持方为辅的权力团体,决策主体一般也在项目初始阶段组建。由于团队成员之间的相互关联性较高,某一成员的离去、内部产生激化矛盾都将对团队产生较大的负面影响,因此维护团队成员的稳定性及其良好的内部关系也是 IPD 项目应重视的问题。

IPD 模式试图突破因各参与方维护自己利益而产生关系割裂、最终损害项目整体利益的现状,但这并不意味着各参与方的利益与工作范围含混不清,相反,IPD 模式对各方的责权利有着清晰的界定,IPD 团队成员的职责划分基于其能力基础,确保承担者能够胜任其职责。

主要项目成员的职责包括以下几方。

设计方:是承担产品设计的主体,参与项目设计过程的定义,在设计阶段提供增强的冲突检查服务,全面解决产品设计中潜在的冲突问题,频繁而及时地为其他成员提供用于评估和专业工作的产品设计信息,获取反馈改进设计。

施工方:在项目早期参与项目,基于其施工知识与经验,为项目提供施工方面的咨询与决策支持信息,包括施工计划、成本估算、阶段成果分析定义、系统评估、可建设性检视、采购程序定义,提供产品设计评估建议,在产品优化设计中发挥比传统项目更显著的作用。

业主:业主是评估与选择设计结果的主要角色,在项目早期提出对项目建设进行分析测量的标准,按照 IPD 项目的灵活性需要,业主也将更多地协助解决项目这实施过程中所发生的问题。作为 IPD 的决策主体的成员,与传统项目相比,业主将参与更多的项目细节工作,并需要为项目的持续、有效发展做出迅速反应。

从上述分析中可以看出,每一个项目都是互联的、角色间沟通和彼此承诺的网络,每个角色将承担比传统项目中更宽泛的职责,其责任之间的相互影响比传统项目更加密切,这也容易引发责任主体不清的问题。因此,在 IPD 项目实施过程中,需通过定义良好的 IPD 协议划清每个参与方的工作与责任范围,各方的利益也将在合同中相应地做出明确规定。在 IPD 协议中,需要对某方不履行职责所产生的风险做出规定,从而推动跨越传统角色及其责任的合作。IPD 协议将在所有直接参与方之间分散风险,基于这种原则和方法,设计方可能会直接分担因施工方不作为的风险,反之亦然。在洽谈协议和搭建项目团队成员关系时,这一条款将作为公认条款放在首要位置。在 IPD 模式中,项目主要参与方有必要清晰地认识他们将要承担的风险与传统项目有着本质性的区别。IPD 协议是确保 IPD 项目获得成功的关键文档,伴随 IPD 模式的发展以及项目类型的不同,IPD 协议存在多种形式,本章将在其后对 IPD 协议进行更详细的介绍。

在这样的团队创建并进入项目实施后,项目参与方的利益完全依赖于项目的成功,基于项目的总体目标,各参与方的角色定位、责任目标、风险承担方式等均有清晰的界定,对各方职责的实施绩效仍然可以像传统项目那样依据合约做出明确的判定,基于相互信任的合作与明确的 IPD 协议将保驾集成化团队的工作向着出色地实现项目目标的方向发展。最终,人们会发现,项目参与方在传统项目中养成的保护、提高自己利益的习惯将会成为促成 IPD 项目目标实现的动力,这或许说明了 IPD 模式具有艺术性的一面特征。

3) IPD 模式下典型的项目流程

IPD 模式把项目流程划分为两个方面,集成化团队建设方面和项目实施方面,集成化团队建设是项目实施的必要条件,它由以下 6 项工作构成:

① 尽可能早地确定主要项目参与方,这项工作对项目至关重要;

② 对项目主要成员进行资格预审;

③ 考虑并选择其他项目相关方,包括行业主管部门、保险商、担保银行等;

④ 用易于理解的方式定义项目总体目标、利益关系以及主要参与方的活动目标;

⑤ 确定最适合于项目的组织与经营结构;

⑥ 开发、签署项目协议,定义参与方的角色、责任和权益。

在建设项目实施过程中,按照 IPD 思想重组传统建设项目的实施流程,IPD 的项目实施流程与传统项目的关键区别,是将项目决策和设计的时间尽最大可能向项目起始方向推移,实现以尽可能小的成本产生尽可能好的设计成果。本书第 2 章图 2-4 的麦克利米(MacLeamy)曲线清晰反映出项目前期策划阶段的重要性,这反映了 IPD 模式和传统建设模式之间的区别。

另外,在 IPD 模式和 BIM 技术实施过程中,定义和分析项目实施的每一个阶段的工作应需要基于以下两个关键的原则:

一是在项目早期集成来自施工方、制造方、供应商和设计方的工作成果。

二是使用 BIM 技术和工具建模并准确地模拟分析项目、组织和过程。

这两个原则会在施工图设计开始之前将设计的完成度提升到相当高的水平,从而使之前的方案设计、扩初设计和施工图设计三个阶段的工作效果显著地高于其他传统的建设模式,这种高水平的早期设计的完成度使得后续阶段的设计、规范和标准审查、冲突检查等不再像传统项目那样需要付出较大的精力和时间,并在施工阶段降低返工成本、缩短施工周期。在每一个实施阶段,IPD 模式清晰定义了每一个阶段性项目成果与各方的责任分工。

5.1.3 BIM 在 IPD 模式中的应用

1) IPD 模式与 BIM 的相互关系

BIM 与 IPD 有着近乎完全一致的项目目标——实现项目利益的最大化。将这一目标分解开来,主要包括产品形式与功能满足业主的要求,为实现这一目标所付出的投资均能产生预期价值,项目能在最短的时间内实现,要实现项目质量和功能,需要在进行建筑实物建设投资之前,通过合适的方法让项目各参与方充分理解设计意图,在业主及相关方对产品的设计完全认可之后,再进行建筑实物的建设投资。BIM 技术和工具可以为项目提供多维可视化检视功能,对于安全、能耗、设施维护方案等诸多方面的设计结果可以进行虚拟仿真与分析,这些已被证明是在大量资金投入之前让项目相关方充分理解设计意图的最佳技术方法。其次,IPD 团队中的设计成员需要使用 BIM 技术和工具进行优化设计,以满足业主的需求,施工管理成员则需要通过 BIM 技术对施工过程进行仿真模拟,检查施工方案在空间协调、安全保障等方面的可执行性。

　　BIM 是 IPD 最强健的支撑工具。由于 BIM 可以将设计、制造、安装以及项目管理信息整合在一个数据库中,它为项目的设计、施工提供了一个协同工作平台,另外,由于模型和数据库可以存在于项目的整个生命周期,在项目交付之后,业主可以利用 BIM 进行设施管理、维护等。

　　BIM 的应用正在不断发展。一个较大的复杂项目,可能需要依赖于多个相互关联的模型。例如,加工模型将与设计模型共同产生加工信息,同时,可在设计与采购阶段进行冲突协调。在施工之前,施工方的工作模型与设计模型关联进行施工模拟以降低材料浪费、缩短施工周期。使用 BIM 可以在项目早期阶段产生精确的施工成本与工程造价,在极端复杂的工程中应用 BIM,可能不再需要为项目的复杂性而增加额外的建设周期和资金投入。

　　BIM 的技术和工具不是一个系统的项目建设模式,但是 IPD 的建设模式与 BIM 紧密关联并充分应用这种技术和工具所具有的能力。因此,项目团队有必要理解关于模型如何被开发,如何建立相互关联,如何被使用,以及信息在模型和参与方之间进行交换,没有对这些知识的清晰理解,模型可能被误用。软件的选用应基于功能和数据互用的需要,开放性技术平台本质上是 BIM 技术和其他模型在项目流程中的集成,这种集成将促进项目各阶段的交流,为了实现这一目标,以数据互用为目标的数据交换协议(如 IFC 标准等)已陆续开发出来。

　　BIM 模型的开发级别和模型精度应依据用途来确定。例如,如果将模型用于成本计划与成本控制,则模型中的协议将包括成本信息如何创建和交换,管理和交换模型的方法也应确定下来。如果 BIM 模型作为承包合同的一部分,那么模型与其他合同文档之间的关系就要确定下来。在 IPD 模式下,BIM 模式的决策和协议对于 BIM 的实施效果是至关重要的,在确定和签署之前,最好经过 IPD 团队讨论,并使项目各方达成共识。

　　IPD 模式所倡导的基于信任的协同工作环境和开放性交流氛围,无疑为 BIM 的数据交换提供了最佳实施环境,BIM 技术则反过来帮助 IPD 的项目参与方实现超越传统意义的协同工作。IPD 模式与 BIM 技术融合在一起,能够实现建筑产品与施工过程同步设计,最终彻底消除因设计缺陷所导致的施工障碍和返工浪费。

2) BIM 在 IPD 模式中的实施过程

在 IPD 模式下,BIM 应用将贯穿于整个建设项目生命期,其突出价值会体现在工程设计、施工和运营各个阶段,基于之前所描述的 IPD 典型项目流程以及国内通常对项目的阶段性划分,在 IPD 模式下的 BIM 技术的实施过程包括以下七个阶段。

(1) 方案设计阶段

由业主提出建筑形式、功能、成本以及建设周期相关的设计主导意见,这一主要意见是项目的主要目标,应被整个项目参与团队理解并接收。在听取业主、专业工程师、承包商等团队中各专业的相关意见的基础上,建筑师使用 BIM 模型创建工具反映建筑方案的 3D 模型,该模型将反映出团队中各方成员对项目的相关意见。在这一创作过程中,虽然模型主要由建筑师或其助手完成模型的创建,但团队其他成员所提供的专业建议,是使 3D 模型应包含在多方面满足项目目标的必要信息。方案模型将经过团队成员的检视、讨论并最终确定,由 IPD 团队确定的方案在建筑形式、规模范围、空间关系、主要功能、估算造价范围、结构选型等方面,同时满足业主要求及实施的可行性。

(2) 初步设计阶段

业主方将在检视方案设计模型的基础上,提供更加细致的项目要求,包括使项目规模、投资浮动范围、空间关系、功能要求更加清晰,建筑师按照业主要求修改设计模型,并将模型提交给其他专业设计,由各专业设计人员进行专业设计和专业分析,产生量化的分析结果,包括建筑能耗、结构、设备选型、施工方案等,BIM 的 3D 模型将由单个建筑专业模型扩展为多专业的初步模型,初步模型中的关键构件、设备、系统,要经总包、分包、供应商检视并反馈其在制造、运输、安装等流程中的技术问题,用于建筑和系统设计的改进,并确定型号与价格范围。对于特大型及复杂项目,施工承包方在该阶段将基于初步设计模型中的构件、设备选型,创建 4D 模型,模拟项目中关键部位的施工方案,确认设计的施工可行性。团队在综合多专业信息的基础上,产生与初步产品设计及施工方案相呼应的概算造价、施工工期、安全环保措施等初步设计成果,依据初步设计成果,由业主方进行后续项目进展的决策。

(3) 扩大初步设计阶段

也称详细设计阶段,业主将审查初步设计模型和相应的设计结果,依据审查意见提出局部修改和细化要求。建筑师、专业工程师、分包商将进一步细化各自的专业模型,并将各专业模型集成为综合模型,进行碰撞检查与空间协调设计,承包方将依据设计模型,创建相对完整的项目 4D/5D 模型,对项目的实施进行模拟,检视项目实施过程中的组织、流程、施工技术、安全措施等方面的潜在问题,改进、完善施工方案。当产生较大的设计变更时,相关专业需要基于模型重新进行专业分析,核实设计结果。最终,整个 IPD 项目团队将产生经充分协调了的各专业模型——充分协调模型,依据充分协调模型所产生的新一轮设计概算,将作为业主审查和最终批准项目的依据。

（4）施工图设计阶段

业主将最后一次审核该项目设计,需工厂化加工的构件将由分包商或产品供应商进行加工建模和零件设计,并将加工模型叠加到相关的专业模型上,建筑、结构、设备、施工各专业将最终完善模型,并依据模型出具工程施工图。承包商将进行采购协调和施工场地、施工过程中的动态空间冲撞检查,调整优化工程施工流程。

（5）审查与最终审批阶段

IPD 团队将向建设项目的审查机构提交包括图纸、模型及相关设计文档在内的审查文件,协助审查机构审查设计,完成基于模型和图纸的施工交底,总包方继续将设计模型升级到施工模型,以满足对施工过程进行可视化项目管理的需要。

（6）施工阶段

业主或工程监理单位将监督施工过程,对有关的工程变更请求提出审核意见,工程设计方负责项目变更的设计,施工承包商负责将该阶段的相关变更反映到施工模型上,最终产生建设项目的 BIM 竣工模型,其他相关方将协助竣工模型的修改和完善。

（7）运营阶段

该阶段项目的设施管理单位将使用建设项目的竣工模型进行设施的管理,必要时将根据设施管理工作需要对竣工模型进行修改和优化。

在 IPD 模式下,项目的规模、复杂程度不同,将使各阶段 BIM 实施的内容可能有所不同。但是,项目相关方应按照一致的项目目标进行密切协同工作的特点将保持不变,该模式将是 BIM 技术发挥最佳效果的建设模式,作为区别于其他模式的典型特征,将成为与 BIM 应用相互促进、共同发展的基础。

5.2 基于 BIM 的 IPD 模式生产过程

5.2.1 概述

1）传统工程建设管理模式的弊端

在传统工程建设管理模式中,决策阶段的开发管理（Development Management,DM）、项目实施的项目管理（Project Management,PM）和运营期的设施管理（Facility Management,FM）是相互分割和相互独立的,这对整个项目的业主方和运营方管理带来种种弊端,主要表现在以下方面:

（1）传统管理模式中相互独立的 DM，PM 和 FM 针对决策阶段、实施阶段和运营阶段分别进行管理，往往由不同的专业队伍负责，很难对不同参与方之间的界面、不同阶段之间的界面进行有效管理，缺少对建设项目真正从全生命周期角度进行分析，全生命周期目标往往成为空中楼阁而难以实现。

（2）传统工程管理模式难以真正以建设项目的运营目标来导向决策和实施，最终用户需求往往从决策阶段开始就很难得到准确、全面的定义，无法实现运营目标的优化。

（3）传统管理模式中承担 DM，PM 和 FM 服务的专业工程师各自在本阶段代表业主方或运营方利益提供咨询服务。建设项目作为一个复杂系统，要实现全生命周期目标，需要从决策阶段开始就将各方的经验和知识进行有效集成，而传统管理模式相互独立的 DM，PM 和 FM 很难做到这一点。

（4）传统管理模式中 DM，PM 和 FM 的相互独立，造成全生命周期不同阶段用于业主方或运营方管理的信息支离破碎，形成许多信息孤岛或自动化孤岛，决策和实施阶段生成的许多对物业管理有价值的信息往往不能在运营阶段被直接、准确地使用，造成很大的资源浪费，不利于全生命周期目标的实现。

（5）适用于 DM，PM 和 FM 的信息系统为各自管理目标服务，建立在不同的项目语言和工作平台之上，难以实现灵活、有效、及时的信息沟通。

2）IPD 模式的特点

为了克服以上诸多弊端，近年来，集成的理论和方法（产品数据集成、过程集成、不同专业和供应链集成、工具集成以及内部商务集成等）在建筑业中的应用是热门课题之一。由此产生了一种新型的工程管理模式——IPD 模式，其将传统管理模式中相对独立的 DM，PM 及 FM 等阶段运用管理集成思想，在管理理念、管理目标、管理组织、管理方法、管理手段等各方面进行有机集成（不是简单叠加）。与传统模式相比具有以下特点：

（1）在 IPD 模式下项目生产过程主要可分为概念设计、标准设计、详细设计、执行文件、机构审查、采购分包、建造、收尾等过程。项目流在整体交付过程中从早期的设计到结束与传统不同的是它没有用概念设计—结构设计—详细设计—标准设计（PD—SD—DD—CD）的惯例，而是采取概念设计—标准设计—详细设计（PD—CD—DD）的工作流程，尽可能实现在项目初期确定设计决策，减少项目工作流的障碍，有利于实现影响产出的机会最大化和成本最小化。

（2）在 IPD 模式的生产过程中尤其强调精益建造（Lean Construction）。精益建造是吸收精益生产的理念并加以改进用于建筑业的一种先进的建造方法与管理思想，以减少浪费、持续改进、向顾客增加价值为原则来实现项目完美交付。它以顾客为中心，通过采用全面质量管理（Total Quality

Management，TQM）、拉动式生产（Just in Time，JIT）、并行工程（Concurrent Engineering，CE）、最后计划者系统（Last Planning System，LPS)等关键技术来消除一切浪费，追求完美，以实现顾客价值最大化和浪费最小化。而 BIM 作为一个建设项目物理性能和功能性能的数字表达，不仅仅是一种设计工具，更是一种团队合作的平台。通过这个合作平台的共享知识源，团队成员分享项目相关信息，为项目全生命周期相关决策提供依据，并可支持和反映团队成员各方协同作业。

（3）IPD 模式是一种追求顾客价值最大化的新型项目管理方式，它的实现必须改变传统的建造方式，使用先进的技术工具。精益建造是一种以顾客价值的最大化为目标的建造方式，能满足 IPD 对建造方式的要求，它的相关技术为 IPD 的实现提供了强大支撑。而作为建筑工程领域出现的一项变革性的新技术，BIM 不仅为精益建造关键技术的实施创造条件，更是促成 IPD 实现的关键因素。同时精益建造的实施又为 BIM 的运用提供了一个先进的建造体系，改变了 BIM 运用的社会建造背景。在 IPD 模式下，基于 BIM 实施精益建造体系所带来的价值比单独运用精益建造或 BIM 所带来的价值更大，是双赢智慧的体现。

（4）IPD 模式具有协作程度非常高的流程，该流程覆盖了设计、供应、施工等项目各个阶段。精益建造的目的就是通过改善生产流程，减少项目生命周期各个过程中不增加价值的浪费。而精益建造体系的运用，是以项目各参与方对项目各个阶段数据的掌握为基础。随着项目的深入，相关数据量越来越多，以文本数据为代表的单一数据互享方式已经不能满足现代项目管理的需要。而以解决项目不同阶段、不同参与方、不同应用软件之间信息存取管理和信息交换共享问题为特色的 BIM 技术的出现，解决了 IPD 模式下实施精益建造体系对海量数据要求的难题。

5.2.2 BIM 技术对建设生产过程的影响

国内外的研究均能表明，与其他工业（汽车、航空航天等）相比，建筑业生产效率低下。斯坦福大学的一项研究表明[2]，从 20 世纪 60 年代以来，美国工程建设行业（Architecture Engineering and Construction，AEC)的劳动生产效率呈现下降趋势，而在同一个时间段里面非农业的其他工业行业劳动生产率提高了一倍以上。技术手段的投入不足和项目实施方法的天生缺陷是其中最主要的两个原因。

根据 IDC 的分析研究报告 *Worldwide IT Spending by Vertical Market 2002 Forecast and Analysis* 2001—2006，全球制造业和建筑业的规模相差无几，大约为 3 万亿美元，但是两者在信息技术方面的投入差异很大，建筑业用于建设工程生命周期管理（Building Lifecycle Management，BLM)的 14 亿美元只有制造业用于产品生命周期管理（Product Lifecycle Management，PLM)

81 亿美元的 17％左右(图 5-1)。[3]

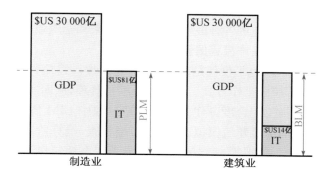

图 5-1　IDC 关于制造业和建筑业在规模与信息
技术方面投入的比较分析研究

技术投入不足的结果就是依然使用抽象的、不完整的、不关联的、缺失信息的 2D 图纸(包括 2D 图形电子文件)作为工程建设项目承载和传递信息的最主要手段,而在飞机、汽车、电子消费品等制造业领域的 3D 技术、数字样机以及 PLM 的应用已经相当普及。工程建设行业应对这方面挑战的技术手段就是 BIM。

1) BIM 对建筑业生产方式的影响

BIM 应用对建筑业的生产方式产生很大的影响,以下分别介绍。

参数化建模(parametric modeling)跟传统设计有非常大的区别,它等于是参数化设计。以前 2D 的 CAD 用线条、圆弧来进行设计,而现在应用 BIM 是基于构件的各种参数来进行设计,设计的数据都存入了 BIM 数据库。BIM 模型不是简单地把东西放在一起,而是把它们都弄成一个相互关联的整体。通过 BIM 把整个建设工作变成一个整体。

非现场建造(offsite construction),这也是 BIM 技术的主要特点功能之一。非现场制造量越大,代表工业化程度越高。非现场制造可以节约建设成本,加快施工速度。此外还可以降低安全事故率和减少对环境的污染。很多安全事故和环境污染就是现场制造造成的,统计表明,非现场制造可以使事故率大大降低,环境污染大大减少。

另外还有虚拟建造(virtual building)、数字沟通(digital communication)、或者 4D (3D + construction scheduling)、5D (4D + cost modeling)、nD (performance modeling)等相关技术。4D 就是把我们的进度横道图可视化,即我们相当于一个 3D 加一个横道图,这样我们再看进度的时候不是枯燥的一根根横线,而是动画的工程进度视频。5D 就是将我们现在枯燥的工程量清单进行可视化,即工程量与工程实体进行可视化的、有机的链接,并能够自动计算。所谓 nD,就是对建筑性能进行可视化分析,包括了能耗、消防、交通等建筑性能的可视化分析。有了 4D,5D,nD 技术就可以以可视化方式进行工程项目管理和建筑性能分析,并在此基础上,进一步将实现工程项目管理自动

213

化和建筑性能改进自动化。

BIM 技术代表的是一种新的理念和实践,把现在的信息技术和商业模式结合到一起,减少建筑业的各种浪费,提高建筑效果和建筑业的效率。

2）BIM 对建筑业生产流程的影响

BIM 不仅是软件,也不仅仅是技术,它也是过程。建筑行业中 BIM 技术的应用可以改变传统的工作方式、工作习惯,项目管理,从而实现更高的效率、更低的造价,提高施工配合度。建筑设计建造过程中 BIM 技术的应用,从方案比选、初步设计的绿色建筑模拟、施工的碰撞检查、概算阶段的工程量统计以及竣工阶段的施工模拟等多个方面,可以显著提高建筑设计全周期的工作效率。

目前流行的建设模式,包括平行发包(Multi-Prime)、设计—投标—施工(Design-Bid-Build)、设计—施工或交钥匙(Design-Build)和承担风险(Construction Management at Risk)等模式,都有一个天生的缺陷:项目各参与方均以合同规定的自身的责权利作为努力目标,而忽视整体项目的总体目标,即参与方的目标和项目总体的目标不一致。经常出现这样的情况,项目的目标没有完成(例如造价超出预算),但某个参与方的目标却圆满完成(例如施工方实现盈利)。

而 BIM 模型中有一个 3D 的工程项目数据库,它集成了构件的几何、物理、性能、空间关系、专业规则等一系列信息,可以协助项目参与方从项目概念设计阶段开始就在 BIM 模型支持下进行项目的造型、分析、模拟等各类工作,提高决策的科学性。首先,这样的 BIM 模型必须在主要参与方(业主、设计、施工、供应商等)一起参与的情况下才能建立起来,而传统的项目实施模式由于设计、施工等参与方的分阶段介入很难实现这个目标,其结果就是设计阶段的 BIM 模型仅仅包括了设计方的知识和经验,很多施工问题还得留到工地现场才能解决;其次,各个参与方对 BIM 模型的使用广度和深度必须有一个统一的规则才能避免错误使用和重复劳动等问题。

假想一个从项目一开始就建立的由项目主要利益相关方参与的一体化项目团队,这个团队对项目的目标整体成功负责。这样的一个团队至少包括业主、设计总包和施工总包三方,跟传统的接力棒形式的项目管理模式比较起来,团队变大变复杂了,在任何时候都更需要利用 BIM 技术来支持项目的表达、沟通、讨论、决策。这就是 IPD 模式的概念。

3）BIM 对建筑业组织的影响

IPD 模式可以大幅提高建筑生产过程的效率,英国国家商业办公室(The Office of Government Commerce,OGC)的研究表明:采用 IPD 模式的项目团队通过在多个项目上不断磨合可以持续提高项目的建设水平,磨合后的项目团队可以将目前的建设成本减少 30%,即使只在一个项目上应用 IPD,也可以减少 2%~10% 的成本。除了上述优势之外,IPD 模式还可以让主要的项目参与方从中受益[4]。

在 IPD 的方法下,业主可以在项目的早期了解到更多的项目知识,这不仅有利于业主和各个项目参与方的交流,而且有利于业主做出正确的决策来实现自己的目标。IPD 的方法也有助于其他项目参与方更好地理解业主的需求,帮助业主实现项目的目标。

IPD 的方法可以让承包商在设计阶段就参与当中,这样不仅可以提高他们对设计方案的理解水平,更好地安排施工计划,及时发现设计过程中存在的问题并着手解决,合理安排施工顺序,控制施工成本,总之,承包商的早期参与有助于更好地完成项目。

IPD 的方法可以使设计方从承包商的早期参与中受益,例如及早发现设计方案中存在的问题,帮助设计人员更好地理解设计方案对施工的影响,IPD 的方法可以让设计人员把更多的时间投入到前期的方案设计上,施工图出图的时间可以大量减少,提高对项目成本的控制能力。所有的这些都有助于项目目标的实现。

IPD 的方法需要项目各参与方之间能精诚合作,这就需要各方之间能相互信任。基于组织间相互信任而建立的合作关系会引导项目各参与方共同努力来实现项目目标,而不是以各自的目标作为努力的方向。相反,如果各方之间失去了相互信任,IPD 实现的基础将不复存在,各方依然会回到对抗与各自为政的老路。IPD 的方法可以实现比传统建设方法更好的效果,但这种效果不会自动产生,它需要各方都能按照 IPD 方法的原则各司其职,协同工作。

由项目各参与方组成以追求项目成功为最终目标的集成化项目团队是应用 IPD 方法的关键。在 IPD 的方法下,一旦出现矛盾或问题,各方首先考虑的将会是如何携手解决问题,而不是单纯考虑如何保护各方自己的利益。在传统的建筑业中,面对矛盾和问题自我保护已经成为各参与方的一种本能反应,它已经成为传统建设项目文化的一部分,要想改变它首先需要在项目文化上有所突破。在选择项目团队成员时,不仅需要考虑他们完成任务的能力,还需要考虑他们是否愿意采用新的方法进行协作,这两点对 IPD 项目的成功实施都至关重要。

5.3　基于 BIM 的 IPD 模式组织设计

组织论是项目管理的母学科。在国际上,对一个工程系统存在的问题往往从四个方面进行分析和诊断:组织、管理、经济和技术,而组织是其中最重要的。组织不但反映了系统结构及其运行机制,还融合着系统的管理思想,它既是系统运行的支撑条件,也是目标实现的决定性因素,任何系统目标的实现都离不开有效的组织保障。IPD 模式下的 BIM 应用和实施需要确定项目 BIM 实施目标、确定项目参与各方的任务分工及流程。只有在理顺组织的前提下,才有可能有序高效地进行 BIM 实施管理。基于 BIM 的 IPD 模式组织设计对 BIM 应用目标及项目目标的实现具有重要影响。

5.3.1　概述

1) 基于 BIM 的 IPD 模式组织概念

组织的含义比较宽泛,常用的组织一词一般有两个意义:动态意义为组织工作,表示对一个过程的组织,对工作的筹划、安排、协调、控制和检查,如组织一次活动;静态意义为结构性组织,指人们(单位、部门)按照一定的目的、任务和形式编制起来的集体或团体,具有一定的职务结构或职位结构,如项目组织。建设项目组织不同于一般的企业组织、社团组织和军队组织。

在建设项目的全生命周期(包括决策阶段、实施阶段及运营阶段)中,围绕建设活动形成的组织系统不仅包括建设单位本身的组织系统,还包括参与单位共同或分别建立的针对特定工程项目的组织系统,主要包括开发方、运营方、业主方项目管理、设计总包单位、设计分包单位、总承包商、分包商、材料供应商、设备供应商、技术咨询单位、法律咨询单位及政府有关的建设监督管理部门等。工程项目组织是建设活动开展的载体,是有意识地对建设活动进行协调的体系。基于 BIM 的工程项目 IPD 活动的项目组织范畴与传统建设模式下的项目组织范畴并无不同。为阐述方便,在不违背组织范畴划分依据的前提下,将上述复杂的组织关系简化成业主方(包括开发方、运营方、业主项目管理、业主聘请的其他专业咨询单位)、设计方(包括了设计总负责单位、专业设计单位)、施工方(包括了总承包商、分包商)及供货方(包括了材料供应商、设备供应商、预制构件供应商等),如图 5-2 所示。他们是构成基于 BIM 的工程项目 IPD 模式的基本组织单元。基于 BIM 的 IPD 模式组织设计需要重点分析与梳理项目各主要参与方之间的跨组织关系。

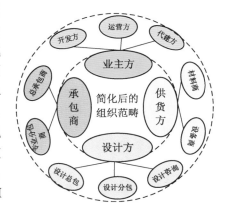

图 5-2　基于 BIM 的 IPD 模式的组织范畴

2) 基于 BIM 的 IPD 模式组织设计目标

作为一种新的建设项目生产组织模式,基于 BIM 的 IPD 模式强调下游组织的前期参与和投入,考虑下游组织对项目设计活动的影响,提倡组织间活动的并行交叉,鼓励组织间的协同工作和信息共享,这些都对传统的项目组织模式提出了很大挑战。为了使基于 BIM 的 IPD 模式可以顺利实施,须对传统建设模式的组织模式进行重新设计,从组织的角度采取措施确保项目的顺利实施。基于 BIM 的 IPD 模式的组织设计目标包括以下几点。

（1）有利于系统目标的实现

组织是系统良好运行的支撑条件,组织理论认为系统目标决定了系统的组织,组织是系统目标能否实现的决定性因素,组织反映了系统的结构,而系统的结构影响系统行为。因此,基于 BIM 的 IPD 模式的组织设计目标是促进各项目组织的努力与系统目标协调一致,从组织结构上保证参与各方围绕共同目标工作,从组织分工上强化参与各方的相互关联性,使系统的目标高效率地实现。在构造基于 BIM 的 IPD 模式的组织时,目标至上原则是进行组织设计的最高原则。

（2）有利于组织系统功能的发挥

项目组织本身就是由不同项目参与方组成系统,因而具有系统的整体性特征。参与项目建设的组织分属不同的专业和利益归属,他们既存在竞争关系,也存在合作关系,因而组织设计的目标就是要促进组织间的合作,减少组织间的内耗,共同为项目目标的实现而努力。

（3）具有充分的弹性和柔性

项目组织的弹性表现为组织的相对稳定性和对内外条件变化的适应性,柔性表现为组织的可塑性。组织权变理论认为每个组织的内在要素和外在环境条件都各不相同,组织需要根据所处的内外环境发展变化而随机应变,具有快速响应外部环境变化和进行内部调整的能力。基于 BIM 的 IPD 模式的组织应该具备开放、动态、柔性特征,既能够适应外部环境的变化,又具有一定的稳定性。

（4）有利于形成协同化的组织环境

BIM 作为一种新的生产工具,由于内在的建筑全息模型,应用环境与传统的 2D 生产工具有着很大的区别,其功能的充分发挥需要通过不同项目组织、不同专业的协同工作来实现,因而新的组织模式应该为协同化环境的形成创造有利条件,使其可以更好地为项目服务。

3）基于 BIM 的 IPD 模式组织设计步骤

科学地进行组织设计需根据组织的内在规律有步骤地进行。根据组织论的基本原理,要建立一个有效组织系统,必须首先明确该系统的目标,有了明确的目标才能分析系统的任务,有了明确的任务才可以考虑组织结构,分析和确定组织中各部门的任务与职能范围,确定组织分工,这是一个系统组织设计的基本程序。组织设计将遵循上述原理,首先根据基于 BIM 的 IPD 模式的特点提出组织设计目标,在详细分析了传统组织结构和组织分工体系对基于 BIM 的 IPD 模式实施的制约路径后,提出基于 BIM 的 IPD 模式组织结构和组织分工设计原则,并以此为根据构建基于 BIM 的 IPD 模式的组织结构和组织分工模型。组织设计并非一蹴而就,它需要在实践中不断改进,以新的认识和结论进行反复迭代,在运用过程中不断改进和完善。基于 BIM 的 IPD 模式的组织设计步骤如图 5-3 所示。

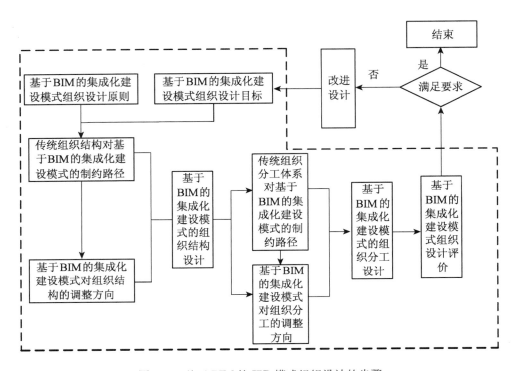

图 5-3　基于 BIM 的 IPD 模式组织设计的步骤

5.3.2　基于 BIM 的 IPD 模式组织结构

1) 传统组织结构对基于 BIM 的 IPD 模式的制约

管理大师彼得·德鲁克认为,组织结构是一种实现组织目标和绩效的方式。错误的组织结构将严重影响组织的运作,甚至可能使其陷于瘫痪[5]。传统项目割裂式的组织结构对基于 BIM 的 IPD 模式具有很大的制约。传统的工程项目组织是建立在分工协作基础上的"金字塔"式层级组织,其结构具有多层级、界面复杂的特点(图 5-4),其项目组织结构是与传统的工程建设环境相适应的。而在基于 BIM 的 IPD 模式下,随着建设环境的改变,传统的组织结构已不再适用,具体表现在以下三个方面:

(1) 不利于组织间的信息沟通

作为一种面向全局的综合性生产方法,IPD 的有效实施需要对信息进

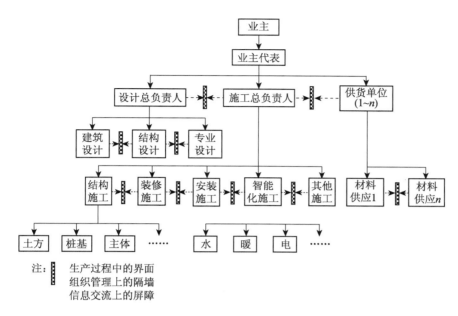

图 5-4 传统建设模式下的组织结构

行高效地收集、处理、传输。基于 BIM 的 IPD 模式能否成功实施很大程度上取决于各项目参与方的合作水平，而组织间的协同工作需要以可靠和及时的信息沟通为基础。在基于 BIM 的 IPD 模式下，项目组织间沟通频率要远高于传统建设模式，如图 5-5 所示。因而需要有良好的沟通途径作保障。在传统的项目组织结构下，各项目参与方之间的信息沟通方式

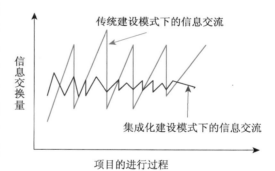

图 5-5 基于 BIM 的 IPD 模式下的信息沟通特点[6]

是建立在严格的层级制基础上的，这种信息沟通方式的特点是重在纵向命令，缺乏横向沟通。一方面，纵向多层次的信息传递方式使自下而上的信息流由于受传统等级领导制度的压制而变得被动和衰减；另一方面，各项目参与方之间缺乏横向沟通使各参与方之间的信息交流形成一堵无形的信息沟通隔墙，导致设计单位与施工单位的组织分割。上述信息沟通障碍不但加剧了建设生产过程的分离，也造成工程建设过程中的信息孤岛现象及孤立生产状态，严重破坏了组织的有效性，极大降低了组织工作效率，其后果必然是导致工程建设成本增加、工期拖延、质量下降，甚至会造成整个工程建设的失败。

（2）不利于组织间建立平等与信任的工作关系

IPD 模式的核心理念是协同合作，要求在项目生命周期内，项目各参与方紧密协作共同完成项目目标并使项目收益最大化。而高效的合作和充分的信息共享是建立在平等、信任基础上。在传统的层级式组织内，权力意味着对组织内关键资源的支配能力，对权力的追逐和向往使传统项目组织变得等级森严、官僚和低效，组织内普遍存在的不平等现象迫使很多参与方只能是被动地执行命令。这种组织内的不平等现象和缺乏协商的独断作风在我国工程项目建设中表现得尤为突出，业主大权独揽，独断式地随意决策，设计与施工等实施方只是被动地执行决策。这种工作方式极大地挫伤了直接从事工程建设生产活动的设计、施工及供货各方的生产积极性和工作热情。平等是信任的基础，只有参与各方能平等协商，相互之间才可能建立信任工作关系。不平等的地位造成利益上的矛盾，利益上的矛盾在工作过程中就会演变成不信任。项目各参与方之间缺乏信任使各方在工作之中各自为政，甚至人为地制造障碍，封锁信息，业主一味压低造价，施工方为了赢利而不惜偷工减料，弄虚作假，这对工程建设的恶劣影响是不言而喻的，各参与方之间缺乏信任不仅会削弱组织的战斗力，而且使大量的资源都损耗在组织界面上，而不是用于目标的实现。

（3）不利于灵活地应对工程建设过程中的变化和风险

工程项目建设活动的最大特点是实施环境的复杂多变，建设过程中会有很多不可预见的风险因素需要及时处理，正如同济大学丁士昭[7]教授所指出工程项目管理依据的哲学思想就是：变化是绝对的，而不变是相对的。要有效应对建设过程中的变化，就必须建立灵活的组织结构，可以快速对环境做出反应。但传统的组织结构往往会因为层级过多而错失解决问题的最佳时机，在建设过程中，一个指令往往要经过业主、代建方、总承包、分包商、工作班组等多个层次才能最终下达到直接从事生产操作的一线工人那里，如果再考虑每个层次内部层级的组织结构，多层管理的复杂局面是不难想象的，这种多层级的信息传递方式不仅会因信息传递时间过长导致组织错失解决问题的最佳时机，而且也容易导致信息的短缺、扭曲、失真、甚至是错误。

2）基于 BIM 的 IPD 模式组织结构设计原则

（1）目标统一及责权利平衡原则

基于 BIM 的 IPD 模式的有效运行，需要各参与方有明确统一的目标。由于项目参与方隶属于不同的单位，具有不同的利益，项目运行的障碍较大，为了使项目顺利实施，达到项目的总目标，需要：

① 项目参与方应就总目标达成一致；

② 项目设计、合同、计划及组织管理规范等文件中贯彻总目标；

③ 项目实施全过程中考虑项目参与各方的利益，使项目各参与方满意。

（2）无层级原则

基于 BIM 的 IPD 模式在组织结构上要遵循无层级、扁平化的原则。组织可以看成关系的模式，组织的基础是信息沟通。John Taylor Eric 等认为传统层级式组织是由传统的信息管理观念决定的，传统的分工协作理论及面向管理职能的组织设计原则与传统的信息处理及传递手段有重要的直接关系[8]。由于传统的信息处理和传递工具落后，传递速度慢、效率低，为了实现对复杂生产过程的监督和控制，只能把复杂的工作过程分解为相对简单的工作任务或活动，并针对工作任务或活动实施监督和控制，并相应地设置了层层的职能管理部门进行信息的"上传下达"，可以说，传统的信息沟通方式产生了传统的层级式组织。基于 BIM 的 IPD 模式将彻底改变传统的信息传递方式，借助于 BIM 和现代网络通讯工具，各项目参与方可以实现自由沟通，传统组织结构的层级设置将不再必要，取而代之的是无层级的网络组织，如图 5-6 所示，组织无层级的深层含义是否定传统组织的信息观。

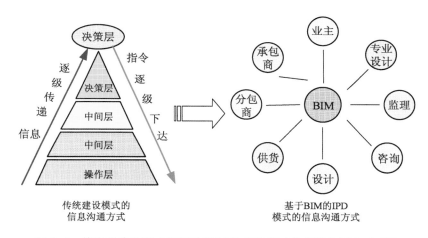

图 5-6 传统的建设模式与基于 BIM 的 IPD 模式的信息沟通方式对比

（3）强化关联原则

参与工程建设的项目各参与方都是相互独立的组织系统，各方都有自己的利益归属和运行体系。但是为了完成项目目标，项目各参与方必须将自己的组织目标融入到项目目标当中，成为项目组织系统的一员。组织结构设计的目标是通过对组织资源的整合和优化，使之融合成统一的整体，实现组织资源价值最大化和组织绩效最大化。传统的建设模式割裂了设计与施工活动的固有联系，也造成了项目组织的分离。基于 BIM 的 IPD 模式不仅要在生产过程中恢复设计与施工的联系，而且也要从组织上强化设计与施工的联系。要实现这一目标，不同项目组织间就必须强化关联，以整体的方式对待项目建设过程中的问题，项目各参与方在建设过程中既需清楚自己的职责所在，也需了解自己的工作对其他组织的影响。增强组织的关联性需综合运用多种手段：在组织结构上，打破传统的层级组织模式，建立扁平化的网络组织；在组织分工上，打破传统组织边界，建立新的组织的分工体系；在工作关系上，打破原有工作组的办公形式，建立多功能的交叉职能团队；在契约设计上，打破传统的收益与风险分配格局，建立"共赢共输"的契约体系。

（4）面向多参与方跨专业协作的工作原则

传统的工程项目组织分工强调各部门完成各自的分工任务，而非共同完成一项整合的工作，体现在组织结构上就表现为组织与组织之间，尤其是具体的工作组之间缺乏合作。而基于 BIM 的 IPD 模式强调组织间的协同工作和相互支持，形成了前后衔接、相互支援的组织系统，这就需要在不同的组织和专业之间构造具有交叉功能的项目团队。例如，在设计阶段，为了实现优化设计、降低成本的目标，要求项目各参与方前期介入成立由设计、施工、供货等不同项目参与方构成的多功能项目团队，将参与方的经验和知识联合运用到工程项目中，这样不仅可减少项目过程中错误的发生，而且可以提高项目的效率。项目团队可以理解为若干处理共同项目任务的人员组合，项目团队内没有传统的上下级秩序、指令关系和层级的沟通渠道，而是强调团队成员间信息的直接沟通、平等协作，这与传统工作组式的建设生产单元有很大区别，详见表 5-1。

表 5-1　　　　　　　　　　工作组与项目团队的区别

内容	工 作 组	交叉功能团队
领导	其结构一般预先确定并具备层级性；其方式是由专门的领导人员进行决策，然后将具体任务分配给各个成员	领导角色通常轮换，每一个成员都可以按照其相应的技能来承担确定的领导任务；对具体的任务共同讨论、决策和开展
责任	内部由个人负责，对外部则由领导人员负责	个人和相互之间的责任，对于外部由整个团队进行负责
目标	目标从外部予以确定，其实现过程由领导人员进行控制	由团队确定其自身的目标系统，所有成员在其中相互协调
工作成果	个人的工作成果	共同的工作成果
协调会议	基本上是由领导人员主持的面向沟通的会议，其参与人员是被动的	没有约束的积极讨论，面向问题解决的会议
效率衡量	工作的效率由其他的工作组或通过确定的业绩指标予以衡量	团队的工作业绩取决于目标实现程度和最终结果的质量

3）基于 BIM 的 IPD 模式组织结构模型

基于上述组织设计流程及原则的分析，构造了基于 BIM 的 IPD 模式组织结构模型，如图 5-7 所示。其有以下四个特征。

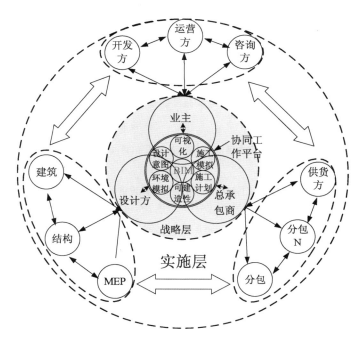

图 5-7　基于 BIM 的 IPD 模式的组织结构模型

（1）在模型运用划分上，该模型包括两个方面。第一方面是战略层，第二方面是实施层。

战略层的成员主要是项目的核心参与方（Primary Participant），核心参与方是指对工程项目建设具有关键性作用、需要对整个项目进行全局性决策控制或进行整体协调管理的参与方，主要由业主方、设计总包方、施工总包方构成，但可根据工程项目的具体情况增加其他关键的设计分包商和施工分包商。

实施层的成员主要是支持性参与方（Supporting Participant），支持性参与方是指围绕核心参与方并接受核心参与方协调管理的、阶段性地参与工程项目局部建设的参与方[4]。核心参与方与支持性参与方的主要区别就在于他们在项目中的地位和稳定性不同，但他们之间并没有绝对的界限。例如，在一个结构简单的住宅项目上，结构工程师可能并不是项目的核心参与方，但是在一个结构复杂的体育馆项目上（如北京的国家游泳馆"水立方"），结构工程师的地位将非常重要，并需要一直参与项目，直到竣工，在这种情况下，他就会成为项目的核心参与方。

在项目的建设周期内，支持性参与方在不同的阶段可以发生变化，但核心参与方比较稳定，流动性很小，这样可以使项目结构既保持较高的稳定性，又具有一定的柔性。

（2）在任务分工上，战略层与实施层有很大区别。战略层主要由业主、设计总包单位和施工总包单位等智力密集型参与方构成，承担工程项目中高层管理和决策工作。支持性参与方通常由施工分包商、专业设计方、咨询方、材料与设备供应商等技术密集型和劳动密集型参与方构成,承担工程项目的具体实施工作。具体地说,战略层的主要工作包括了规划、评价、协调,实施层的主要工作是计划、实施、检查和协调,具体的任务描述如表 5-2 所示。

表 5-2　　　　　　　　战略层与实施层的任务分工

组织层次	任务	任务描述
战略层	规划	规划是确定项目目标,明确工作任务,协商制定项目各组织共同遵循的工程项目建设运行轨道
	评价	评价是对项目目标实际完成情况的评估,并根据评估结果对实施者提出指导性建议,改进组织的建设环境
	协调	协调是把不同的组织及人的活动联系到一起的过程,对组织之间的界面进行管理,处理组织间的争议
实施层	计划	实施层的计划是对战略层规划方案的细化,并根据工程进展不断修改调整
	实施	实施是指各项目参与方按照既定的工作计划完成建设过程中的任务
	检查	检查即查看现场,掌握目标完成的情况,以便及时发现问题,采取纠正措施
	协调	协调主要指协调各组织成员之间的工作关系,构造组织内信任与合作的工作环境

（3）在工作方式上,基于 BIM 的 IPD 模式将不再以 2D、抽象、分隔的图纸作为组织间协作的媒介,取而代之的是 3D、具象、关联的 BIM 模型。

建设项目的协同是跨组织边界、跨地域、跨语言的一种行为,除了需要建立支持这种工作方式的网络平台外,BIM 模型由于整合了项目的空间关系、地理信息、材料数量及构件属性等几何、物理和功能信息,使项目各参与方都可以 BIM 作为协同工作的基础,高效完成与自己责任相关的各项工作。

BIM 作为组织间协同工作的基础有两层含义,首先,BIM 为各项目参与方的协同工作提供统一的数据源（Information Repository）,提高了建筑产品信息的复用性。BIM 作为共享的数据源旨在提高数据的复用性,减少数据冗余和信息转换过程中的错误和失真,这也是应用 BIM 技术最大的优势之一。上游参与方完成的模型可以直接为下游组织所利用,BIM 模型作为信息源的流转过程如图 5-8 所示。这里需要注意的是,作为信息源的模型不必是最终版本,也可以是工作过程中的模型。其次,BIM 技术为项目各参与方提供了协同工作平台。例如,在设计方与业主沟通时,BIM 的可视化功能可以增强业主对设计方案的理解,减少后期变更的概率;在业主与施工单位沟通时,4D 模拟功能则可帮助业主更好地了解施工计划,提高施工计划的认同度;而在设计方与施工方的合作层面上,BIM 的冲突检查功能可以发现设计方案的不合理之处,提高设计方案的可建造性。BIM 模型取代图纸成为项目组织间协同工作基础的意义并不是仅仅意味着生产工具的升级,其深层次的含义在于它使传统的基于 2D 图形媒介的孤立工作方式转变为基于统一产品信息源和虚拟建设方法的协同工作方式[4]。

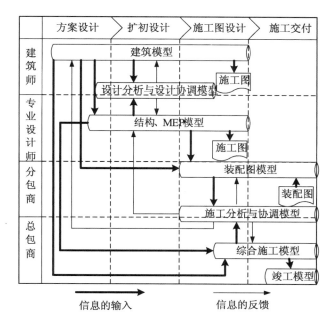

图 5-8　不同组织间共享模型信息的过程

（4）在沟通方式上，传统组织的管理职能是基于命令和控制的，而在基于 BIM 的 IPD 模式的组织中，透明的工作环境使传统组织中的层层监督、严格检查的体系失去存在的价值，基于 BIM 的 IPD 模式中的控制是通过对目标的不断评价和对现场工作的指导而间接完成的，是通过营造相互信任、互相学习的组织环境和促进工作效率提高而实现的。因此，在基于 BIM 的 IPD 模式下，传统组织结构中的单箭头直接命令，变为双箭头的相互联系，传统的指令关系转变为先后关联的工作关系。

5.3.3　基于 BIM 的 IPD 模式组织分工

1）传统组织分工体系对基于 BIM 的 IPD 模式的制约

传统的工程项目建设思想是建立在亚当·斯密的分工与合作理论之上，把整个建设过程看作是许多单个活动或任务的总和。在这种思想的指引下，为了能更好地实现项目目标，项目中的工作会被分解为众多可供管理的项目单元，并将这些项目单元预先安排给确定学科工种的项目组织，从而建立明确的工作归属和职责分工体系。工程项目建设活动中最常用的分解工具是 WBS（Work Breakdown Structure，工作分解结构）和 OBS（Organization Breakdown Structure，组织分解结构）。在工程建设活动开展之前，项目工作人员将项目任务按产品和活动进行分解，分解得到的产品分解结构和活动分解结构将作为任务分配、责任界定及进度安排的基础;在将工作任务分解之后,再将项目组织按专业分解成 OBS,建立 WBS-OBS 矩阵,如图 5-9 所示,确立组织的任务分工。WBS-OBS 矩阵的建立对于控制项目生产过程,明确各参与方的任务有着重要的作用,但也无形之中形成了系统之间的工作界面和组织界面。这些界面的存在对基于 BIM 的 IPD 模式的应用具有一定的制约作用。此外,传统的组织分工体系并未考虑 BIM 技术应用带来的岗位和职责变化。

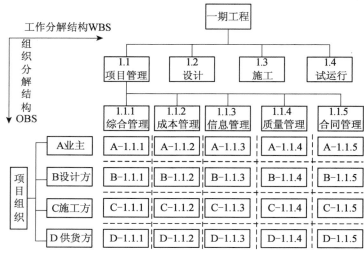

责任编码说明:A-1.1.2:业主方成本管理职责

图 5-9　WBS-OBS 责任矩阵示意图

传统工程项目组织分工体系对基于 BIM 的 IPD 模式的制约因素主要有以下几点。

(1) 传统组织分工体系不利于项目组织间的协同工作

建筑产品的生产涉及多专业、多组织的合作,传统的分工协作理论及面向职能的组织设计原理逐渐使工程项目建设形成了多元化生产的组织格局。每个项目组织成员来自不同的单位,有自己的目标和利益归属,各部门只负责自己职责范围内的工作,对整个组织的目标考虑较少。从大的项目组织到具体的工作班组,甚至是每一个人都只顾完成自己份内的工作,对与自己工作相关的其他组织的工作考虑较少,组织与组织之间缺乏充分的信息交流。但实际上,建设项目是由许多互相联系、互相依赖、互相影响的活动组成的行为系统,具有系统的相关性与整体性特点,系统的功能通常是通过各项目单元之间的相互作用、相互联系和相互影响来实现的。项目的分解固然可以帮助项目组织更好地控制项目建设活动,但项目的整体性特点也要求不同的组织加强联系,分析项目单元之间的界面联系,将项目还原成一个整体。

（2）传统的组织分工体系容易造成责任盲区

在项目实施过程中，很多工作虽然可以分解成较为独立的工作单元，但各工作单元之间存在着复杂的关联，即各独立工作单元之间还存在着复合工作面，如图 5-10 所示。工作 A 虽然分解为工作 B 和工作 C，但工作 B 和工作 C 之间还存在着需 B 和 C 工作组织合作完成的 B+C 界面。界面（Interface）本义指两个以上物体之间的接触面，在这里可理解为不同工作单元间合作、连接及整合的介质。随着项目复杂性和专业化分工的加剧，项目建设过程中的工作界面也在急剧增加，界面工作往往是管理上的盲点、难点，研究表明，建设过程中大量的矛盾、争执和损失都发生在界面上。如果不能正确地识别界面的存在，就可能引发系统功能实效、组织加剧分离和过程控制失灵等问题，并直接导致返工、时间浪费和成本增加。建筑生产过程中的界面管理不善问

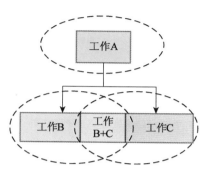

图 5-10 项目工作界面

题，不但造成工作上的等待、重复、延误及返工等现象，而且还是产生若干质量疑难杂症的重要原因。如最常见的工程质量顽症——卫生间渗漏问题，就是由于水暖专业与土建专业及防水材料专业的施工班组之间界面管理不善造成的，为了不产生渗漏问题，需要多个专业班组的精心配合，只要其中的一道工序处理不好，就可能成为渗漏的隐患。对于需要多专业协作配合的界面性工作，传统的管理办法一般是开协调会，但协调会内容往往很难及时、全面地传达到直接从事施工的工作班组那里，再者，即使同在一个交叉界面工作的各个施工班组清楚问题的症结，也往往因为隶属于不同的单位，执行着代表不同利益的工作计划，而难以实现步调一致的合作。

（3）传统的组织分工体系没有考虑 BIM 应用引起的岗位职责变化

传统的组织分工体系是针对图形文件的，没有考虑 BIM 应用引起的新的岗位职责需求。在基于 BIM 的 IPD 生产环境下，BIM 成为项目各参与方协同工作的基础和平台，借助于信息网络，BIM 模型可在任何时间、任何地点被授权人访问或更新，模型的更新和访问频率要比传统信息媒介频繁得多，在这种环境下，保证模型信息交流、共享过程的可靠性、安全性、实时性对 BIM 的应用至关重要，这不仅需要在技术上的保障，也需要组织管理方面的保障，建立针对 BIM 应用的职责分工与职能分工体系，对模型的信息交换和共享过程进行管理。目前，很多应用 BIM 的工程项目都设置了专门从事模型管理工作的工程师，这种工程师被称为 BIM 经理（BIM Manager）。除了 BIM 经理外，项目还需要 BIM 建模员（BIM Operator）来构建 BIM 模型和从事与 BIM 相关的分析工作，也需要模型协调人（BIM Facilitator）来指导 BIM 的应用。表5-3 详细描述了这三种工作的岗位职责及对从业人员的要求。

表 5-3   与 BIM 相关岗位的职责描述

职务	岗 位 职 责	对从业人员的要求
BIM 经理	① 维护并保证模型系统的安全。BIM 经理需要定期对模型中的数据进行备份和监测,如果发现系统漏洞,应立刻对系统进行修补,并对系统的故障进行记录和汇报 ② 管理用户对模型的访问。BIM 经理要负责创建、删除、更新、维护用户的账户,并负责对参与方的访问权限进行及时更新、删除或分配 ③ 对模型的不同版本进行管理。基于 BIM 的设计过程比传统的设计过程更加开放,BIM 经理需要对不同版本的模型进行管理,保证模型的实时性	BIM 经理需要担负和主导建设生产过程 BIM 的应用任务,BIM 经理需要清楚了解建模过程中可能存在的技术问题和过程障碍,制订出具有可操作性的执行计划;掌握项目的基本情况和任务安排,统筹考虑各方的需求和 BIM 的应用经验,为各方提供有针对性的服务。BIM 经理的职务有点类似于传统的项目经理的职位,但内容既包括了对项目的管理,也包括了对 BIM 的管理。一般来说,BIM 经理并不负责具体的建模工作,也不对模型中信息的正确与否进行检查
模型协调人	模型协调人是 BIM 早期应用所需设置的工作岗位,是一种过渡时期的岗位,他的存在主要是为了解决项目组织早期应用 BIM 经验的缺乏。他的主要任务是帮助那些不熟悉 BIM 应用的项目组织使用 BIM,为工作人员提供与 BIM 相关的服务。例如,为项目工作人员编写 BIM 使用指南,帮助现场工作人员学习和掌握如何利用 BIM 模型进行工作	模型协调人需要熟悉 BIM 的应用过程,了解如何引导项目组织以最佳方式应用 BIM。例如:引导项目参与方利用 BIM 的可视化功能进行沟通交流、利用冲突检查功能排除施工过程中的障碍,利用 4D 信息模型进行进度安排等。模型协调人主要对软件的应用比较熟悉,而对建模过程不需要有深入的了解
BIM 建模员	BIM 建模员的主要任务是建立和分析 BIM 模型,保证模型信息的准确性和全面性	BIM 建模员主要需要掌握具体的 BIM 建模方法和技术,熟悉不同模型间信息转换的方法

2) 基于 BIM 的 IPD 模式对传统组织分工体系的调整

（1）建立多维的组织分工体系,强化组织间的关联

建设项目是由许多互相联系、互相依赖、互相影响的活动组成的行为系统,具有系统的相关性与整体性特点,系统的功能通常是通过各项目单元之间的相互作用、相互联系和相互影响来实现的。要高效地完成项目,就必须深刻地认识到建设过程所固有的规律,加强项目组织间的合作。传统的组织分工方法强调各部门完成各部门的工作,而非所有参与方共同完成一项整体工作。基于 BIM 的 IPD 模式将建设项目看成是一个复杂的系统,各组织间的业务并不存在绝对的界限,而是相互影响,交织成网络。各方以合作为基础去解决建设过程存在的问题,各方的业务范围将突破传统建设模式下的界限,主要表现在打破了传统组织系统中的组织边界,重新设计工作与组织架构,形成了前后衔接、相互支援的组织系统,很多工作任务已不是传统意义上的"非此即彼"关系,而是"亦此亦彼"的中间状态。从宏观层面上讲,施工方作为下游参与方的整体前端介入和交叉职能团队的建立将使下游的参与方不再仅仅局限于施工阶段的工作,他们将与业主、设计方共同确定项目的建设目标,探讨设计方案的可见建造性,而设计方和业主也将对下游项目参与方的工作提供建

议,如共同分析施工计划、确定材料采购的时间等。从微观层面上讲,各工作团队之间也将相互支持,例如,水、暖、电、设备安装人员在工作过程中会积极和上游的土建施工人员保持联系,紧密合作,同时也会考虑下游的装饰人员的工作安排,为之创造便利的工作条件,形成相互之间彼此依靠的合作关系。当然,工作职责的交叉一方面会有利于合作创新,但另一方面也容易导致责任界限模糊不清。因此,基于 BIM 的 IPD 模式的组织分工体系除了强调组织的协同工作,也强调要明确组织的工作范围及责任界限,相互协作并不意味着责任模糊。

(2) 增加与 BIM 相关的工作岗位和职责分配

以下将分别分析说明 BIM 经理、BIM 建模员和模型协调人这些工作岗位的组织安排。

① BIM 经理。从理论上讲,BIM 经理的任务既可以由项目组织的内部成员来担任,也可以外包给项目组织之外的第三方来担任,只要他具备 BIM 经理的基本业务素质并为各项目参与方所认可。现有的成功应用 BIM 的案例中,模型管理工作既有通过外包形式来实现的,也有通过项目组织内部人员的管理来实现的,在 Chuck Eastman 教授等编著的 *BIM Handbook*[2] 中提供了相当多的相关案列。在基于 BIM 的 IPD 模式下,BIM 经理的工作一般应由组织内的成员来担任,这一方面是因为 BIM 经理的工作对整个项目十分重要,模型中涉及大量与项目相关的核心数据,交给项目组织之外的第三方来管理本身存在一定的安全风险;另一方面,BIM 经理的任务不仅仅是在技术层面从事管理工作,而且也需要和应用模型的项目参与方进行大量的沟通和协调,这就需要 BIM 经理有很强的组织协调能力,而外包的工作人员短期内难以对项目有全面的了解,而且第三方组织的加入也会使项目组织关系更加复杂。

② BIM 建模员。BIM 建模员是模型的具体操作人员,如果 BIM 的应用是从设计阶段开始的,那么相应的模型构建任务可由设计人员或承包商中负责装配图设计的工程师来担任。如果项目是从施工阶段开始应用 BIM,那么业主要么聘请第三方建模人员、要么由承包商自己来完成 2D 图纸的转化任务。在可能的条件下,项目参与方最好能自己动手建立 BIM 模型,因为利用 BIM 的目的并不仅仅是为了得到 BIM 模型,而且还包括在建模过程中提高项目团队对项目的理解水平,只有项目团队的成员自己动手建模,才能更好地理解项目,换言之,采用外包形式建立模型的项目参与方对项目的理解深度与自己建模的组织会存有很大差异。项目各成员方合作建模的过程不但会增强组织对项目的理解深度,还会提高组织成员间的合作水平,加深成员之间的信任程度。

③ 模型协调人。模型协调人是 BIM 早期应用所需要设置的工作岗位,是一种过渡时期的岗位,他的存在主要是为了解决项目组织早期应用 BIM 经验缺乏的问题,因而模型协调人一定要由有 BIM 应用经验的人来担任。根据现有的项目应用经验来看,项目组织应用 BIM 通常都是由某一方主导的,主导方通常都是具有 BIM 应用经验,例如,在山景城医院办公楼项目上,模型协调人的职位就是由承包商 DPR 公司来担任的,DPR 公司在此前的多个项目

上都使用过 BIM,深知 BIM 应用对项目的影响,因而在项目建设开始前就力主应用 BIM,并在项目建设过程中对设计方和其他分包商应用 BIM 进行指导,担任 BIM 咨询师的职务。

模型协调人可由项目组织中有 BIM 应用经验的任何一方来担任,在斯坦福大学调研的 32 个 BIM 应用案例中,由业主主导应用的项目有 15 个,由总承包商主导的项目有 9 个,由设计方主导的项目有 8 个[9]。如果项目各参与方都没有 BIM 应用经验,也可由第三方咨询公司来担任模型协调人的工作。

3) 基于 BIM 的 IPD 模式的组织分工设计

BIM 的应用、下游组织的前端介入以及项目交叉职能团队的建立使基于 BIM 的 IPD 模式的组织分工体系与传统的组织分工体系有了很大的区别,而这种差异既体现在组织职责分工的变化上,也体现在组织职能分工的变化上。在组织职责分工上,项目各参与方所承担的职责范围较传统建设模式有很大变化。下游参与方要同业主、设计方共同确定项目的建设目标,要为设计方案的可建造性担负一定的责任,要为上游参与方的工作提供必要的信息咨询,业主和设计单位也会对下游组织的施工计划、采购方案提供建议,这些都是对传统组织任务分工体系的改变。组织的任务分工首先要明确各方的工作范围,然后明确任务的主要负责方(R)、协助负责方(A)及并配合部门(I),协办方将会参与执行任务,但不对任务负责;而配合方则只提供服务(如提供信息),不具体执行任务。组织间的相互协作并不意味着责任模糊,组织职责分工设计必须遵守的原则是每项任务只能有一个主要负责方。在职能分工上,一方面项目组织需要承担传统建设模式下没有的职能,例如,由项目的核心参与方对 BIM 应用计划进行决策;另一方面,传统建设模式下由某一组织单独完成的职能将会由项目交叉职能团队来完成。

在进行组织分工设计前,还需要考虑项目的单件性特征对组织分工的影响。每个项目在项目类型、契约模式、采购内容、生产流程及管理方式上都不同于其他项目,因而,在不违背契约设计和生产过程设计的前提下,本文需对项目的单件性特征做如下约定:

(1) 在契约模式上,假设业主方与 DB 联合体(由一家设计总包单位和施工总包单位组成)签订了委托代理契约,业主只和 DB 联合体发生联系,设计分包单位、施工分包单位及材料供应商的选择和管理由 DB 单位具体负责,业主不会参与决策分包商的甄选工作。

(2) 在项目类型上,假设项目比较复杂,信息开发要求比较高,因此下游的承包商和材料供应商需要尽早进入项目参与项目的前期决策。

(3) 在采购内容上,假设项目采购的种类包括了 ETO(Engineering to Order,面向定单设计)的预制构件,因此预制构件供应商(供货商的一种)需要介入到项目的设计过程,为预制构件的制作进行准备,也需要参与 BIM 应用计划的制订,减少后期 BIM 模型的应用障碍。

（4）在模型管理任务的职责分配上,假设项目设计阶段和施工阶段的模型管理任务分别是由设计方和施工方来承担。

基于 BIM 的 IPD 模式下的组织分工和各方的职能分工十分重要,在工程建设的各个阶段,一般性的基于 BIM 的组织分工如表 5-4 所示。

表 5-4　　　　　　　　基于 BIM 的 IPD 模式的组织分工

序号	阶段	任务		业主方	设计方	施工方	供货方
1.1		建设条件分析	现场建设条件分析	APD	RPE	AP	
1.2			业主需求分析	APD	RPE	AP	
1.3			项目资金安排分析	APDE	RP	A P	
2.1		项目目标定义	可持续性目标	APD	RPE	AP	IP
2.2			功能目标	APD	RPDE	AP	IP
2.3			成本目标	RPDE	APE	APE	IPE
2.4			进度目标	RPDE	APE	APE	APE
2.5			质量目标	RPD	APE	APE	APE
3.1		制订 BIM 应用计划	BIM 软件的选择	AP	RPDEC	APE	APE
3.2			BIM 平台的维护和管理	AP	RPDEC	APE	APE
3.3			互用标准的确定	AP	RPDEC	APE	APE
3.4			明确模型要实现的功能	AP	APDEC	APE	APE
3.5			各阶段模型要达到的详细程度	AP	RPDEC	APE	APE
3.6	设计阶段		信息交换协议的确定	AP	RPDEC	APE	APE
4.1		制订成本计划	确定不同系统的成本范围	RPDEC	APE	AP	IP
4.2			确定价格基准点	RPDC	APE	AP	IP
4.3			确定价值工程的方法	RPDEC	APE	APE	IP
5.1		制订进度计划	总体进度安排	RPDE	APE	APE	APE
5.2			设计进度安排	APC	RPDE	AP	
5.3			施工进度安排	APC	AP	RPDE	APE
5.4			供货进度安排	APC	AP	PDC	APDE
5.5			4D 信息模型的建立	APC	AP	APDE	IP
6.1		制订质量控制计划	设计质量控制计划	APC	RPDE	AP	IP
6.2			施工质量控制计划	APC	AP	APDE	IP
6.3			材料质量控制计划	APC	IP	RPDEC	RPDE
7.1		设计任务	设计方案的提出	AP	RPDE		
7.2			设计方案比选	APD	RPDE	AP	IP
7.3			创建图纸		RE		
7.4			设计方案分析	APE	RPDE	APE	
7.5			设计方案报审	RE	AE		

续表

序号	阶段		任　务	业主方	设计方	施工方	供货方
8.1	设计阶段	招标与采购	DB 联合体的选择	RPDE			
8.2			设计分包单位的选择	AP	RPDE		
8.3			分包商的选择	AP		RPDE	
8.4			材料供应商的选择	AP		RPDE	
9.1	施工阶段	施工	制订施工计划	APC	AP	RPDE	RPE
9.2			对分包单位的协调与管理	AP	AP	RPDE	AE
9.3			施工现场的管理	AC		RPDE	AE
9.4			设计变更的处理	APC	AD	RPE	
9.5			施工进度的控制	AC		RPDE	APE
9.6			工程事故的处理	AC		RPDE	
9.7			工程质量的控制	AC		RPDE	APE
9.8			工程投资的控制	AC		RPDE	
9.9			BIM 平台的维护与管理	AP	AP	RPDEC	
9.10			BIM 模型的补充与完善	A	AC	APDE	
10.1		竣工交付	实体设施验收	AC	I	RE	
10.2			竣工资料验收	AC	AE	RE	
10.3			BIM 竣工模型验收	AC	A	RE	
10.4			设施试运行	RE		A	

注:R—主办;A—协办;I—提供信息;P—计划;D—决策;E—执行;C—检查。

如果其他项目与表 5-4 的说明有所出入,可根据项目实际情况进行灵活调整。例如:对有些信息开发要求不高的项目而言,下游参与方不一定需要参加项目的前期决策任务,因而也就不需要承担有关项目决策的相关任务,相应的组织分工部分可以做空缺处理;如果项目没有使用预制构件,供货方(只包含材料供应商和设备供应商)则不需要参与 BIM 应用计划的制订,相应的组织分工部分可以做空缺处理;而 BIM 模型也并不一定按照上述模式进行分工管理,项目可以根据实际情况选择由设计方或施工方中的一方持续担任 BIM 经理一职,或聘请项目组织外的第三方担任。如果项目对设计总包单位及施工总包单位的选择是分别进行,那么可以根据项目的情况先确定设计单位,然后在设计单位的协助下选择施工单位。

5.4　基于 BIM 的 IPD 模式契约

工程项目建设是以契约为基础的商品交换行为,契约是各项目参与方履行权利与义务的凭证。传统建设模式所采用的契约多是"零和"契约,即一方利益的增加往往以另一方利益的减少为基础,这种契约从根本上确立了项目利益相关者之间的对立冲突关系,导致项目利益相关者之间目标错位,建设生产过程中的各种纠纷看似由建设环境等外生变量导致的契约履行障碍,实则是契约内生变量作用的必然结果。本章将根据 IPD 模式特点和需求,以委托代理理论与合作博弈理论为工具,对传统的契约模式进行重新设计,旨在使得各方在新的契约框架下以项目利益为重,加强合作,为 IPD 模式的实施奠定契约基础。

5.4.1 基于 BIM 的 IPD 模式契约概述

1)基于 BIM 的 IPD 模式的契约特征

国际上关于 IPD 模式的定义较多,其中被业内最广泛接受的定义是美国建筑师协会(American Institute of Architects,AIA)在其 2007 年发布的 IPD 指导手册中给出的,即 IPD 模式是一种集成人员、系统、知识、经验,能够减少浪费、降低成本、减少返工、缩短工期、提升建筑物对业主的价值的工程项目交付模式[4]。与传统工程项目交付模式相比,IPD 模式作为一种全新的项目交付模式,其特征鲜明。由于契约在集成化交付模式中起着非常重要的作用,美国建设管理协会(The Construction Management Association of America,CMAA)按合同设计和合同执行将其特征划分为两类,每类包含的具体特征如表 5-5 所示。

表 5-5　　　　　　　　　　IPD 模式合同特征分析

序号	分类	特 征
1		参与方在项目开始阶段的平等参与
2		参与方以项目最终产出为基础的风险与收益的分配
3		所有参与方放弃诉讼彼此的权力
4	合同设计特征	参与方之间公司财务透明
5		集成参与方知识优化设计成果
6		所有参与方共同制定项目目标和评价指标
7		参与方达成一致的共同决策
8		参与方相互尊重与信任
9	合同执行特征	参与方之间强烈的合作意愿
10		参与方之间坦诚交流

2)基于 BIM 的 IPD 模式的契约范畴

工程项目的建设过程是业主通过契约委托其他参与方在一定资源和时间约束条件下完成某项特定建设性任务的过程,建筑系统的复杂性和多学科性使业主必须委托其他组织从事设计、施工、管理、监督工作。在建设过程中,组织的临时性与分布性导致业主无法观测各代理方的行动,业主和代理单位间存在着信息不对称,而环境的不确定性与多变性使业主无法通过与代理方签订完备的契约来避免代理人的"道德风险"。因此,业主与其他项目参与方之间的契约关系存在着严格经济学意义上的委托代理关系,其中业主为委托方,而受委托的组织为代理方,委托代理契约是工程项目中最主要的契约类型,业主与设计方、承包商、咨询方签订的契约都属于这一类型。

除了委托代理契约外,建设项目中还存在着另外一种重要契约——项目联盟契约。项目联盟契约是指参与项目建设的组织为了实现降低交易费用、减少风险、优势互补的目标,在自愿互利的原则下以契约的形式结合成联盟伙伴关系来共同完成任务。项目联盟契约在建筑业中也很常见,通常是以联合体的形式出现,例如由设计与施工单位组成的设计—施工联合体(DB 联合体)及由施工总包与分包单位组成的施工联合体。而有关材料采购的契约虽然也是常见的工程项目契约类型,但这种契约属于纯粹的"买卖契约",材料供应商并不参与具体的工程建设活动,因而不在讨论范围之列。

3) 基于 BIM 的 IPD 模式契约设计目标

基于 BIM 的 IPD 模式是要通过组织间的协同工作来实现"功能倍增"或"利益涌现"的效果。可以说,基于 BIM 的 IPD 模式的核心是组织间的合作与共赢,要实现建设生产方式的转变,就需要各组织参与方统一目标,减少内耗,通过协同工作来"做大蛋糕"。因此,集成化契约设计的目的就是改变传统契约模式下各自为政的行为方式,通过"共享利益、共担风险"的契约模式,将项目各参与方的利益与项目的利益紧密关联,项目各参与方将以项目成功为基础,各方只有通过密切合作保证项目成功才能从中获益,这样,各参与方为了维护自己的利益都会想方设法来保证项目的成功。集成化契约设计的目标可以通过图 5-11 来表示。

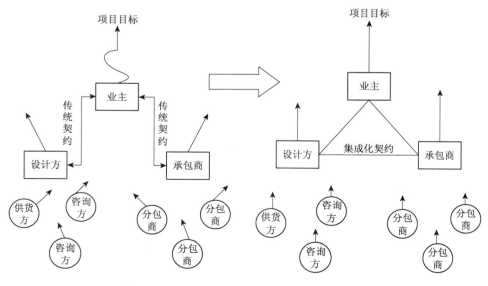

图 5-11　基于 BIM 的 IPD 模式契约设计的目标

根据委托代理理论可知,在信息不对称的条件下,当代理人与委托人的目标不一致时,代理人极有可能会利用自己拥有的信息优势隐藏努力水平,甚至损害委托人的利益,产生败德行为。而委托人只能通过机制的设计来使代理人在满足自己效用最大化时最大限度地实现委托人的效用,即"个体总是追求自身效用最大化,而制度安排只能在满足个体理性的基础上实现集体效用最大化"。因此,委托代理契约设计的目标是通过设计相应的激励与约束机制,减少或杜绝代理人的败德行为,使业主与代理人的目标趋于一致。

由博弈论可知,当合理设置激励与约束机制时,非合作博弈中的局中人的策略选择就可能从非合作行为转向合作行为,使联盟成员的"个体理性"趋向于整个联盟的"集体理性",使联盟成员的个体目标向项目的总体目标靠近。因此,项目联盟契约设计的目的将通过设计合理的机制使联盟中的各方都努力改善各自的资源和流程,通过合作将"蛋糕"做大,共同分享合作收益。

4）基于 BIM 的 IPD 模式契约设计方法

项目各参与方的根本目的是为了取得一定的收益,而收益和风险是不可分割的,新契约的设计意味着新的收益与风险分配格局的形成,收益与风险的分配问题是契约设计的关键,也是影响组织合作最突出的问题。

将在委托代理契约框架下构建委托人与代理人的收益与风险分配模型,设计相应的激励与约束机制来鼓励和强化代理人的正向行为,管束和惩罚代理人的败德行为,使代理人与委托人的目标趋于一致,并运用纳什谈判理论确定委托人与代理人之间的收益分配方案。项目联盟的合作形式与委托代理理论有一定差异,项目联盟成员间缺少占有剩余而又无法操纵产出的委托人,而且联盟成员之间由于产出存在的不确定性而存在个体理性最大化的倾向。因此,项目联盟契约设计主要是利用合作博弈理论构建联盟间收益与风险分配的合作博弈模型,设计相应的激励与约束机制来使联盟成员的"个体理性"趋向于整个联盟的"集体理性",并运用改进 Shapley 值[①]的方法确定项目联盟间的收益分配策略。

5.4.2　基于 BIM 的 IPD 模式的委托—代理契约设计原则

1）基于项目成效（Performance）的收益分配方式

在传统的契约模式下,项目的成功与各参与方的成功间不存在必然联系,有时候项目目标没有实现(如成本超支),但项目某些参与方却可能从中获益。在项目建设过程中,各方都会以自己的目标和利益为中心,对项目的目标和利益关注不够,一旦项目出现问题,各方更多的是互相指责,尽可能地将风险和问题转嫁他方,而不是立即与其他项目参与方一起行动来寻找解决方案,当潜在的敌对态度升级为争执冲突时,意见的分歧就演变为仲裁和索赔。造成这

---

① 在本节后面有关于 Shapley 值的介绍。

种局面的根本原因是各参与方的收益与项目的成功与否缺少必然联系。因此,在基于 BIM 的 IPD 模式的契约框架下,为了使关键的项目参与方都能以项目利益为重、紧密合作,必须将各方的收益建立在项目成效的基础上,如果项目成功了,各方都会从中得益,如果项目失败了,那么各方都要为此承担责任,即"收益共享、风险共担"。

2) 基于项目价值的收益分配方式

业主委托各方从事工程建设的目的是为了得到使用功能满足要求的设施,但传统契约的核心是项目的建设成本。在传统的契约框架下,承包商以减少工程成本为目标,而非创造真正优良的产品,为了实现效益的最大化,承包商往往只考虑满足合同最低的质量与功能要求,有时为了压缩成本甚至不惜以质量为代价,偷工减料,导致有关工程质量缺陷的事故频繁发生。因此,在基于 BIM 的 IPD 模式的契约框架下,成本的节约不再是项目各参与方追求的唯一目标,取而代之的是以合理的价格、在可以接受的时间范围内得到满足功能需求的优质的工程,即在多项评价指标间取得平衡。虽然有关项目价值的定义还未统一,但它一定是一个多维的评价体系。

3) 基于贡献的收益分配方式

在项目成功的前提下,收益分配应体现公平原则,即代理方的贡献越大,收益应该越高。传统的契约模式多是固定支付模式,即业主根据代理方承担的任务按事先协商好的协议给其支付固定的报酬(可以一次性支付,也可以分次支付),而业主则享有合作剩余和承担项目风险。2008 年,美国建筑师协会对全球 1 052 个项目的契约模式作了调查,调查结果表明只有约 11% 的项目对代理人有明显的激励措施[10]。这种固定支付的收益分配方式明显不利于调动代理方的工作热情。因此,在基于 BIM 的集成化契约模式下,将采用产出分享模式,即代理方按一定的比例分享合作剩余。

5.4.3　基于 BIM 的 IPD 模式的项目联盟契约设计

1) 基于 BIM 的 IPD 模式项目联盟契约设计原则

(1) 联盟契约的设计是以委托代理契约为基础

工程项目联盟的组建与面向市场的研发联盟有很大的区别,工程项目联盟契约是以委托代理契约的存在为前提。无论是 DB 联合体组成的项目联盟还是总承包商与分包商组成的项目联盟都必须同业主签订委托代理契约。因此,联盟契约的设计必须以委托代理契约为基础,委托代理契约明确定义了业主与项目联盟之间的收益与风险分担方式,这在很大程度上决定了联盟成员的收益与风险分担方式,联盟契约只能在此基础上进行设计,合理地分担风险与收益来实现联盟的目标。

(2) 坚持集体理性第一与兼顾个体理性原则

项目联盟是作为一个整体参与到项目的建设过程中,如果盟员之间通过合作实现了项目既定目标，并创造出超额利润，那么项目各参与方可以按照提前约定的收益分配方法合理地分享收益，反之，如果项目参与方之间勾心斗角，因内耗过重导致创造的价值低于各参与方单独行动的收益之和，那么各方也要为此承担相应的风险。即各方的收益与风险是建立在联盟绩效的基础之上，即集体理性第一原则。在集体理性得到满足的前提下，考虑各项目参与方的贡献、承担的风险、投入的资源进行公平分配，即兼顾个体理性原则。

（3）激励与约束机制并用原则

项目联盟契约设计的目的在于统一项目联盟成员的目标，加强联盟内的合作。要达到这一目标就必须设置相应的激励与约束机制。激励机制的作用在于鼓励和诱导盟员以联盟目标作为努力方向，但是，在建设过程中，因联盟成员之间的努力水平具有不可观测性，加之努力成本与努力的产出效率均存在差异，这将导致高成本或低效率的盟员有"搭便车"的倾向，而约束机制的设计就是对这种"偷懒"行为给予惩罚，避免"道德风险"事件的发生。约束可以作为激励失灵的补充，二者相辅相承，并可以在一定条件下相互转化。激励往往出现的事前和事中，而约束大都发生在事中和事后。当机会主义行为或败德行为的预期收益明显少于事前激励的作用效果时，约束就可以用激励来代替。

2）基于 BIM 的 IPD 模式项目联盟契约设计方法

（1）考虑贡献的 Shapley 值收益分配方法

Shapley 值法是由 Shapley LS 提出的用于解决多人合作博弈收益分配问题的一种数学方法，它主要用于解决合作收益的分配问题。Shapley 值法是根据每个联盟成员对该联盟的贡献大小进行分配，这种分配方法的优点在于其原理和结果易于被各个合作方视为公平，其进一步的研究发现，应用 Shapley 值法可以结合局中人在投资、风险等方面的差异，而不单一地以贡献作为唯一的影响收益分配的要素。在基于 BIM 的建设项目集成化模式中考虑联盟成员的收益，主要结合实际情况考虑传统的 Shapley 值法，综合考虑投资、风险因素对联盟成员收益的影响，提出一种更接近实际的分配策略。主要有几种方法可以综合考虑应用。

Shapley 值法可以表述如下：设联盟中有 n 个成员组成，即 $N = \{1, 2, \cdots, n\}$，如果对于 N 的任一子集 s（表示 n 个人集合中的任一组合）都对应着一个实值函数 $v(s)$，满足 $v(\Phi) = 0$，$v(s_1 \bigcup s_2) \geqslant v(s_1) + v(s_2)$ 且 $s_1 \bigcap s_2 = \Phi$，则称为 $v(s)$ 定义在 N 上的特征函数，即合作收益。特征函数在实质上描述了各种合作产生的效益，即联盟中参与人所得到的利益要比不合作时要多，合作不能损害个体利益，也意味着全部合作对象参加合作是最好的。

通常情况下，用 x_i 表示 N 中 i 成员从合作的最大效益 $v(N)$ 中应得到的一份收入，其中 $i = 1, 2, \cdots, n$，$v(i)$ 为成员 i 单干时的收入。在合作 N 的基础下，合作对策的分配用 $X = (x_1, x_2, \cdots, x_n)$ 表示。模型中的分配向量在满足对称性、有效性和可加性公理的前提下,Shapley 证明了 Shapley 值是能够唯一确定联盟收益的分配向量,即合作博弈的一种分配形式。

这样的一种分配方式考虑了各伙伴企业对联盟整体所做的贡献,如果贡献大,则所得的分配也多,反之则少,体现了多劳多得、少劳少得的分配原则,也反映了个体在集体中的重要性程度。按照这一定理可以给每个伙伴企业分配唯一的一个收益值。如果仅从对价值的贡献率角度来考虑利益分配,确实是比较好的方案之一,但实际利益分配可能还受其他因素影响。

(2) 考虑投资因素的收益分配方法

资本是获取利润的一个重要源泉,投资额的大小也是联盟成员参与利益分配的一个重要因素,因此,在考虑收益分配方法时也应当考虑联盟成员的投资额度。投资额应当包括伙伴的所有投入,具体包括启动资金、人力成本及融资成本。启动资金包括了联盟成员伙伴用于购置设备、技术、材料的投资;人力成本包括了雇佣工程师、管理人员和普通技术工人及进行劳动培训的投资;融资成本不光考虑伙伴的融资数量,还要考虑伙伴的融资成本。

(3) 考虑风险的收益分配方法

项目联盟的运作是个复杂的过程,某一环节出现问题都可能使联盟蒙受损失。风险和收益同时存在,风险是收益的代价,收益是风险的报酬,二者相辅相成。在项目联盟的运作过程中,参与合作的项目参与方由于担负任务不同,承担的风险也就有所不同。为了联盟持续健康的运转,收益分配时应遵循收益与风险相对称原则,成员承担的风险越大,所获得报酬就应该越多,这样才能增强联盟成员合作的积极性。目前,有关风险识别与风险分配的理论已比较成熟,成果颇丰,而且有相当一部分是针对工程项目的风险识别方法。因此,在具体项目实施过程中,可以借鉴前人的研究成果,将联盟契约下的各伙伴所承担的风险划分为合作风险、技术风险、市场风险。利用模糊综合评判法对三种风险进行归一化分析和处理。

(4) 综合考虑贡献、风险、投资的合作收益分配方法

根据联盟契约的约定,可以建立事前分配与事后分配相结合的合作收益分配方法。其中,投资额与风险可以在事前与事中或事后进行评估,得到投资与风险分配向量,而贡献的分配可以在项目结束后按照实际产出利用 Shapley 值法进行分配。事前联盟各方需要确定投资、风险、贡献的权重比例。权重的大小并无优劣之分,不同的权重反映的是联盟对各种影响要素的偏爱和重视程度。确定权重的方法可以采用专家调查法、德尔菲法、层次分析法。

参 考 文 献

[1] Peña-Mora, Feniosky, Li M. Dynamic planning and control methodology for design/build fast-track construction projects[J]. Journal of Construction Engineering and Management, 2001,127(1):1-17.

[2] Eastman C, Teicholz P, Sacks R, et al. BIM Handbook: a guide to building information modeling for owners, managers, designers, engineers and contractors [M]. 2nd ed. Hoboken: John Wiley & Sons, Inc., 2011.

[3] 何关培. BIM 与相关技术方法(十)——BIM 和 IPD[EB/OL]. [2013-04-20]. http://blog. sina. com. cn/s/blog_ 620be62e0100ggqu. html.

[4] The American Institute of Architects. Integrated project delivery: a guide[EB/OL]. [2013-04-20]. http://www. aia. org/groups/ aia/documents/pdf/aiab083423. pdf.

[5] Drucker P F. The practice of management [M]. London: William Heinemann Ltd., 1954.

[6] Elvin G. Integrated practice in architecture: mastering design-build, fast-track, and building information modeling [M]. Hoboken: John Wiley & Sons, Inc., 2007.

[7] 丁士昭. 建设监理导论[M]. 北京:中国建筑工业出版社,1991.

[8] Taylor J E, Levitt R E. A new model for systemic innovation diffusion in project-based industries[R]. Stanford: Stanford University. CIFE, 2004.

[9] Gao J, Fischer M. Framework & case studies comparing implementations & impacts of 3D/4D modeling across projects [R]. Stanford: Stanford University. CIFE, 2008.

[10] AIA Integrated Practice Discussion Group. On compensation-considerations for teams in a changing industry[EB/OL]. [2013-04-20]. http://www. aia. org/aiaucmp/groups/aia/documents/pdf/aiab080344. pdf.

[11] 丁士昭. 工程项目管理[M]. 北京:中国建筑工业出版社,2006.

[12] 丁士昭. 建设工程信息化导论[M]. 北京:中国建筑工业出版社,2005.

[13] 孙东川,叶飞. 动态联盟利益分配的谈判模型研究[J]. 科研管理,2001,22(2):91-95.

[14] 卢少华,陶志祥. 动态联盟企业的利益分配博弈[J]. 管理工程学报,2004,18(3):65-68.

[15] 陈建华,林鸣,马士华. 基于过程管理的工程项目多目标综合动态调控机理模型[J]. 中国管理科学,2005,13(5):93-98.

[16] 吴宪华. 动态联盟的分配格局研究[J]. 系统工程,2001,19(3):34-38.

[17] 杨耀红,汪应洛,王能民. 工程项目工期成本质量模糊均衡优化研究[J]. 系统工程理论与实践,2006(7):112-117.

[18] 王安宇,司春林. 基于关系契约的研发联盟收益分配问题[J]. 东南大学学报:自然科学版,2007,137(14):700-705.

[19] 陈菊红,王应洛,孙林岩. 虚拟企业收益分配问题博弈研究[J]. 运筹与管理,2002,11(1):11-16.

[20] Damanpour F, Gopalakrishnan S. Theories of organizational structure and innovation adoption: the role of environmental change [J]. Journal of Engineering and Technology Management, 1998, 15 (1):1-24.

[21] Harris M, Raviv A. Organization design [J]. Management Science, 2002, 48 (7):852-865.

6 BIM 实施的规划与控制

6.1 概述

管理学科的发展和研究表明，信息技术改变组织特点以至于从总体上改变一个组织是通过实现信息效率（Information Efficiency，INE）和信息协同（Information Synergy，INS）的能力来实现的[1]。BIM 技术的出现和发展对建设项目的规划、实施和交付均产生了巨大影响。随着 BIM 应用范围的日益广泛和应用的逐渐深入，广义的 BIM 并不能简单地被理解为一种工具或技术，它体现了建筑业广泛变革的人类活动，这种变革既包括了工具技术方面的变革，也包含了生产过程和生产模式的变革。

BIM 的应用需要下游参与方及早进入项目与上游参与方共同对 BIM 的应用事宜进行规划，如明确 BIM 要实现的功能、选择 BIM 工具、定义信息在不同组织间的流转方式等。工程建设各参与单位之间有很强的依赖性和互补性，一方的工作往往需要其他参与方提供必要的信息。BIM 的应用和实施需要工程项目各参与方组织间更加紧密、透明、无错、及时的联系。在基于 BIM 的生产环境和流程下，信息的可达性和可用性都将极大提高。一方面，BIM 作为一种系统创新技术，其应用会对建设项目某一方参与主体的活动方式产生影响，同时也会影响和改变建设项目相关活动间的依赖关系，对建筑业带来的影响和变革具有明显的跨组织性。另一方面，BIM 技术的发展和应用也对传统的建筑业带来极大的挑战和困难。要使 BIM 技术尽快融入工程建设的实践,切实带来效率和效益,对 BIM 技术的应用和实施进行很好的系统策划十分重要。在国际上一些先进的建筑业企业(包括设计、施工、工程咨询等机构,也包括业主)和大型建设项目实施前,均对 BIM 的应用和实施进行系统的规划,并在项目实施过程中进行组织和控制。如同大型项目实施前需要建设项目实施规划(计划)一样,制订 BIM 实施的规划和控制是发挥建设项目 BIM 应用实施效率和效益的重要工作。

BIM 实施规划是指导 BIM 应用和实施工作的纲领性文件,国际上一些工业发达国家,建筑企业和项目参与各方均十分重视 BIM 实施规划的编制和控制工作。据不完全统计,在美国,到 2013 年为止,针对不同行业、项目类型、业主类型以及工程承发包模式等情况下的 BIM 技术应用实施规划指南或标准已近十种。

BIM 实施规划包括企业级 BIM 实施规划和项目级 BIM 实施规划,企业级实施规划主要是针对一个建筑企业应用和实施 BIM 这一创新技术的总体规划和设计,属于企业管理中技术创新和应用计划,涉及一个企业内部,这个企业可以是业主、设计单位、施工单位和咨询单位等;项目级 BIM 实施规划是针对一个具体工程项目规划和建设中 BIM 技术的应用计划,涉及一个项目的多个参与方。

应该指出的是,无论是企业级 BIM 实施规划还是项目级 BIM 实施规划,很多规划的工作内容与企业或项目的组织和流程有关,这些与组织流程有关的内容是企业和建设项目组织设计的核心内容。一般宜先讨论和确定企业或建设项目组织设计,待组织方面的决策基本确定后,再着手编制 BIM 实施规划。大型建筑企业和大型复杂建设项目一般应编制相应的 BIM 实施规划。

企业级 BIM 实施规划一般有企业的总经理牵头,企业管理办公室和技术部门具体负责编制,项目级 BIM 实施规划涉及项目整个建设阶段的工作,属于业主方项目管理的工作范畴,一般由业主方及其委托的工程咨询单位编制。如果采用建设项目总承包的模式,一般由建设项目总承包方编制建设项目管理规划。

6.2　企业级 BIM 实施规划

我国建筑工程领域的 BIM 实施主要体现在企业具体项目的应用方面。目前,我国已经有相当数量的施工、设计、咨询企业开展了不同程度的 BIM 技术应用实践,并具备了一定水平的 BIM 实施能力。然而,我国的 BIM 技术应用实践在很大程度上仍局限于项目范围内具体功能或具体阶段的应用,企业级别的 BIM 应用涉及到的范围、组织和工作流程会更广泛,在实践中可以说是刚刚起步。

与项目层面 BIM 实施规划不同,企业级 BIM 实施规划聚焦于通过合理的规划,促进企业 BIM 技术的有效吸收和应用。虽然 BIM 技术及其潜在项目价值已经被广泛认知,但很多建筑业企业仍然不知道如何在企业内部有效推动 BIM 技术的应用,进而为建设项目实施奠定良好基础。因此,需要基于不同类型的企业现状,有针对性地编制企业级 BIM 实施规划。

6.2.1 企业级 BIM 实施目标

只有实现企业级的 BIM 实施可以建立新的企业业务模式,充分调动企业的一切有利资源,才能充分发挥出建筑信息化的巨大优势,推动我国建筑业的变革和发展。具体来说,企业级 BIM 实施的目标主要有以下几个方面:

1)提高企业团队协作水平

传统企业内部各个部门之间的协作主要体现在业务的进展过程,载体主要以纸质材料为主,模式以人与人之间的沟通为主,协作水平偏低。基于 BIM 的企业部门协作以共同的信息平台为基础,企业中每个成员都可以通过企业数据平台随时与项目、企业保持沟通。基于 BIM 信息共享、一处更改全局更新的特点,企业部门之间的协作变得更加方便和快捷。

2)提升信息化管理程度

通过对项目执行过程中所产生的与 BIM 相关数据的整理和规范化,企业可以实现数据资源的重复利用,利用企业信息和知识的积累、管理和学习,进而形成以信息化为核心的企业资产管理运营体系,提高企业的核心竞争力。

3)改善规范化管理

BIM 技术将建筑企业的各项职能系统的联系起来,并将建筑所需要的信息统一存储于一定的建筑模型之中,更加规范和具体了企业的管理内容与管理对象,减少因管理对象的不具体、管理过程的不明确造成企业在人力、物力以及时间等资源的浪费,使得企业管理层的决策和管理更加高效。

4)提高劳动生产率

BIM 被认为是建筑业创新的革命性理念,被认为是建筑业未来的发展方向。国际上相关研究表明,设计企业在熟练运用 BIM 相关技术后,劳动生产率得到了很大程度的提高,主要表现为图纸设计的效率与效果都得到提升。通过 BIM 技术带来的标准化,工厂化的工程施工过程变革,工程施工企业、咨询企业的劳动生产率均会得到提高。

5)提高企业核心竞争力

企业采用 BIM 有政策方面、经济方面、技术发展方面、组织能力提升方面等许多原因,然而其最为核心的原因是为了获得或者继续保持企业的核心竞争力。目前,欧美等一些发达国家普遍在建筑业采用 BIM 技术,这已经成为其企业获得业务的必备条件之一;国内建筑业采用 BIM 技术较好的企业已经在许多项目上赢得了经济和声誉双丰收,BIM 技术的熟练运用已经逐渐成为提升企业核心竞争力的重要因素之一。

6.2.2 企业级 BIM 实施原则

企业 BIM 实施规划作为企业战略的一个子规划,战略规划的编制原则同样适用于 BIM 实施规划的编制过程。

1) 适应环境原则

BIM 实施规划的编制必须基于对 BIM 的发展趋势有清晰的判断,同时对自身的优势、劣势有客观的认识,一定要注重企业与其所处的外部环境的互动性。实施规划既不能好高骛远,不切实际,又要充分认识到 BIM 技术的快速发展,不能裹足不前。由于目标制定过低,三五年后可能会丧失市场机会。

2) 全员参与原则

BIM 实施规划的编制绝不仅仅是企业领导和战略管理部门的事或者是 BIM 业务部门的事,在实施规划的全过程中,企业全体员工都应参与。规划编制过程中要对企业领导层、职能部门、业务部门和具体实施部门做充分的调研。企业领导层的调研重点集中在是否有统一的趋势判断和发展意愿;职能中心的调研集中在企业的各项资源配置;业务部门的调研集中在市场机会和发展动力;具体实施部门的调研集中当前业务发展存在的主要问题和困难。

3) 反馈修正原则

BIM 实施规划涉及的时间跨度较大,一般在五年以上。规划的实施过程通常分为多个阶段,因此分步骤的实施整体战略。在规划实施过程中,环境因素可能会发生变化。此时,企业只有不断地跟踪反馈方能保证规划的适应性。

6.2.3 企业级 BIM 实施标准

企业级 BIM 实施的关键是实现企业的资源共享、流程再造。BIM 的实施将会带来企业业务模式的变化和企业业务价值链的重组,因此,企业级 BIM 实施的标准是建立一系列与 BIM 工作模式相适应的企业级技术标准与相应的管理标准,并最终形成与之配套的企业 BIM 实施规范(指南)。

企业级 BIM 实施标准是指企业在建筑生产的各个过程中基于 BIM 技术建立的相关资源、业务流程等的定义和规范。参照《设计企业 BIM 实施标准指南》[①] 中 BIM 实施的过程模型,建筑企业的企业级 BIM 实施标准可以类似地概括为以下三个方面的子标准:

1) 资源标准

资源只是企业在生产过程中所需要的各种生产要素的集合,主要包括环境资源、人力资源、信息资源、组织资源和资金资源等。

2) 行为标准

企业行为主要是指在企业生产过程中,与企业 BIM 实施相关的过程组织和控制,主要包括业务流程、业务活动和业务协同三个方面。

3）模型与数据标准

主要是指企业在生产活动中进行的一切与 BIM 模型相关的各类建模标准、数据标准和交付物标准。

6.2.4 企业级 BIM 实施的程序与内容

企业级 BIM 实施规划的内容一般包括行业背景分析、发展趋势预测、企业现状分析、战略目标定位、实施路径选择与实施方案制订等几个主要方面。

1）行业背景分析

行业背景主要包括政治、经济、社会和技术环境。要制订企业级的 BIM 实施规划，就必须要了解和把握建筑业的国内外 BIM 技术发展现状、国内政策及市场环境与当前市场规模等情况。具体来说，企业级 BIM 实施规划应该首先对 BIM 技术在各自相关专业方面的应用水平、应用特点、应用效益以及应用范围等具体技术问题进行分析；其次，企业应该了解国际国内等权威机构对于 BIM 技术的评价，合理的选择相关软硬件；再者，作为企业最关注的内容，投资收益率是行业关注的焦点，所以企业必须对 BIM 的应用价值进行分析。

2）发展趋势预测

对行业市场未来发展趋势的判断，以及对将来市场规模与服务模式的预测都将影响企业未来的发展战略与经营模式。依据同济大学工程管理研究所 2011 年 5 月至 8 月对上海市 11 家典型建筑业企业 BIM 实施调研，基于 Rogers 的创新扩散 S 曲线理论进行分析，结果表明，当前我国 BIM 技术扩散现状仍处于早期采用者阶段（图 6-1）。国内 BIM 技术的应用呈点状分布，多停留在相关科研机构及创新性企业的尝试应用阶段，多数企业仍处于观望状态，然而可以预见，未来 BIM 技术扩散速度会不断提升。

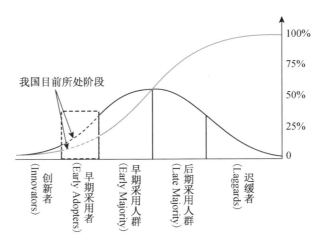

图 6-1　我国 BIM 技术扩散所处阶段分析

3）企业现状分析

要制定企业级的 BIM 实施规划必须对企业的 BIM 应用能力现状进行分析。企业的 BIM 应用能力现状分析一方面包括对企业当前的技术状况、资源配置情况等企业内部环境进行分析；另一方面要对发展 BIM 相关业务的企业优劣势以及外部环境的机会威胁进行分析。目前 SWOT 分析法①、CMM 经常作为企业现状分析的主要工具。图 6-2 与表 6-1 分别为某企业的 CMM 与 SWOT 分析结果。

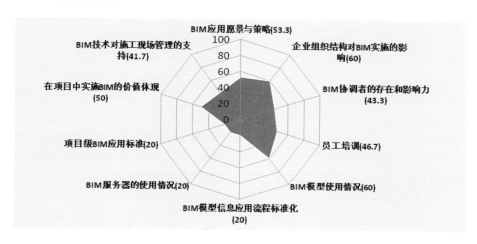

图 6-2　典型的 10 个影响因素的评估结果

表 6-1　　　　　　　某企业 BIM 应用实施 SWOT 分析

	优　势（S）	劣　势（W）
内部条件	① 领导层把握了 BIM 作为建筑业变革的主流趋势，着力推行 BIM 应用且已具有良好 BIM 应用愿景 ② 企业长期将技术创新置于战略层面，现已具备较强自主研发能力，并已具有多项技术创新成果 ③ 企业 BIM 科研项目已获得政府相关部门支持 ④ 作为施工企业已率先在几个大项目中应用 BIM 技术，这不但为企业实施 BIM 积累了宝贵经验，而且为 BIM 业务的拓展提供了先决条件	① 企业处于 BIM 应用初期，BIM 实施能力较弱，缺乏专业的 BIM 人才，缺少 BIM 方面的专项培训 ② 企业缺乏成熟的 BIM 实施保障机制 ③ 企业 BIM 的实施业绩较少，对市场的影响力不够 ④ 企业内部组织结构和流程制度不能有效推动 BIM 实施 ⑤ 作为机电安装专业的集成商，在 BIM 尚处科研先导的市场环境下，企业推行 BIM 应用阻力较大

---

① SWOT 分析法又称为态势分析法，SWOT 四个英文字母分别代表优势（Strength）、劣势（Weakness）、机会（Opportunity）、威胁（Threat）。SWOT 分析法于 20 世纪 80 年代初由美国旧金山大学的管理学教授韦里克（H. Weihric）提出，是一种综合考虑企业内部条件和外部环境的各种因素进行系统评价，从而选择最佳经营战略的方法，经常被用于企业战略制定、竞争对手分析等场合。

续表

	机 会 (O)	威 胁 (T)
外部环境	① 国家中长期科技发展规划将建筑业信息化作为重点领域,住建部"2011—2015建筑业信息化发展纲要"将 BIM 作为重要发展方向 ② 行业内逐步认识到并接受 BIM 能发挥的巨大价值潜力 ③ BIM 在未来行业中应用市场容量大,对公司长期发展有利 ④ 目前建筑业内施工单位应用 BIM 的企业非常少,尚属"蓝海",因此竞争对手很少	① BIM 作为新技术,在政策实施、法律法规层面支持不足,推广应用存在许多障碍,由此也带来了一定风险 ② BIM 技术引进国内时间较短,在行业内尚无成型的实施标准和合理的取费标准 ③ 短期内,BIM 实施的价值体现不明晰,市场对新技术的接纳程度较低使得目前 BIM 的市场需求不足,投资收益较小 ④ 竞争对手已认识到 BIM 的价值,并开始推广 BIM 应用

4)战略目标定位

战略目标定位主要分为两个方面,一是要制定出企业的 BIM 实施目标,二是要把企业级的 BIM 实施目标与企业的战略目标相结合,并最终制定出基于 BIM 的企业发展战略目标。进而对企业级的 BIM 战略目标做出诠释,使之成为企业所有人员的共识,并朝着这一战略目标付诸行动。

5)实施路径选择

目标的实现具有阶段性,为了实现企业级的 BIM 战略目标,需要对企业级 BIM 实施目标逐步分解,将 BIM 实施划分为几个阶段,采用自上而下、自下而上或者两种模式相结合的方法,确定实施路径。

6)实施方案制定

实施方案是实现企业级 BIM 目标的根本途径,主要包括企业制度流程的适配、关键性 BIM 技术的研发与应用管理、应用能力建设、市场培育、组织分工及相应的激励政策及成本效益分析等。企业应根据自身特点选择合适的实施方案,而不应该一味地模仿甚至照搬成功的 BIM 实施方案。

7)改革企业经营模式

在全面推广应用 BIM 技术之后,企业的主要任务就是分析以往业务的主要特点,总结经验,分析原因,总结归纳适合自身特点的商业发展模式,使企业在保持以往业绩的基础上,不断创新,发展多元化的盈利模式。

6.2.5 企业级 BIM 实施方法

企业级 BIM 实施方法是指规划、组织、控制和管理建筑企业 BIM 实施工作的具体内容和过程。企业级 BIM 实施方法综合考虑了 BIM 规划实施中的多种因素,主要包括企业的战略规划、企业生产经营的要求、企业生产发展的约束、企业的组织结构、企业的工作流程以及企业现有的 BIM 应用基础等。

企业 BIM 实施方法的核心是要结合企业的战略要求和组织结构,在考虑企业现有 BIM 应用基础的水平上,制定一个全面详细的企业 BIM 规划和标准,并建立一个可扩展的 BIM 实施框架,给出具有可操作性实施路径。

目前,企业级 BIM 实施方法主要有自上而下与自下而上两种基本形式。

1) 自上而下

自上而下,顾名思义即从企业整体的层面出发,首先建立立足于企业宏观层面的 BIM 战略和组织规划,通过试点项目的 BIM 应用效果验证企业整体规划的准确性,不断完善,并在此基础上向企业的所有项目推广。

2) 自下而上

目前多数中小型企业主要采用这种方式。是指企业自身并没有 BIM 应用规划,而是在项目进展过程中为了满足项目要求而开展的 BIM 实践活动。这种模式是企业在积累了一定量 BIM 实施经验后开展的,其策略是由项目到企业逐步扩散。

BIM 实施是一个复杂的系统工程,唯一采用任意一种模式都不能保障企业 BIM 规划的顺利实施。对于企业而言,应该采用两种模式相结合的方式。具体来说,在企业级 BIM 前期,企业应该咨询第三方的 BIM 专业服务机构,结合专业机构对企业的状况的评估,提出包括 BIM 实施基本方针路线、重点内容、资金投入等要素在内的企业级 BIM 实施规划。

3) 应用案例

下面给出某机电安装企业委托咨询单位共同一起编织的企业级 BIM 的应用实施规划,该企业级 BIM 实施主要包括如下六个阶段。

（1）初期阶段

企业主要管理层人员通过相关途径了解到 BIM 技术,在对 BIM 技术进行深入了解和行业发展趋势的基础上,做出企业要采用 BIM 技术的战略决策。

（2）筹备阶段

① 邀请咨询团队对企业开展企业 BIM 咨询和研讨,最终确定委托该研究团队为企业的 BIM 实施提供建议和咨询。

② 成立 BIM 工作小组和直接负责人。

确定 BIM 工作小组的人员组成、人员数量和相关职责。其中,直接负责人由企业的 CEO 担任,负责企业的资源调配;工作小组成员主要由设计部门、人力部门、工程部门的负责人员组成。

（3）调研阶段

根据委托内容,咨询团队先后对公司进行了三次实地调研,比较充分了解公司的市场环境、组织环境和 BIM 应用三个方面的能力,最终形成该公司 BIM 应用的调研报告。

（4）规划制定阶段

规划方案由咨询团队负责制订,形成草案,提交给公司审阅,并在双方讨论修改的基础上讨论通过。

（5）全面启动阶段

① BIM 实验室搭建：根据 BIM 系列相关软件的软硬件要求，搭建企业的 BIM 实施设施环境。

② 制定标准和规范：根据科宇公司的业务范围，制定企业的 BIM 实施标准，主要包括建模步骤、构件库标准与管理流程等规范。

③ BIM 培训：在公司前期培训的基础上，对该企业的员工展开更加系统分层次的相关培训。

④ 项目展开：在公司已经运用 BIM 技术开展的项目中选择示范性项目，逐步尝试全过程、全方位地开展项目的 BIM 实施，并制定相关考核标准。

（6）企业级推广阶段

根据咨询团队对该公司的 BIM 应用规划，公司的 BIM 战略分为培育期、发展期和推广期三个阶段。推广期的主要任务是：组织企业的全体成员开展 BIM 应用推广活动，明确企业的发展战略，使企业全员、全过程地开展项目实践；完善企业的 BIM 应用标准、考核机制、经营模式与质量管理体系。

6.3 项目级 BIM 实施规划

6.3.1 编制的目标与原则

1）项目级 BIM 实施规划的重要性和编制原则

（1）编制 BIM 项目实施规划的重要性

为了将 BIM 技术与建设项目实施的具体流程和实践融合在一起，真正发挥 BIM 技术应用的功能和巨大价值，提高实施过程中的效率，建设项目团队需要结合具体项目情况制订一份详细的 BIM 应用实施规划，以指导 BIM 技术的应用和实施。

BIM 实施规划应该明确项目 BIM 应用的范围，确定 BIM 工作任务的流程，确定项目各参与方之间的信息交换，并描述支持 BIM 应用需要项目和公司提供的服务和任务。内容包括 BIM 项目实施的总体框架和流程，并且提供各类技术相关信息和多种可能的解决方案和途径。

① 多种解决方案。可帮助项目团队在项目各阶段（包括设计、施工和运营）创建、修改和再利用信息量丰富的数字模型。

② 多种分析工具。可在项目动工前透彻分析建筑物的可施工性与潜在性能、利用这些分析数据，项目团队可在建筑材料、能源和可持续性方面更加明智地决策并及早发现和预防一些构件（如管道和梁）间的冲突，减少资金损失。

③ 项目协作沟通信息平台。不仅有助于强化业务过程,还可确保团队所有成员以结构化方式共享项目信息。

BIM 实施规划将帮助项目团队明确各成员的任务分工与责任划分,确定要创建和共享的信息类型,使用何种软硬件系统,以及分别由谁使用。还能让项目团队更顺畅地协调沟通,更高效地建设实施项目,降低成本。

BIM 技术作为提升企业发展能力与市场竞争能力的主要手段,在现阶段往往会被认为是建筑企业发展战略中一项重要内容。企业 BIM 应用能力的提升需经历项目实践的历练。项目级 BIM 技术实施规划对企业发展的作用主要有以下三个方面。

① 通过建设项目 BIM 实施规划、实施与后评价的参与,培养与锻炼企业的 BIM 人才;

② 基于 BIM 应用在不同建设项目中存在的相似性,借鉴已有项目来策划新项目,有事半功倍的效果;通过对比新老建设项目的不同之处,也有助于改进新项目 BIM 的实施策划;

③ 试点性的项目级 BIM 实施规划,是制订企业级 BIM 技术应用及发展规划的基础资料。

(2)BIM 实施规划编制原则

BIM 的实施规划时间应涵盖项目建设的全过程,包括项目的决策阶段、设计准备阶段、设计阶段、施工阶段和运营阶段,涉及项目参与的各个单位。有一个整体战略和规划将对 BIM 项目的效益最大化起到关键作用。

BIM 实施规划应该在建设项目规划设计阶段初期进行编制,随着项目阶段的深入,各参与方亦不断加入,进行不断完善。在项目整个实施阶段根据需要和项目的具体实际情况对规划进行监控、更新和修改。

考虑 BIM 技术的应用跨越建设项目各个阶段的全生命周期使用,如可能应在建设项目的早期成立 BIM 实施规划团队,在正式项目实施前进行 BIM 实施规划的制订。

BIM 实施规划的编制前,项目团队成员应对以下问题进行分析和研究。项目应用的战略目标及定位;参与方的机会以及职责分析;项目团队业务实践经验分析;分析项目团队的工作流程以及所需要的相关培训。

项目 BIM 规划和实施团队要包括项目的主要参与方,包括业主、施工单位、材料供应商、设备供应商、工程监理单位、设计单位、勘测单位、物业管理单位等。其中业主或项目总承包单位是最佳的 BIM 规划团队负责人。

在项目参与方还没有较成熟的 BIM 实施经验的情况下,可以委托专业 BIM 咨询服务公司帮助牵头制定 BIM 实施规划。

从技术层面分析,BIM 可以在建设项目的所有阶段使用,可以被项目的所有参与方使用,可以完成各种不同的任务和应用。项目级 BIM 实施规划就是要根据项目建设的特点、项目团队的能力、当前的技术发展水平、BIM 实施成本等多个方面综合考虑得到一个对特定建设项目而言性价比最优的方案。

2）BIM 实施目标的制定

在一个具体项目实施过程中，BIM 技术实施目标的制定是 BIM 实施规划中首要和关键工作，也是十分困难的工作。制定 BIM 技术实施的目标、选择合适的 BIM 功能应用，是 BIM 实施策划制订过程中重要的工作，在项目级 BIM 实施规划中往往需要综合考虑环境、企业和项目等多方面的因素共同确定。一般情况下，BIM 实施的目标包括以下两大类：

（1）与建设项目相关的目标。包括缩短项目施工周期、提高施工生产率和质量、降低因各种变更而造成的成本损失、获得重要的设施运行数据等。例如，基于 BIM 模型强化设计阶段的限额设计控制力度、提升设计阶段的造价控制能力就是一个具体的项目目标。

（2）与企业发展相关的目标。在最早实施 BIM 的项目上以这类目标为主是可以接受的。例如，业主也许希望将当前的 BIM 项目作为一个实验项目，试验在设计、施工和运行之间信息交换的效果，或者某设计团队希望探索并积累数字化设计的经验。在项目建设完工时，可以向业主提供完整的 BIM 数字模型，其中包含管理和运营建筑物所需的全部信息。

BIM 实施目标的制定必须具体、可测量，一旦定义了可测量的目标，与之对应的潜在 BIM 应用就可以识别出来。表 6-2 是一个商业建筑项目的 BIM 应用实施目标分析典型事例。

表 6-2　　　　　　　　　某商业建筑的 BIM 实施目标和应用

优先级 （1—最重要）	目标描述（附加值目标）	潜在 BIM 应用
1	为运营管理提供精确的模型	模型跟踪
2	提升施工现场生产率	设计检查，3D 协调
3	提升设计效率	设计建模，设计检查，3D 协调
1	提升设计阶段的成本控制能力	5D 建模，成本预算
2	提升可持续目标	工程分析，LEED 评估
2	施工进度跟踪	4D 建模
1	快速评估设计变更引起的成本变化	5D 建模，成本预算
2	消除现场冲突	3D 协调，4D 建模

目标优先级的设定将使得后面的策划工作具有灵活性。根据清晰的目标描述，进一步的工作是对 BIM 应用进行评估与筛选，以确定每个潜在 BIM 应用是否付诸实施。

① 为每个潜在 BIM 应用设定责任方与参与方；

② 评估每个 BIM 应用参与方的实施能力，包括其资源配置、团队成员的知识水平、工程经验等；

③ 评估每个 BIM 应用对项目各主要参与方的价值和风险水平。

在综合分析以上因素的基础上，项目参与各方应进一步综合分析讨论，对项目潜在 BIM 功能应用进行分析筛选,逐一分析确定。表 6-3 显示了上述商业项目在 BIM 应用目标确定后进行的功能应用分析筛选。

表 6-3　　　　　　　　　某商业建筑 **BIM** 功能应用分析筛选

BIM 应用	对项目价值（三级）	责任方	对责任方（三级）	能力			需增加的资源	备注	实施
				资源	资格	经验			
模型跟踪	高	承包方	中	中	中	中	培训及软件		是
		设施管理	高	低	中	低	培训及软件	—	
		设计方	中	高	高	高	—		
成本预算	高	承包方	高	高	中	中	培训及软件	—	是
5D 建模	高	承包方	高	中	中	低	培训及软件	可选软件不足	否
		分包	高	中	低	低	培训及软件		
4D 建模	高	承包方	高	中	中	中	培训、软件及其他设施	复杂阶段的应用价值	是
3D 协调（施工）	高	承包方	高	高	高	高			是
		分包方	高	低	高	高	数字制造转换	—	
		设计方	中	中	高	高			
3D 协调（设计）	高	设计方	高	高	高	高	需协调软件	由 BIM 协调人促进该任务	是
设计检查	中	设计方	低	中	中	中	—	在设计建模时检查,无更高要求	否
优化分析	中	设计方	高	中	中	中	—	—	可能

6.3.2　编制的主要内容

为保障一个 BIM 项目的高效和成功实施,相应的实施规划需要包括 BIM 项目的目标、流程、信息交换要求和软硬件方案等四个部分。

① 确定 BIM 应用的项目目标和任务:项目目标包括缩短工期、更高的现场生产效率、通过工厂制造提升质量、为项目运营获取重要信息等。确定目标是进行项目规划的第一步,目标明确以后才能决定需要完成什么任务,这些 BIM 应用目标可以包括创建 BIM 设计模型、4D 模拟、成本预算、空间管理等。BIM 规划可以通过不同的 BIM 应用对该建设项目的目标实现的贡献进行分析和排序,最后确定具体项目 BIM 规划要实施的应用(任务)。

② 设计阶段 BIM 实施流程:BIM 实施流程分整体流程和详细流程两个层面,整体流程确定不同 BIM 应用之间的顺序和相互关系,使得所有团队成员都清楚他们的工作流程和其他团队成员工作流程之间的关系;详细流程描

述一个或几个参与方完成某一个特定任务(例如节能分析)的流程。

③ 制定建设过程中各种不同信息的交换要求:定义不同参与方之间的信息交换要求,每一个信息创建者和信息接受者之间必须非常清楚信息交换的内容、标准和要求。

④ 确定实施上述 BIM 规划所需要的软硬件方案:包括交付成果的结构和合同语言、沟通程序、技术架构、质量控制程序等以保证 BIM 模型的质量,这些是 BIM 技术应用的基础条件。

项目级 BIM 实施规划应该包含以下内容:

a. BIM 应用目标:在这个建设项目中将要实施的 BIM 应用(任务)和主要价值;

b. BIM 技术实施流程;

c. BIM 技术的范围和流程:模型中包含的元素和详细程度;

d. 建设项目组织和任务分工:确定项目不同阶段的 BIM 经理、BIM 协调员以及 BIM 模型建模人员,这些往往是 BIM 技术成功实施的关键人员;

e. 项目的实施/合同模式:项目的实施/合同模式(如传统承发包、项目总承包及 IPD 模式等)将直接影响到 BIM 技术实施的环境、规则和效果;

f. 沟通程序:包括 BIM 模型管理程序(如命名规则、文件结构、文件权限等)以及典型的会议议程;

g. 技术基础设施:BIM 实施需要的硬件、软件和网络基础设施;

h. 模型质量控制程序:保证和监控项目参与方都能达到规划定义的要求。

项目级 BIM 实施规划流程分为四个步骤,这种实施规划的流程旨在引导业主、项目经理、项目实施方通过一种结构化的程序来编制详尽和一致的规划。

图 6-3 所述的项目级 BIM 规划编制内容和步骤包括确定项目的 BIM 目标和应用用途,建立项目 BIM 实施流程,制定信息交换要求以及定义 BIM 实施的支持设备。

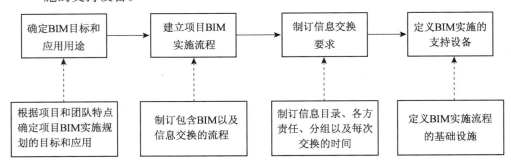

图 6-3　项目级 BIM 实施规划内容和步骤

1）确定 BIM 目标和应用

为项目制定 BIM 实施规划的作用是定义 BIM 的正确应用，BIM 的实施流程、信息交换以及支持各种流程的软硬件基础设施。

明确项目 BIM 实施规划的总体目标来可以清晰地识别 BIM 可能给项目和项目团队成员带来的潜在价值。BIM 实施目标应该与建设项目的目标密切相关，包括缩短工期、提高现场生产能力、提高质量、减少工程变更、成本节约、利于项目的设施运营等内容。

BIM 实施目标应该与提升项目团队成员的能力相关，例如在 BIM 应用的初期，业主可能希望将项目作为验证设计、施工和运营之间信息交换的实验项目；而设计企业可以通过项目获得数字化设计软件的有效应用的经验。当项目团队明确了可测量的目标后，包括项目角度的目标和企业角度的目标后，就可以确定项目中 BIM 技术的应用范围了。

BIM 技术的功能应用是建设项目 BIM 实施规划中一个十分重要的内容，它明确了 BIM 技术在建设项目实施中应用的功能和可能的价值。在本书第 2 章介绍过，美国宾夕法尼亚州立大学的计算机集成化施工研究组（The Computer Integrated Construction Research Program of the Pennsylvania State University）在其发表的 *BIM Project Execution Planning Guide Version 2.0*[2] 中，总结了美国建筑市场上 BIM 的 25 种常见的应用。该总结应用具有广泛的认同，可以在 BIM 实施规划中结合具体项目参考应用。在具体项目应用时，项目团队应该明确他们认为对项目有益的 BIM 的适当用途并区分优先次序。

2）建立项目 BIM 实施流程

BIM 实施提供控制性流程需要确定每个流程之间的信息交换模块，并为后续策划工作提供依据。BIM 实施流程包括总体流程和详细流程，总体流程描述整个项目中所有 BIM 应用之间的顺序以及相应的信息输出情况，详细流程则进一步安排每个 BIM 应用中的活动顺序，定义输入与输出的信息模块。

在编制 BIM 总体流程图时应考虑以下三项内容：

① 根据建设项目的发展阶段安排 BIM 应用的顺序；

② 定义每个 BIM 应用的责任方；

③ 确定每个 BIM 应用的信息交换模块。

项目团队明确了 BIM 用途后，需要开始进行 BIM 应用规划的流程图步骤。首先应编制一个表明项目 BIM 的基本功能应用的排序和相互关系的高层级图，如图 6-4 所示。这可以使所有项目团队成员清楚地认识到他们的工作流程与其他团队成员工作流程的联系。

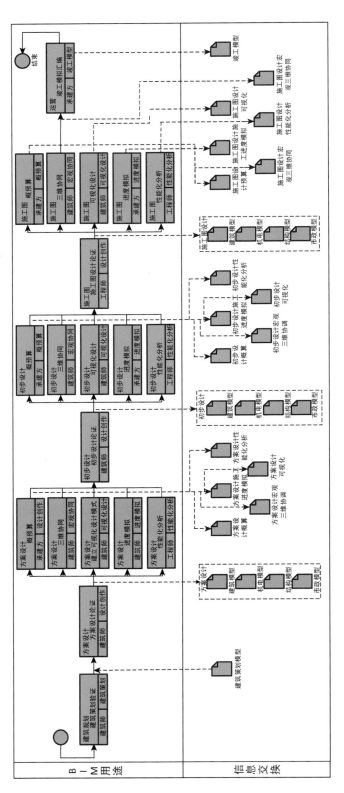

图 6-4　BIM 技术功能应用高层级流程示意图

完成高层级流程图之后,应该由负责 BIM 各项详细应用的项目团队成员选择或设计更加详细的流程图。例如高层级流程图应该显示出 BIM 在建筑创作、能量建模、成本估算和 4D 建模等用途是如何排序和相互联系的。而详图应该显示出某一组织工作的详细流程,或者有时候是几个组织的工作。如图 6-5 所示的详细层级功能应用(4D 应用)流程图。

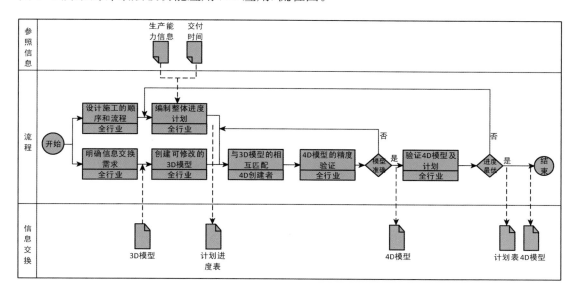

图 6-5　BIM 技术 4D 功能应用详细层级流程示意图

3) 制定信息交换标准和要求

在 BIM 技术应用实施过程中,如果前一 BIM 应用所输出的信息与后一 BIM 应用所需输入的信息不能完全吻合,其原因不仅和软件的开发水平相关,还与每个 BIM 应用所处的项目进展阶段、应用的人员和应用目标和功能相关。BIM 技术的应用涉及项目实施的多个参与单位和多个参与专业人员,定义 BIM 信息交换标准和要求就成为保障 BIM 应用能获得所期望效果的必要工作。一般应考虑以下因素。

(1) 信息接收方:确定需要接收信息并执行后续 BIM 应用的项目团队或成员。

(2) 模型文件类型:列出在 BIM 应用中使用的软件名称及版本号,它对于确定 BIM 应用之间的数据互用是必要的。

(3) 建筑元素分类标准用于组织模型元素:目前,国内项目可以借用美国普遍采用的分类标准 UniFormat,或已被纳入美国国家 BIM 应用标准的最新分类标准 OmniClassl①。

(4) 信息详细程度:信息详细程度可以选用某些规则,如美国建筑师协会定义的模型开发级别(Level of Development,LOD)规则等。

---

① UniFormat 和 OmniClass 这两种分类标准可看本书第 3 章。

（5）注释：用于解释未被描述清楚的内容。

完成适当的流程图后，应该清楚地识别项目参与方之间的信息交换。对于项目团队成员，尤其是对于每次信息交换交易的发出者和接受者来说，清楚地理解信息内容是非常重要的。交换的信息内容可以在信息交换表中进行定义，表 6-4 给出了信息交换表示例。

表 6-4　　　　　　　　信息交换表示例

信息交换标题		设计创作			3D 协调			能量分析		
		输出			输入			输入		
交换时间（SD、DD、CD、施工）					DD			DD		
模型接收者		无			C、TC			MEP		
接受者文件格式										
应用和版本										
模型元素分解		信息	负责方	备注	信息	负责方	备注	信息	负责方	备注
B	框架									
	上层构造									
	地面施工	Mb	A		Mb	A		Mb	A	
	层面施工	Mb	A		Mb	A		Mb	A	
	外部构造									
	外墙	Mb	A		Ma	A		Mb	A	R Value
	外窗	Mb	A		Mb	A		Ma	A	R Value
	外门	Mb	A					Mc	A	
	屋顶工程									
	屋面覆盖	Mb	A							
	屋顶开口	Mb	A		Ma	A		Mb	A	
C	内部工程									
	内部施工									
	隔墙	Mb	A		Mb	A		Mb	A	
	内墙							Mc	a	
	设备	Mb	A		Mb	A			A	
	楼梯									
	楼梯施工	Mb	A		Mb	A		Mb	A	
	楼梯涂层									
	内部涂层									
	墙体涂层							Mb	A	Reflectance
	地面涂层							Mb	A	Reflectance
	层顶涂层							Mb	A	Reflectance
D	服务									

注：Ma—准确尺寸和位置，包括材料和构件参数；Mb—总体尺寸和位置，包括参数数据；Mc—概要尺寸和位置；A—建筑师；C—承包商；CV—土木工程师；FM—设施经理；MEP—机电工程师；SE—结构工程师；TC—专项承包商。

4）定义 BIM 实施的软硬件基础设施

BIM 实施的软硬件基础设施主要是指在明确应用目标和信息交换要求和标准的基础上，确定整个技术实施的软硬件和网络配置方案，这些基础设施是保障 BIM 实施的基础和必要条件，一般包括计算机技术和项目管理治理环境两部分内容。

6.3.3　BIM 实施规划的应用案例

以下案例是某项目的 BIM 技术的实施规划，本案例展示了其主要内容。

1）确定 BIM 应用工作目标

（1）通过项目 BIM 应用，有效控制造价、缩短工期、提高设计、施工质量和管理水平，提升建筑品质，推动设计、施工企业对 BIM 的重视和研究应用；

（2）通过项目 BIM 应用积累经验，建立 BIM 的建模标准（绘图、图例标准、传输标准、视图标准）和族库标准，建立 BIM 工作流程体系；

（3）制订培训计划，进一步加强 BIM 团队的建设，初步建立自己的 BIM 团队。BIM 团队应包含监理、造价咨询等合作单位人员；

（4）解决基于 BIM 的协同工作和信息共享问题，建设协同作业平台。

通过项目 BIM 模型数据的建立，将 BIM 模型数据库用于运营维护管理，实现建筑物信息的存储、查阅。

2）BIM 实施的功能应用和流程设计

（1）基本流程与阶段划分

项目 BIM 应用阶段划分以及各阶段的应用目标如表 6-5 所示。其中深化模型阶段及设计整合阶段将分为建筑、结构配合设备安装及出图深化模型、空调通风系统，给排水及消防系统和电气系统分别进行，具体工作及详细工作流程将会在后段详细阐述；其他阶段，各专业交互并行实施。

表 6-5　　　　　　　　　各阶段 BIM 应用目标定义

阶段	阶段目标
前期运作阶段	◆ 搭建协同工作平台 ◆ 制订详细建模计划 ◆ 制作本项目校审分项单 ◆ 确定人员配置及时间筹划
初步模型阶段	◆ 按照施工图确定建筑主体布局及定位 ◆ 完成建筑各个工段的初步模型，并通过链接创建整体模型 ◆ 按照施工图确定结构主体形体、规格及定位 ◆ 完成结构专业各个工段的初步模型，并通过链接进行整体模型检查 ◆ 完成机电专业各个工段的初步模型，并通过链接进行整体模型检查 ◆ 各个工段通过链接进行跨专业协作检查，确定冲突点的位置 ◆ 确定主要管道穿梁及结构预留洞口位置 ◆ 确定大型设备安装位置 ◆ 确定管井内管道布置

续表

阶段	阶段目标
深化模型阶段	◆ 建立各专业深化模型 ◆ 提交各专业管线碰撞检测月报 ◆ 深化管线综合及创建 2D 图纸 ◆ 建立多方 BIM 模型整合计划表
设计整合阶段	◆ 获取来自幕墙 BIM 模型、钢构 BIM 模型以及各厂商 BIM 模型 ◆ 整合各区块模型形成总体模型 ◆ 整合并协调各专业模型
施工配合阶段	◆ 根据总体整合模型,进行施工组织及进度模型 ◆ 提交施工阶段管线综合深化设计 ◆ 提交工程量材料清单 ◆ 施工模型最终修正深化完善 ◆ 汇总并整合全套竣工模型

（2）BIM 团队的协同工作平台设计

包括 BIM 建模平台,主要承担建筑、结构、机电各专业的模型搭建工作;族库平台主要为支持平台,将根据设备采购情况和现场构件的加工情况而深化模型,族库深度直接决定整个模型深度;维护养护信息平台记录设计以及设备采购时的维护基础数据,为将来的设备运营及维护提供基础数据库。具体架构如图 6-6 所示。

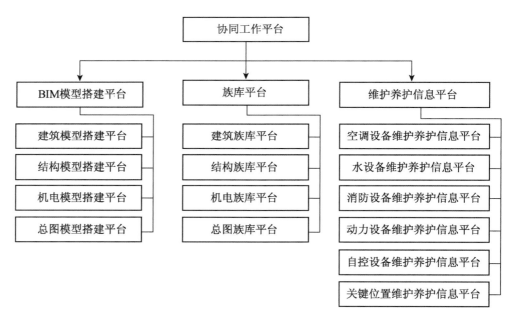

图 6-6　BIM 协同工作平台架构图

（3）初步模型阶段流程设计

初步模型阶段的实施流程如图 6-7 所示,主要应保障初步模型的准确性,为后面的深化奠定良好的基础。

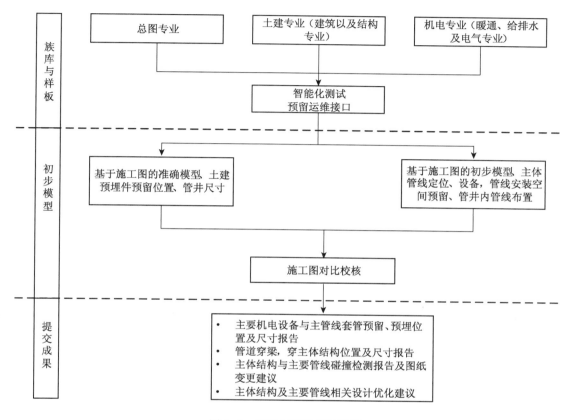

图 6-7 初步模型实施流程图

（4）模型深化阶段的实施流程

模型深化阶段应与甲方项目进度相结合,按照专业独立深化,综合讨论。渐次深化的工作计划是要根据下个阶段项目的施工区域及施工专业而确定的,BIM 团队接到项目有关资料后,BIM 的工作处理流程如图 6-8 所示。

（5）设计整合阶段目标和成果

在建模过程中和建模完成以后,如何确保模型的准确性和完整性,及时发现模型与图纸不一致的问题;如何确保模型的可用性,与其他组件的交互性,组件与组件之间能否"无缝"整合成为一个整体;如何确保创建模型和数据处理人员能遵循工作规范,创建样式协调、参数统一的模型;如何确保材料清单与模型及模型未直接体现的工程量保持一致,对后续模型利用及指导施工甚为关键。

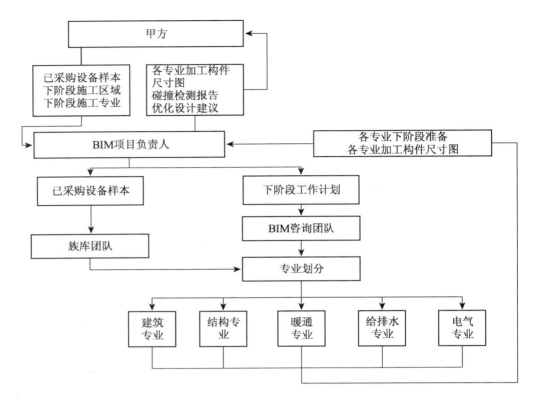

图 6-8　模型深化阶段的 BIM 实施流程图

　　为此,需要在各个环节都设定质量保证体系,以消除个体偏好、能力高低等不确定性对各项成果的质量造成的影响,使得成果不因人而异,质量稳定可靠,应用顺畅。质量保障体系包含两个方面,一方面是制订基于软件规则的逻辑合理、操作简便的工作规范;另一方面就是确保这些工作规范得以贯彻执行。而竣工模型的校对与整合,是我们严格的校审制度的最后一环。

　　① 设计整合目标
　　由于项目开始制定的拆分原则,模型将按照建筑分区,机电系统等进行拆分,那么最终的模型整合过程也将遵循相应的原则进行整合;对甲方的幕墙顾问团队、钢构顾问团队以及各厂商而言,按照既定的拆分原则搭建 BIM 模型,在最后整合阶段方能顺利进行。

　　② 设计整合流程
　　校审整合是模型完工前最后一道关口,也是保证竣工模型和现场高度一致的最后一道屏障,为保障竣工模型的精确性,应进行工程施工图校审、规则校审和接口测试三道关口层层把关,并按照先区域内校核、后全部模型拼装的过程,从制度上严格控制 BIM 模型的质量。

③ 提交成果

在本阶段应根据所有甲方以及主要工程参与方的情况为基础提交全部校审记录,设备数据库以及工程量清单,包括:

 a. 整合各区块模型形成总体模型;

 b. 整合并协调各顾问团队及各分包商的模型;

 c. 整合各方工程量材料清单。

(6) 施工配合阶段任务和流程

① 施工配合目标

在工程施工过程中,BIM 全专业综合模型应配合施工方分区或整体进行施工组织、施工进度及施工方法模拟,对重要机房管线安装实施施工模拟以控制工程质量;并在设计阶段 BIM 模型的基础上,进行施工阶段的管线综合深化设计以及最终算量的工作。

② 施工配合流程

在工程施工过程中,已经在设计阶段整合过的 BIM 模型,为配合工程项目的施工,甲方和施工方应协同工作,继续修正并深化完善 BIM 模型,以达到竣工模型级别。两方协同工作流程如图 6-9 所示。

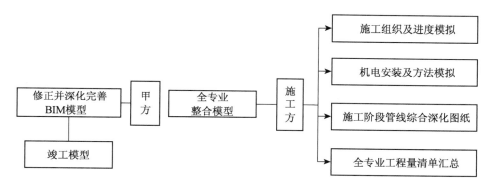

图 6-9　工程施工过程中甲乙方协同工作流程图

③ 提交成果

在本阶段,将根据项目以下进度,继续修正并深化完善 BIM 模型,以达到竣工模型级别:

 a. 施工组织进度模拟;

 b. 机电安装及方法模拟;

 c. 施工阶段管线综合深化图纸;

 d. 全专业工程量汇总清单;

 e. 竣工模型。

(7) 软件平台

软件的平台是 BIM 项目的基础平台,除基本的模型搭建平台和施工模拟平台以外,数据管理平台和协同工作平台是保证整个 BIM 团队信息同步、数据源一致的关键;而协同工作平台同时具备模型检查的功能,保证高质量模型的基础,如图 6-10 所示。

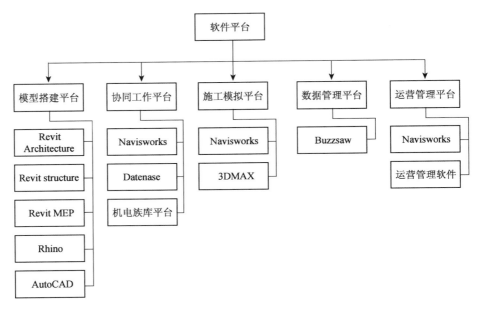

图 6-10 BIM 软件平台方案架构图

6.4 BIM 实施过程中的协调与控制

6.4.1 BIM 应用的协调人

BIM 作为一种建筑业创新性技术,相对长期盛行的 2D CAD 技术而言,具有突破性和颠覆性。由于学习曲线效应的存在,现有建筑业各专业的人员并不能很快过渡到 BIM 环境下。因此,围绕 BIM 技术项目应用诞生了一些新的岗位和角色,如表 6-6 所示。考虑到 BIM 实施过程中需要多专业、多项目参与方的积极参与,其需要不同界面下的协调与控制,BIM 协调人是建筑业企业和建设项目组织由 2D 的 CAD 向 BIM 技术转变的关键角色之一。本节将重点分析 BIM 应用协调人的角色及职责定位、能力要求进行分析。

表 6-6　　　　　　　　　BIM 技术应用的相关职位

序号	职位	说明
1	BIM 经理（BIM Manager）	管理 BIM 实施和维护过程中参与人员
2	BIM 协调人（BIM Coordinator/ or BIM Facilitator）	BIM 协调人是不局限于熟练 BIM 操作软件，其角色是在模型信息可视化方面帮助其他专业工程师
3	BIM 分析员（BIM Analyst）	基于 BIM 模型进行仿真与分析
4	BIM 建模员（BIM Modeler / BIM Operator）	模型构建及从模型提取 2D 图纸
5	BIM 咨询师（BIM Consultant）	在已采纳 BIM 技术但缺乏有经验的 BIM 专家的大中型公司中，指导项目设计、开发及建造者的 BIM 实施。主要包括战略咨询师（Strategic Consultant）、功能咨询师（Functional Consultant）、实施咨询师（Operational Consultant）
6	BIM 研究员（BIM Researcher/ BIM Educator）	致力于 BIM 领域的制度、组织治理研究、教学、协调与开发研究等
7	BIM 软件开发员（BIM Application Developer/ BIM Software Developer）	BIM 插件到 BIM 服务器等软件开发以支持 BIM 流程和集成
8	BIM 专家（BIM specialist）	熟悉 IFC 数据结构及模型概念，精通 IFC 标准、数据兼容及需求等领域的专家

1）BIM 应用协调人角色及职责定位

项目实施阶段的 BIM 应用需要项目参与方具备 BIM 专门人才、软件及硬件，使 BIM 价值得到有效实现。基于项目参与方角色及定位的不同，不同项目参与方的 BIM 协调人角色和职责不同。通常情况下，项目的承发包模式决定了项目参与方的角色和数量。一般 BIM 应用协调人主要可以分为设计方 BIM 协调人、施工方 BIM 协调人及业主方 BIM 协调人。业主方 BIM 协调人通常是 BIM 应用的总体协调，基于业主团队能力及管控模式，有时业主不设该职位。接下来将重点分析设计方 BIM 协调人和施工方 BIM 协调人的角色及职责定位。

（1）业主方 BIM 应用协调人

业主方是项目的总集成者，同时具有契约设计权。业主方是 BIM 应用的主要推动者。业主方 BIM 应用协调人应负责执行、指导和协调所有与 BIM 有关的工作，确保设计模型和施工模型的无缝集成和实施，包括项目规划、设计、技术管理、施工、运营和总体协调以及在所有和 BIM 相关的事项上提供权威的建议、帮助和信息，协调和管理其他项目参与方 BIM 的实施。在项目实践中，业主方项目管理能力及 BIM 应用能力不同，业主方 BIM 应用协调人职责定位也会不同。基于美国陆军工程兵团的一份研究报告对 BIM 协调人的主要职责划分，业主方 BIM 应用协调人的主要角色及职责可分为四部分：[3]

① 数据库管理(25％的时间)

a. 基于工作经验、完整的工程知识和一般设计要求以及其他相关成员的意见,制定和维护一个标准数据集模版、一个面向标准设施的专门数据集模版、以及模块目录和单元库,准备和更新这些数据产品,供内部和外部的设计团队、施工承包商、设施运营和维护人员用于项目整个生命周期内的项目管理工作。

b. 审核在使用 BIM 设计项目过程中产生的单元(例如门、窗等)和模块(例如卫生间、会议室等),同时把最好的元素合并到标准模板和标准库里面去。审核所有信息以保证它们和有关的标准、规程和总体项目要求一致。

c. 协调项目实施团队、软硬件厂商、其他技术资源和客户,直接负责解决和确定与数据库关联的各种问题。确定来自于组织其他成员的输入要求,维护和所有 BIM 相关组织的联络,及时通知标准模板和标准库的任何修改。

d. 作为基于 BIM 进行建筑设计的设计团队、使用 BIM 模型产生竣工文件的施工企业、使用 BIM 导出模型进行设施运营和维护的设施管理企业的接口,为其提供对合适的数据集、库和标准的访问,在上述 BIM 用户需要的时候提供问题解决和指引。

e. 对设计和施工提交内容跟各自合同规定的 BIM 有关事项一致性提供审核和建议,把设计团队和施工企业产生的 BIM 模型中适当的元素并入标准数据库。

② 项目执行(30％的时间)

a. 协调所有内部设计团队在 BIM 环境中做项目设计时有关软硬件方面的问题。

b. 对设计团队的构成给管理层提出建议。

c. 和设计团队成员、软件厂商、客户等协调安排项目启动专题讨论会的一应事项。

d. 基于项目和客户要求设立数字工作空间和项目初始数据集。

e. 根据需要参加项目专题讨论会包括为项目设计团队成员提供培训和辅导。

f. 随时为设计团队提供疑难解答。

g. 监控和协调模型的准备以及支持项目设计团队组装必要的信息完成最后的产品。

h. 监控 BIM 环境中生产的所有产品的准备工作。

i. 监控和协调所有项目需要的专用信息的准备工作以及支持所有生产最终产品必须的信息的组装工作。

j. 审核所有信息保证其符合标准、规程和项目要求。

k. 确定各种冲突并把未解决的问题连同建议解决方案一起呈报上级主管。

③ 培训(20％的时间)

a. 提供和协调最大化 BIM 技术利益的培训。

b. 根据需要协调年度更新培训和项目专用培训。

c. 根据需要本人参与更新培训和项目专题研讨培训班。

d. 根据需要在项目设计过程中对 BIM 个人用户提供随时培训。

e. 和设计团队、施工承包商、设施运营商接口开发和加强他们的 BIM 应用能力。

f. 为管理层提供有关技术进步以及相应建议、计划和状态的简报。

j. 给管理层提供员工培训需要和机会的建议。

h. 在有需要和被批准的前提下为会议和专业组织做 BIM 演示介绍。

④ 程序管理(25%的时间)

a. 管理 BIM 程序的技术和功能环节最大化客户的 BIM 利益。

b. 和业主总部、软件厂商、其他部门、设计团队以及其他工程组织接口,始终走在 BIM 相关工程设计、施工、管理软硬件技术的前沿。

c. 本地区或部门有关 BIM 政策的开发和建议批准。

d. 为管理层和客户代表介绍各种程序的状态、阶段性成果和应用的先进技术。

e. 与设计团队、业主方总部、客户和其他相关人员协调,建立本机构的 BIM 应用标准。

f. 管理 BIM 软件,实施版本控制,研究同时为管理层建议升级费用。

g. 积极参加总部各类 BIM 规划、开发和生产程序的制定。

(2) 设计方 BIM 应用协调人

作为设计方 BIM 工作计划的执行者,项目设计方需要设立设计方 BIM 应用协调人。其应具备足够年限的 BIM 实施经验,精通相关 BIM 程序及协调软件,基于项目 BIM 实施过程相关问题与项目业主方或施工方进行沟通与协调。通常其具有以下角色和职责:

① 制定并实施设计方 BIM 工作计划(Design BIM Work Plan)。

② 与业主方 BIM 应用协调人协调项目范围相关培训。

③ 协调软件培训及文件管理、建立高效应用软件的方案。

④ 与业主团队及项目 IT 人员协调建立数据共享服务器。包括与 IT 人员配合建立门户网站、权限设定等。

⑤ 负责整合相关协调会的所需的综合设计模型。促进综合设计模型在设计协调与碰撞检查会议的有效应用,并提供所有碰撞和硬碰撞的辨识和解决方案。综合设计模型是基于设计视角构建的模型,其包括了建筑、结构、MEP 等完整设计信息的模型,要求其与施工图信息一致。

⑥ 提供设计方 BIM 模型的建模质量控制与检查。

⑦ 推动综合设计模型在设计协调会议的应用。

⑧ 确保 BIM 在设计需求和标准测试方面的合理应用。

⑨ 与项目 BIM 团队及 IT 人员沟通,确保软件被安装和有效应用。

⑩ 与软件商沟通,提供软件应用反馈和错误报告,并获取相关帮助。

⑪ 提供 BIM Big Room① 相关说明，并获取业主认可。

⑫ 联系 BIM 技术人员推进 BIM 技术会议。

⑬ 确保设计团队理解、支持及满足业主 BIM 主要目标及要求。

⑭ 确保所有团队人员共享使用同一模型参照点。

⑮ 与业主团队协调模型及数据交换流程。

⑯ 协调 BIM 模型传递及关键事件节点。

⑰ 与业主方 BIM 应用协调人协调，确保 BIM 最终交付成果的完成。

⑱ 确保设计合同中设计交付成果以特定格式提供。

……

（3）施工方 BIM 协调人

作为施工方 BIM 工作计划的执行者，总包方应该委派专门的施工方 BIM 协调人。其应具备一定年限的 BIM 实施经验，能够满足项目复杂性要求，具备灵活应用 BIM 软件和帮助发现可施工性问题的能力。通常其具有以下角色和职责：

① 与业主方 BIM 协调人和施工团队沟通 BIM 相关问题。

② 施工前及施工过程中，与 IT 一起建立和维护门户及权限。

③ 与设计团队沟通，施工团队所需施工数据提取及相关需求满足。

④ 与设计团队协调，确保设计变更及时在 BIM 模型中更新和记录。

⑤ 在批准和安装前，将预制造模型与综合设计模型集成，确保符合设计意图。

⑥ 负责施工 BIM 模型的构建与维护，确保建成（as-built）信息及时在模型中更新。

⑦ 推动施工阶段充分协调模型② 在施工协调和碰撞检查会议的有效应用，提供软碰撞和硬碰撞的辨识和解决方案。

⑧ 协调软件培训及制订施工团队有效应用 BIM 的软件方案

⑨ 为施工方 BIM Big Room 制订说明书提交业主批准。确保施工团队具备必须的硬件及 BIM 软件。

2）BIM 应用协调人能力要求

BIM 应用协调人能力由其角色和职责决定。现有研究成果对 BIM 能力的定义较少，比较系统分析的是澳大利亚纽卡斯尔大学（University of Newcastle）的 Bilal Succar 教授（2013）在分析个体能力相关文献的基础上，给出了个体 BIM 能力的综合定义[3]：个体 BIM 能力指进行 BIM 活动或完成 BIM 成果所需的个体特质、专业知识和技术能力。这些能力、活动或成

---

① Big Room 是一个大得足以容纳 BIM 团队成员以及必要的计算机同处一室的大空间，内有大型屏幕显示 BIM 模型的最新状况，BIM 团队的成员就在这里举行工作会议，开展协同工作，进行模型的协调与更新。

② 充分协调模型是指在设计方综合设计模型基础上，承包商以协作方式对其各专业进行了深化，解决了所有空间碰撞并就此达成一致，则就形成了充分协调模型。

果必须能够采用绩效标准测度,且能够通过学习、培训及发展而获取或提升。何关培将 BIM 专业应用能力由低到高分为如下 6 个层次,分别说明如下[4]。

① BIM 软件操作能力:即 BIM 专业应用人员掌握一种或若干种 BIM 软件使用的能力,这至少应该是 BIM 模型生产工程师、BIM 信息应用工程师和 BIM 专业分析工程师三类职位必须具备的基本能力。上图的 BIM 软件列表采用了美国总承包商协会发布的 BIM 软件分类方法,需要说明的是,使用其他罗列方法并不会影响这部分 BIM 能力所要表达的本质,也就是会使用某一种或几种 BIM 软件。

② BIM 模型生产能力:指利用 BIM 建模软件建立工程项目不同专业、不同用途模型的能力,如建筑模型、结构模型、场地模型、机电模型、性能分析模型、安全预警模型等,是 BIM 模型生产工程师必须具备的能力。

③ BIM 模型应用能力:指使用 BIM 模型对工程项目不同阶段的各种任务进行分析、模拟、优化的能力,如方案论证、性能分析、设计审查、施工工艺模拟等,是 BIM 专业分析工程师需要具备的能力。

④ BIM 应用环境建立能力:指建立一个工程项目顺利进行 BIM 应用而需要的技术环境的能力,包括交付标准、工作流程、构件部件库、软件、硬件、网络等,是 BIM 项目经理在 BIM IT 应用人员支持下需要具备的能力。

⑤ BIM 项目管理能力:指按要求管理协调 BIM 项目团队实现 BIM 应用目标的能力,包括确定项目的具体 BIM 应用、项目团队建立和培训等,是 BIM 项目经理需要具备的能力。

⑥ BIM 业务集成能力:指把 BIM 应用和企业业务目标集成的能力,包括确认 BIM 对企业的业务价值、BIM 投资回报计算评估、新业务模式的建立等,是 BIM 战略总监需要具备的能力。

BIM 应用协调人是建设项目由传统 CAD 技术向 BIM 技术转换或过渡的关键角色之一。根据上节对 BIM 应用协调人角色及职责定位的分析得知,其应具备以下两方面的能力。

一是工程专业能力是指完成工程项目全寿命期过程中某一种和几种特定专业任务的能力,例如建筑设计、机电安装、运营维护等。其基于工程项目的全寿命周期可分为设计、施工及运营三个阶段,每个阶段又有不同的专业和分工。例如设计阶段的建筑、结构、设备、电气等专业,施工阶段的土建施工、机电安装、施工计划、造价控制等,运营阶段的空间管理、资产管理、设备维护等。该部分能力的分类及构成与高校建筑工程类专业划分有关,其一般受 BIM 应用协调人的专业背景及从业经验决定。

二是 BIM 能力指应用 BIM 工具给建设项目带来增值的能力。关于 BIM 能力,学术界和实业界尚未有统一的定义,仅有相关研究文献对其进行了概括,其中较为全面的是 Succa 教授总结的 BIM 能力集合(BIM competency sets),其把 BIM 能力分为技术、过程和政策三类,如图 6-11 所示[5]。

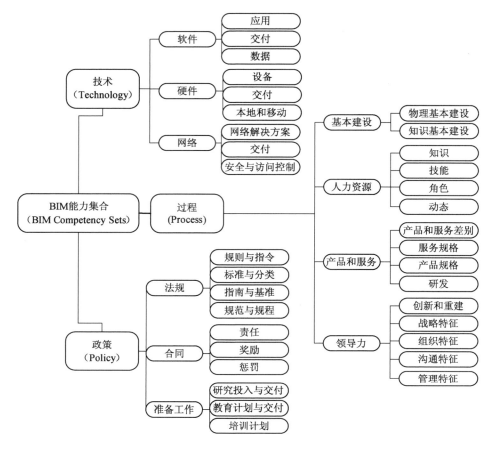

图 6-11　BIM 能力集合图示

6.4.2　BIM 应用的质量控制

BIM 实施过程质量控制对 BIM 实施效果有很大的影响，因此需要对实施过程进行质量控制。BIM 应用质量是给项目带来增值。BIM 应用过程中，必须结合 BIM 实施的特点，采用质量控制的方法和程序，才能保证 BIM 的顺利实施。BIM 应用质量控制指使 BIM 技术应用满足项目需求而采取的一系列有计划的控制活动。BIM 的应用不同于传统 2D CAD 技术的应用，其质量控制的最为突出的特点是影响因素多，主要包括：

（1）项目 BIM 技术应用需求高低；

（2）项目承发包模式及参建各方 BIM 应用过程协作情况；

（3）参建各方对项目 BIM 应用价值的认知；

（4）参建各方 BIM 实施能力；

（5）BIM 应用实施受项目相关投入的制约。

6.5　BIM 应用效益

美国 McGraw Hill Construction 公司在 2012 年发布的市场调研报告 *The Business Value of BIM in North America*（BIM 在北美的商业价值）显示：①北美建设行业的 BIM 应用范围从 2007 年的 28％上升至 2012 年的 71％，扩散速度非常迅速。②就应用规模而言，90％的大中型组织在应用 BIM，小型组织有 49％。③就用户而言，承包商（74％）超过设计师（70％），成为 2012 年最多应用 BIM 的建筑企业类，而工程师对 BIM 的应用从 2009 年的 42％上升到 2012 年的 67％[6]。2010 年，36％的欧洲行业从业者表示曾使用过 BIM，而 2009 年北美已经达到 49％[7]。

随着 BIM 在建设行业应用越来越多，其价值也日益凸显。尽管建设行业面临高投入低效益的危机，但是大多数 BIM 用户通过对 BIM 技术的应用获取了很好的投资效益。

BIM 用户（尤其是承包商）通过对 BIM 投资，在技术方面改善了协作流程，在 BIM 项目中发挥的集成作用也日益体现。多项研究表明，BIM 应用经验和应用水平越高的企业越愿意对 BIM 进行投资，因为他们看到了 BIM 所带来的更大更长远的效益。

BIM 技术的应用效益也可分为行业效益、组织效益、项目效益等三方面。

1）行业层面效益

前面第 2 章曾提及美国国家标准与技术研究院（National Institute of Standards and Technology，NIST）在 2004 年的一份研究报告指出，建设行业由于缺乏互用性（interoperability）及数据管理，导致每年损失近 158 亿美元，占建筑业总消耗额的 3％～4％。[8] 由此可知，BIM 旨在实现所有团队成员间的互用性以及设计、施工和运营等全生命周期的集成，其应用将大幅度减少建筑业由于缺乏互用性而造成的损失。BIM 应用和实施对行业的影响体现在它通过改善互用性从而提高行业生产力方面。

美国国家研究委员会（National Research Council，NRC）在 2009 年发布的提高美国建筑业竞争和效益的报告 *Advancing the Competitiveness and Efficiency of the U. S. Construction Industry* 指出[9]，BIM 的广泛应用是未来 10 年内提高建筑业行业效益和生产效率的五大突破口之一。

2）组织层面效益

随着 BIM 技术在行业的应用，各类 BIM 用户开始利用各种机会提升 BIM 的应用价值，这些价值主要与生产力的提高和适应新工作能力的增强有关。例如，利用 BIM 技术作为建设产品的营销亮点；提高员工效率，减少重复工作和错误,进而减少管理成本。

McGraw Hill Construction 将 BIM 对组织的商业效益归结为以下几类: BIM 技术可作为企业新的营销策略和方法;减少工程实施过程中文件的错误和疏漏,减少重复工作和返工;提高建设项目的总体绩效从而提高整个企业的效益。

3) 项目层面效益

McGraw Hill Construction 调查显示,BIM 技术应用的项目层面价值主要有:减少冲突;增强对设计意图的理解;提高项目质量;减少施工变更;减少 RFI 数量。很多的用户认为 BIM 在设计阶段的应用价值已充分开发,但在施工阶段的应用还有较大潜力。建设项目不同阶段的 BIM 应用效益分类如表 6-7 所示。

表 6-7　　　　　　　　建设项目不同阶段的 BIM 应用效益

建设项目阶段	BIM 效益
项目前期业主/开发商	可行性研究及概念设计效益:优化流程、提高效率
	提高方案可行性及性能评价
设计阶段	更早更准确地实现模型可视化
	当设计变更时可自动实现相关修改
	允许多个设计专业更早地进行协作及模拟工作
	提高设计的准确性和可持续性
	与能耗分析软件链接,提高能耗效率及可持续性
	自动输出工程量
	设计意图检查和空间冲突分析
施工阶段	可实现设计和施工协同,如模拟施工流程以发现潜在问题
	碰撞冲突检测以在施工前发现设计错误及疏漏
	交互系统更新能够迅速对设计或现场问题作出反馈
	BIM 模型、对象以及族能够用于预制构件的制造
	通过 3D 模型的生成实现采购、设计与施工的协同
	减少浪费、更好地利用精益建造技术
运营阶段	模型为建筑系统提供信息数据来源,便于更好地进行运营和设施管理
	竣工模型和信息系统可用于项目的运营阶段,作为设施管理数据库的基础

美国 J. C. Cannistraro 公司在 2010 年通过对该公司 2003—2009 年间 408 个项目(项目总价值达 5.6 亿美元)的变更单成本进行分析研究。该公司以变更单的数量作为关键指标,通过比较 2D 的 CAD、3D 可视化的 BIM (3D lonely BIM)和广义协同的 BIM(Collaborative BIM)的应用,测量其对工程预算的影响。研究表明,通过高水平协同广泛的 BIM 技术,可以极大提高项目

团队的协作水平,提高项目管理的工作效率,很大程度地节约工程建设成本。调查研究的具体数据如图 6-12 所示。

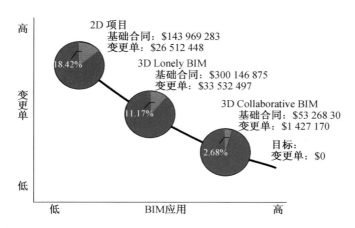

图 6-12 BIM 应用与变更单对比[10]

参 考 文 献

［1］史小坤. 信息技术与组织的效率、协同和创新[J]. 科技进步与对策,2003(20):54-56.

［2］The Computer Integrated Construction Research Program of The Pennsylvania State University. Building Information Modeling Execution Planning Guide, Version 2.0[EB/OL]. [2012-09-02]. http://bim.psu.edu/.

［3］Brucker B A, Case M P, East E W, et al. Building Information Modeling(BIM): A road map for implementation to support MILCON transformation and civil works projects within the U. S. Army Corps of Engineers［R］. Campbellsville: U. S. Army Corps of Engineers. Engineer Research and Development Center,2006.

［4］何关培. BIM 专业应用人才职业发展思考(二)——要求哪些能力?[EB/OL]. [2011-11-01]. http://blog.sina.com.cn/s/blog_620be62e0100v1za.html.

［5］Succa B. The Five Components of BIM Performance Measurement[2010-12-10]. [EB/OL]. https://www.researchgate.net/publication/228963332.

［6］McGraw Hill Construction. The business value of BIM in North America: 2012[EB/OL]. [2013-06-22] http://bimforum.org/wp-content/uploads/2012/10/BIM-Forum-SEA-final.pdf.

［7］McGraw Hill Construction. SmartMarket report: the business value of BIM in Europe[EB/OL]. 2010[2013-06-09]. http://images.autodesk.com/adsk/files/business_value_of_bim_in_europe_smr_final.pdf.

［8］Gallaher M P, O'Connor A C, Dettbarn Jr. J L, et al. Cost analysis of inadequate interoperability in the U. S. capital facilities industry[R]. Gaithersburg: National Institute of Standards and Techology,2004.

［9］Committee on Advancing the Competitiveness and Productivity of the U. S. Construction Industry of National Research Council. Advancing the competitiveness and efficiency of the U. S. construction industry[R]. Washington: National Research Council, 2009.

［10］Cannistraro P M. Saving through

collaboration：A case study on the value of BIM [J]. Journal of Building Information Modeling，2010.

[11] 清华大学 BIM 课题组，互联立方（isBIM）公司 BIM 课题组.设计企业 BIM 实施标准指南 [M]. 北京：中国建筑工业出版社，2013.

7 BIM 在建设项目中的应用

7.1 BIM 在上海中心大厦工程中的应用

7.1.1 上海中心大厦工程简介

1) 项目基本概况

上海中心大厦项目位于上海浦东陆家嘴地区 Z3 地块,总高度为 632 m,由地上 121 层主楼、5 层裙楼和 5 层地下室组成,其主体建筑结构高度为 580 m,总建筑面积 57.6 万 m²,建成后将成为上海最高的摩天大楼。大厦于 2008 年 11 月 29 日进行主楼桩基开工,2013 年 8 月 3 日完成 580 m 主体结构封顶,并将于 2015 年全面建成并启用。建成后的"上海中心"将与金茂大厦、环球金融中心等组成和谐的超高层建筑群,形成小陆家嘴中心区新的天际线(图 7-1)。

上海中心大厦是一座楼中之城,它包括 9 个垂直社区,除了顶部观光区域外,其余各层的高度均在 12~15 层之间。各区段的的功能定位主要包括以下部分。

(1) 地下 3~5 层:机动车停车场+自行车停车场。

(2) 地下 1~2 层:地下主题商业。

(3) 地面:多功能会议中心+下沉式市民广场。

(4) 第 1 区段:精品商业+办公/酒店/观光大堂。

图 7-1　上海中心大厦建成后小陆家嘴中心区天际线

（5）第 2～6 区段：24 小时甲 A 级办公（含交易层）。

（6）第 7～8 区段：国际超 5 星级酒店＋精品办公。

（7）第 9 区段：观光平台。

2）工程特点分析

从规模看，上海中心大厦有 2 个金茂大厦、1.5 个环球金融中心的体量，是中国第一次建造超过 600 m 以上的建筑，是世界上第一次在软土地基上建造重达 85 万吨的单体建筑，是世界上第一次在超高层建造 14 万 m² 的柔性幕墙，将使用 18 m/s 的世界最快垂直电梯，也将是世界上最高的绿色建筑。从地理位置看，上海中心身处小陆家嘴中心成熟商务地区，周围高楼林立，施工条件相对苛刻，限制繁多，难度升级，成本增加。对于任何建设者来说，这些都是极大的挑战。此外，上海中心大厦的建设追求的不仅是建筑高度，更是理念的高度和管理的高度，因此必须全面考虑市场需求，完善功能配置，建设一个令人尊重的垂直城市。上海中心有着"四个社区"的建设目标：

垂直社区——从上到下超过 57 万 m² 的建筑面积，使得项目真正是按照一个垂直城市的理念去进行建造；

绿色社区——上海中心将会成为第一座中国绿建三星奖和 LEED 金奖双认证绿色超高层建筑；

智慧社区——整个大厦充分落实云计算、智能化理念和方案，并从工程伊始就引入 BIM 技术帮助进行更好的数字化设计、施工建造以及运营维护；

人文社区——除了基本的主题商业、会议中心等功能，引入博物馆和书店等内容来丰富完善大厦乃至整个陆家嘴地区的功能服务设施。

面对前面提到的如此多的高规格要求和标准,必然也为建设团队带来了如下几方面高难度的挑战:

(1)系统分支非常复杂

巨大的体量、超常的高度、丰富的功能和独特的定位决定了其建筑系统的复杂程度。仅就主要系统而言,就包括 8 大建筑功能综合体、7 种结构体系、30 余个机电子系统、30 余个智能化子系统。这些系统既相互联系,又有一定的独立性;既相辅相成,又常常出现各种矛盾。对项目团队的统筹协调,有效管理提出了很高的要求。

(2)项目参建单位众多

建筑系统的复杂性直接决定了项目涉及学科的多样性。前期设计团队就已经包括建筑、结构、机电、消防、幕墙等 30 余个咨询单位。在施工总承包单位管理下,参与施工的包括幕墙、机电、室内装饰等十几支施工分包队伍。巨大的建筑和机电材料采购量和安装工程量决定整个建设过程中必然要对数量众多的供货方以及施工方队伍进行沟通和管理。此外,银行、保险、财务、行政、广告、公关等领域还与本项目各参建单位开展广泛的合作。

(3)海量信息有效传递的难度大

目前,万余张施工深化图等资料堆积如山,不止是施工图纸,还有合同、订单、施工计划、现场采集的数据等。这些数据的保存、分类、更新和管理工作难度巨大。在需要的时候怎么从如此多的资料中及时找到所需要的内容也是一个具体挑战。

(4)大量创新设计理念和应用

为了追求垂直城市和绿色超高层建筑的建筑目标,本项目上采用了众多先进的设计理念。比如,旋转、收分、上升的幕墙系统,楼顶塔冠部分的风力发电设施,各区域里的公共中庭设计等。尽管这些技术都比较成熟,但是在这么高的建筑上大规模应用的经验还比较缺乏。这也对工程设计、施工、管理提出了不小的挑战。

(5)成本控制难度大

本项目预算总投资超过 148 亿元人民币。巨额的投资控制必须用精确的计算模型和管理手段加以保障。尤其必须将账面投资与实际建设进度相结合,才能实时掌握项目过程的实际进程情况,确保最终控制目标的实现。

针对所有这些工程管理挑战,大厦建设方也提出了相应的解决办法,如:①制定了全员参与和专业分工相结合原则,职责明确与协同合作相统一原则以及管理效率与管理效果相统一原则,真正让每个项目参与人员切实起到应有的作用;②引入 BIM 技术,在设计阶段基于 BIM 模型进行大量模拟分析,达到精细化设计要求,施工阶段进行专业间碰撞检查、施工模拟分析以及增加工厂预制,设计和施工过程中形成的模型和信息为后面的运营维护提供帮助,实现物业管理一站式服务;③整个过程中要真正让各参与方积极参与进来,就需要制定合理的 BIM 技术运用成本和利益分配制度,在通过蓝海战略①实现机会最大化和风险最小化的同时,实现了所有单位的共赢,也就是国外谈得非常多的 IPD 模式,在这个方面上海中心也做了很多积极的探索;④最终针对上海中心大厦项目,做出了"建设单位主导、参建单位共同参与的基于 BIM 技术的精益化管理模式"这一战略选择。

7.1.2　搭建基于 BIM 技术的管理机制

1) BIM 应用技术框架

目前建筑业信息化技术应用水平较为低下,其主要瓶颈便是信息的共享。BIM 技术的出现为建筑相关信息的及时、有效、完全共享提供了可能,为构建信息的无缝管理平台提供了相对可靠的手段,而这也是为解决上海中心项目参与方众多、信息量巨大而产生的管理难题提供了一个积极有效的手段。

BIM 技术,即通过构建数字化信息模型,打破设计、建造、施工和运营之间的传统隔阂,实现项目各参与方之间的信息交流和共享。从根本上解决项目各参与方基于纸介质方式进行信息交流形成的"信息断层"和应用系统之间"信息孤岛"问题;通过 BIM 实现可视化沟通,加强对成本、进度计划及质量的直观控制;通过构建 BIM 信息平台,协调整合各种绿色建筑设计、技术和策略。在设计、施工、及运营阶段全方位实施 BIM 技术,以有效地控制项目各个阶段过程当中工程信息的采集、加工、存储和交流,从而支持项目的最高决策者对项目进行合理的协调、规划、控制,最终达到项目全生命周期内的技术和经济指标的最优化。

BIM 的基础是模型,灵魂是信息,重点是协作,而工具是软件。为了实现上海中心的 BIM 协调应用,建设方于 2010 年就同 Autodesk 公司一起,共同制定了上海中心的软件实施技术框架,如图 7-2 所示。

经过三年工作的不断深入和细化,过程中也不断添加了其他软件应用部分。例如:数据库方面,应用 Tekla 构建钢结构数据库,Pro/E 构建擦窗机数据库;施工阶段,应用 Delmia 进行塔冠的安装模拟,应用 Qualify 进行扫描得到的云数据和模型的对比分析等。此外,项目监理方也在项目 BIM 应用中做了很多的尝试,并且同建设方共同开发了 OurBIM 工程管理系统,并在监理工作中的质量管理、进度管理以及安全管理方面进行应用。当前的软件应用实施框架如图 7-3 所示,其中深色部分表示到目前为止已经进行应用的内容。

①　蓝海战略(Blue Ocean Strategy)是由欧洲工商管理学院的 W·钱·金(W. Chan Kim)和勒妮·莫博涅(Renée Mauborgne)于 2005 年 2 月在二人合著的《蓝海战略》一书中提出的。蓝海就是代表现今还不存在或未知的产业和市场空间。而蓝海战略就是企业超越传统产业竞争、开创全新的市场的企业战略。这里主要希望通过在 BIM 这个新的市场空间寻求各方共同的利益。

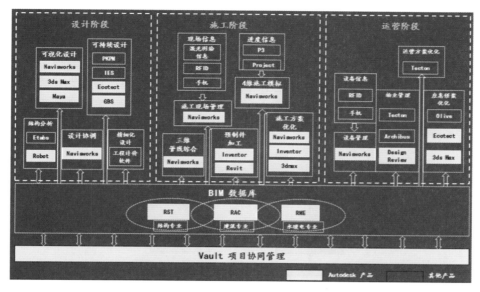

图 7-2　2010 年上海中心的软件实施技术框架图

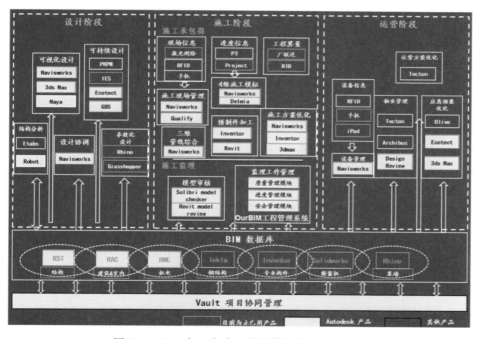

图 7-3　2013 年上海中心的软件实施技术框架图

2）BIM 项目管理框架

（1）BIM 工作团队的构成与建立

上海中心的管理模式定位为"建设单位主导、参建单位共同参与的基于 BIM 技术的精益化管理模式"，即作为建设方需要主导大厦各阶段的 BIM 应用,而参与大厦项目的各方各尽其职,负责其工作范围内的 BIM 应用和实施。

为了达到上述目标,在工程最初招标时,建设方就将 BIM 的工作要求一起写入了总包招标文件以及后来的主要分项工程的招标文件之中。其中详细规定了各承包商 BIM 模型创建和维护工作,包括碰撞检查、施工模拟等在内的 BIM 技术应用要求,BIM 数据所有权等内容。各参与单位也在招标内容的要求下,分别组建了其 BIM 工作团队,并指派专人负责 BIM 工作的沟通及协调。整个上海中心项目 BIM 工作团队的构成如图 7-4 所示。

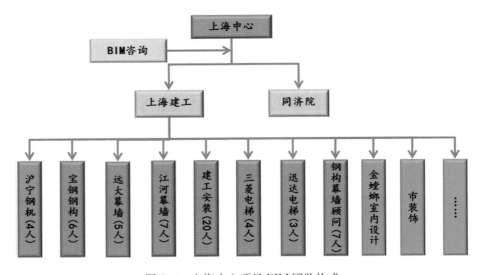

图 7-4　上海中心项目 BIM 团队构成

其中各参与方情况和职责分别为:

① 建设方——上海中心大厦建设发展有限公司

建设方 BIM 团队主要负责制定初期 BIM 项目标准,包括 BIM 应用的技术框架,应用标准、工作流程、应用策略等;校核及管理项目过程中的 BIM 模型;搭建并维护 BIM 数据协同管理平台;和总包及分包一起共同完善项目各专业 BIM 标准;以及对公司职工及相关 BIM 参与单位进行不定期的 BIM 技术应用和操作培训;在后期运维阶段负责利用 BIM 数据来配合大楼的运维管理。

② 方案设计与扩初设计——美国 Gensler 建筑师事务所

设计方 BIM 团队负责建立设计阶段 BIM 模型,在该模型基础上进行相应的模拟分析比较,以帮助得出更好的设计方案,并以 3D 可视化、漫游等方式展示给建设方进行设计方案的查看。

③ 施工图设计——同济大学建筑设计研究院

施工图设计 BIM 团队主要负责建立各专业 BIM 模型,进行 3D 管线综合,从而提高施工图的设计质量与工作效率。

④ 施工总包——上海建工集团

施工总包 BIM 团队主要负责进行施工阶段的 BIM 应用实施和管理,包括进行各分包 BIM 模型的专业间碰撞检查并提出修改意见,定期组织 BIM 例会,对整个施工进度计划以及复杂节点进行施工模拟等。

⑤　施工监理——上海建科工程咨询有限公司

施工监理 BIM 团队负责在施工监理过程中 BIM 的应用。

⑥　施工分包商——远大幕墙,沪宁钢机,建工安装,三菱电梯等

由于招标要求中就明确提出分包商应建立完整的可以胜任服务期内所有 BIM 工作的专业团队,并在开始 BIM 模型的创建和深化工作之前,提交业主及总包商审核及批准 BIM 组织架构表和执行计划书。所以分包商需要从公司内部挑选人员,或者从外部直接聘请团队组成其 BIM 团队为项目服务。并且分包商应指派专业的 BIM 经理负责 BIM 工作的沟通及协调,定期参与 BIM 工作会议,以保证与各方之间的协调一致。

(2) BIM 工作团队的职责

各施工分包商 BIM 团队负责其服务范围内的 BIM 模型的创建、维护和应用工作,并受其总包单位的管理和协调。在项目结束时,分包商应负责向总包商提交真实准确的竣工 BIM 模型、BIM 应用资料和相关数据等,供业主及总包商审核和集成。

各 BIM 团队建立后,项目各方两周一次定期举行 BIM 工作会议,建设方 BIM 负责人或者总包 BIM 负责人召集组织会议,按 BIM 工作的实际需要布置落实相关工作。出席对象为各阶段参与 BIM 工作的内部员工和外部团队的 BIM 负责人。

施工总包负责召集其下分包举行 BIM 模型协调例会跟进此流程,讨论并解决模型创建,模型生成 BIM 成果,模型指导施工等过程中的各种沟通及技术问题。建设方 BIM 负责人需要参与模型协调会,了解各方工作状况,监督流程的进展。如有必要,例如遇有重大问题或关键决策的讨论,BIM 工作例会可以与施工总包在现场的 BIM 模型协调会合并召开。

分部工程模型可根据施工楼层,施工段,施工工序,施工区域或者专项工程等进行划分,具体由总包与各专业分包根据实际情况讨论,并参考建设方 BIM 负责人意见解决。

由合格的模型生成的 BIM 应用成果通常包括:

①　由模型协调后得到的 CSD (Combined Service Drawing,机电综合管道图)、CBWD (Combined Builder's Work Drawing,结构综合留孔图)等施工深化图纸;

②　与实际项目进度计划联接的 4D 模拟;

③　软/硬碰撞检测报告及解决方案;

④　是否满足工程规范规程要求的检查结果报告;

⑤　图片、视频动画及其他视效表现(展示施工工艺,预组装工序等);

⑥　工程量统计原始数据;

⑦ 用于 CAM 的模型数据及其他用于预制造/预组装的数据文件。

（3）项目团队组建后，作为建设方还需要负责的工作内容

① 数据平台的搭建

为了完成上述信息和流程的管理，并考虑到 BIM 数据量庞大，深化图纸、深化模型几乎每周都有更新。鉴于这些原因，项目一开始建设方就需要规划及搭建一个统一工作平台，在经过多种筛选之后，Autodesk Vault Professional 被选用作为该项目的统一工作平台。

该平台已经在上海中心大厦项目中广泛应用，如由总包组织的 BIM 工作组的日常工作中，比较重要的一环是进行楼层的碰撞检测，各分包对于自己的项目环节在制作深化图纸的同时，也会有碰撞检测的报告。碰撞检测的报告通常由 Navisworks 软件进行，Autodesk Vault Professional 对于 Autodesk 系列软件契合度极高，所以在分包汇总资料上传后，总包方及监理方可直接在平台上进行下载浏览，并对其进行批注。

建设方针对工程中出现的问题对 Autodesk Vault Professional 做了二次开发，来优化管理和流程，以更好地帮助项目的实施（图 7-5）。

图 7-5　上海中心 Autodesk Vault Professional 数据管理平台

② BIM 实施标准的建立

有了责任机制和平台后，整个项目还需要统一的 BIM 实施标准来对各参与方的具体工作进行指导和规范。针对上海中心的 BIM 应用，建设方同各参与方一同制定了相关的项目实施标准（图 7-6），其中详细规定了各参与方的具体工作职责，应用软件架构要求，文件交换和发布要求，模型创建、维护和交付要求以及各专业的细化条款等等。随着项目的进行，这套标准还在继续完善，项目各方也希望通过这套标准总结出项目过程中 BIM 实施的要点，从而为以后的项目进行服务。

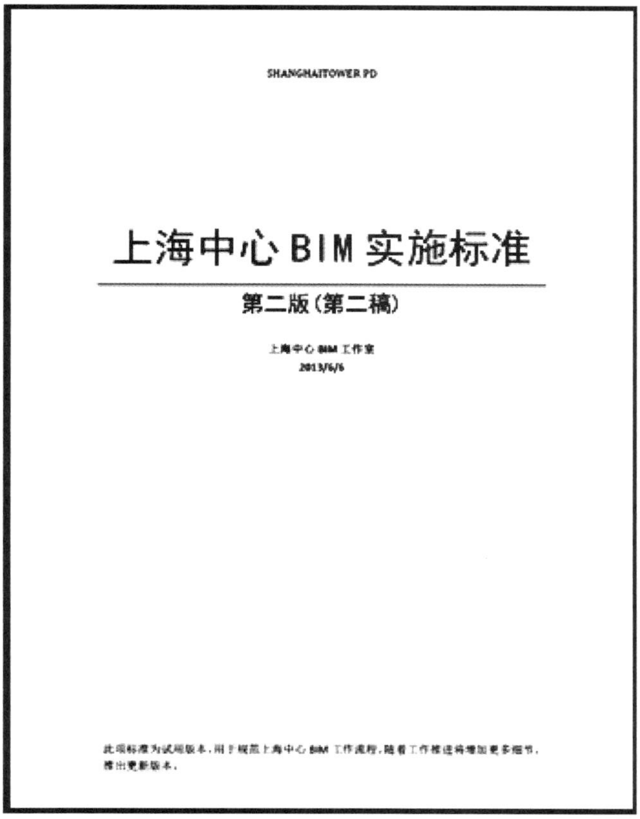
SHANGHAITOWER PD

上海中心 BIM 实施标准

第二版(第二稿)

上海中心 BIM 工作室
2013/6/6

此项标准为试用版本，用于规范上海中心 BIM 工作流程，随着工作推进将增加更多细节，推出更新版本。

图 7-6　上海中心 BIM 实施标准

在建设方的统筹管理下，项目 BIM 各参与方便可在统一平台下，规范地开展 BIM 相关的各种工作，这就是前面提到的上海中心项目的 BIM 管理模式。

3）BIM 项目管理流程

在上述模式和管理框架下，上海中心的 BIM 之路，主要基于以下流程和工作内容：

（1）模型数据的创建和管理

BIM 模型为实现 BIM 应用信息的基本载体，在方案及扩初设计阶段，Gensler 建筑设计事务所及其结构设计分包美国 TT 结构师事务所，生成了多个建筑和结构专业的 BIM 模型，这些模型成为了上海中心项目最初的 BIM 数据库。在扩初阶段结束后，Gensler 将这些模型传递给了负责施工图设计的同济大学建筑设计研究院。

同济大学建筑设计研究院建立了一支 BIM 团队，负责在扩初设计阶段的 BIM 模型基础上继续深化，这种基于 BIM 模型的合作方式不仅让项目信息得以有效传递，而且相互的沟通更加高效。同济大学建筑设计研究院采用 3D

化设计方式,从模型中直接输出平、立、剖等工程图,供 CAD 团队加工成施工图纸,并应用 3D 设计协调,大大提高设计质量。

当前由于上海中心项目已进入施工阶段,图 7-7 中的流程显示了施工阶段,各项目参与方的基于 BIM 模式下的工作管理流程。

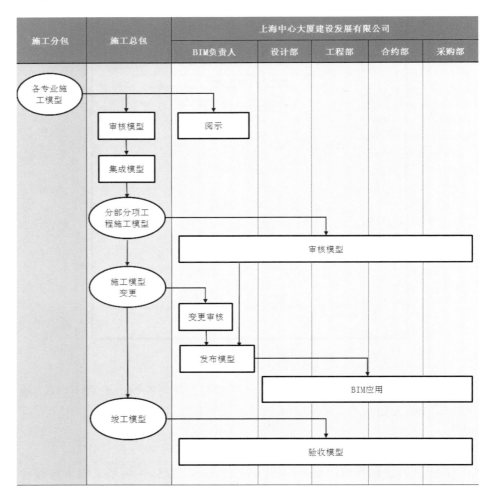

图 7-7　上海中心 BIM 工作管理流程图

其中,各施工分包方需要在设计方 BIM 模型的基础上,根据施工深化图纸进行模型深化,并保证最终和现场施工情况保持一致,过程中添加 BIM 标准中要求的信息属性,最终提交给建设方进行运维管理。

虽然各参建方会根据自身的应用目的来创建各自的 BIM 模型,但为确保与其他团队的协同工作,所建模型应包括满足项目 BIM 应用所需的元素。而且,由于 BIM 数据最终都将用于运营维护阶段,各建模方都应理解 BIM 数据未来的用途,并对建模内容采用统一标准。

本项目中,各分包方应建立专业 BIM 子模型的专业/系统包括:土建、钢结构、幕墙、垂直电梯和自动扶梯、机电系统、擦窗机系统、精装修。

以下对其中几个问题进行说明：

① 数据交换

上海中心项目各建模方可以采用不同的软件来创建模型，但需确保 BIM 模型数据可以被 Navisworks 读取，并能转成 Navisworks 的格式，供之后集成模型之用。

对于项目参与方的其他 BIM 数据转换要求，经建设方的 BIM 经理同意，建模方可提供原始的 BIM 模型文档，数据转换工作由要求方自行负责。

② 模型的检查

准确的模型和信息是确保后期高效利用 BIM 系统进行运营维护的保证，除了施工监理方以外，总包和建设方同时也需要确保 BIM 模型的准确性。

③ 集成模型

在施工阶段，施工总包负责采用 Autodesk Navisworks 来集成各施工分包提供的各专业的 BIM 模型，并确保在分部分项工程施工前完成协调和应用工作。各施工分包除提供原始的 BIM 模型文档外，还要提供相应的 Navisworks 的格式文档。集成模型被用于协调各专业模型，减少各专业的冲突，同时也是施工期间项目 BIM 应用的基础。

④ 模型应用

目前为止，BIM 模型已基本能支持各方在项目的不同阶段的应用要求，实现了以下价值点：

a. 基于 BIM 模型进行多专业设计以及各专业之间的 3D 设计协调；

b. 基于 BIM 模型提供能快速浏览的 3D 场景图片、效果图或动画，以便各方查看和审阅；

c. 基于 BIM 模型统计工程量（钢结构部分）；

d. 基于 BIM 模型准备机电综合管道图及综合结构留洞图等施工深化图纸；

e. 基于 BIM 模型探讨短期及中期之施工方案；

f. 基于 BIM 模型及施工进度表进行 4D 施工模拟，提供图片和动画视频等文件，协调施工各方优化时间安排；

g. 实现工厂化预加工，包括管道、钢结构构件以及幕墙部分加工工厂化，节省了施工现场的空间，大大提高了生成效率；

h. 利用 3D 激光扫描等仪器提高现场施工的准确性。

⑤ 竣工交付

竣工 BIM 模型应真实准确，原则上应与项目实际完成状况一致。但由于实际操作起来有难度，目前在竣工标准的制订过程中，对 BIM 模型和实际完成情况之间的容差作出了具体规定。竣工模型的提交还要求包括原始模型和转换完成的 IFC 模型，提交前须进行病毒检查、清除不必要的信息等。

此外,模型应包含必要的工程数据,比如对于建筑设备,应包括基本的名称/描述、尺寸、制造商、序列编号、重量、电压等,这些要求都会在 BIM 标准中进行具体的规定,从而确保建设方和物业管理公司在运营阶段具备充足的信息。在项目建设过程中,BIM 模型的应用会有很多,各项目参与方应积极拓展其他与各自业务相关的应用点,在项目建设过程中最大化应用 BIM。

(2) 关键流程的细化

① BIM 模型提交流程

通常情况下,BIM 模型创建的负责方需在合同签订后的 30 天内提交 BIM 组织架构表,建设方 BIM 负责人需对其负责 BIM 工作的团队资格进行审核。BIM 模型创建的负责方需在合同签订后的 45 天内提交 BIM 执行计划书,建设方 BIM 负责人需对执行计划书进行审核。BIM 模型创建的负责方需在合同签订后的 120 天内提交最初的 BIM 模型。BIM 模型创建的负责方需与施工深化图纸一起提交与图纸相一致的阶段性 BIM 模型。BIM 模型和相关文档的提交统一采用 Vault 平台。BIM 模型创建的负责方需按以上时间节点将 BIM 数据上传到 Vault 平台站点的单位目录下,并发邮件通知建设方 BIM 负责人和施工总包 BIM 负责人。

在施工过程中,在相关分部分项工程开始施工前一周,施工总包负责提交相应部位的 3D/4D 应用报告和协调后的施工模型到 Vault 平台站点的单位目录下,并发邮件通知建设方 BIM 负责人。

隐蔽工程/分部分项工程完工后应由施工总包组织自检,合格后施工总包提交验收申请,并同时提交与现场实际一致的分部分项竣工模型到 Vault 平台站点的单位目录下,并发邮件通知建设方 BIM 负责人。

施工单位完成合同承包范围工程后,由施工总包统一提出竣工验收申请,并同时提交与现场实际一致的竣工模型到 Vault 平台站点的单位目录下,并发邮件通知建设方 BIM 负责人。

建设方 BIM 负责人负责按项目进度督促各方及时提交所负责的 BIM 模型和相关文档。

② BIM 模型审核流程

对于各专业施工模型,施工总包负责审核并集成,给出审核报告,并协调施工各方制订整改方案和期限。建设方 BIM 负责人负责监督审核进程。

对于分部分项工程的施工模型,建设方 BIM 负责人负责组织建设方各部门审核,审核流程如图 7-8 所示。

审核通过后,建设方 BIM 负责人负责组织施工各方签署分部分项工程 BIM 认可协议,即可开始相应部位的施工。

当 BIM 认可协议签署后,审核后的 BIM 模型将被发布到 Vault 平台上,供各方查阅。

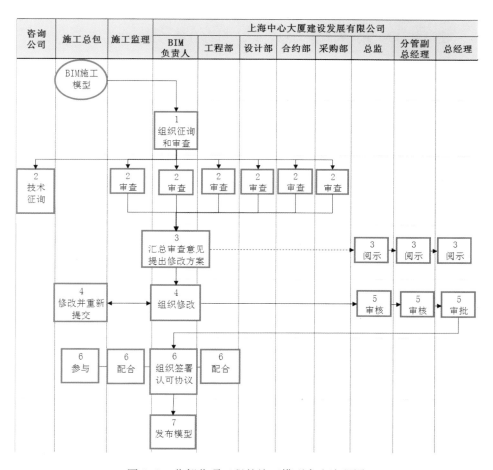

图 7-8　分部分项工程的施工模型审查流程图

③ BIM 模型变更流程

BIM 模型变更流程适用于因工程变更而引起的模型修改要求。各项需要在工程变更中完成的 BIM 相关工作,应该整合到工程变更流程中,形成协调一致的工作流程。

因工程变更而引起的模型变更由施工总包负责组织和协调各相关施工单位实施,施工总包审核后,将更改的 BIM 模型上传到 Vault 平台的单位目录下,并发邮件通知建设方 BIM 负责人。

④ BIM 竣工模型验收流程

随着工作的推进,越来越多的专业已经开始提交竣工模型。

BIM 竣工模型验收流程适用于在隐蔽工程/分部分项工程验收和工程竣工验收工作过程中,同时对相应部分的 BIM 竣工模型的验收工作。各项需要在工程验收中完成的 BIM 相关工作,应该整合到工程验收流程中,形成协调一致的工作流程。

对于隐蔽工程/分部分项工程验收,相关的 BIM 模型验收工作包括:

a. 参与验收

建设方 BIM 负责人需参与隐蔽工程/分部分项工程验收工作。

b. 自检合格

总承包工程在分部分项/隐蔽工程完工后,总包单位须先行对相关部位的 BIM 模型进行自检,确保模型与现场情况一致。分包工程在分部分项/隐蔽工程完工后应由总包单位组织自检相关部位的 BIM 模型,合格后通过总包提交验收申请。

c. 提交验收申请

施工单位应按规定,备齐全部验收资料,提前一天报请质量验收。相关的 BIM 模型将作为验收资料的一部分,在提交验收申请的同时提交。

d. 资料验收

建设方 BIM 负责人负责收集相关部位的 BIM 竣工模型,并确保模型用于现场验收工作。

e. 验收过程

验收过程中如发现模型与现场不一致,施工单位需说明原因,由建设方 BIM 负责人开出 BIM 整改通知单,并监督施工单位按期限整改模型。

对于工程竣工验收,相关的 BIM 模型验收工作包括:

f. 竣工验收小组

建设方 BIM 负责人需作为验收小组一员,参与工程竣工验收工作。

g. 工程完工申报

施工单位完成合同承包范围工程后,由施工总包统一提出竣工验收申请。相关的竣工模型将作为验收资料的一部分,在提交验收申请的同时提交。

h. 资料验收

建设方 BIM 负责人负责收集 BIM 竣工模型,并确保模型用于现场验收工作。

i. 验收过程

验收过程中如发现模型与现场不一致,施工单位需说明原因,经验收小组确认后,由建设方 BIM 负责人开出 BIM 整改通知单,并监督施工单位按期限整改模型。

j. 工程完工证书

在开具工程完工证书之前,需各方审核确认施工单位和施工总包提交的 BIM 竣工模型已满足要求。

7.1.3 设计和施工阶段的 BIM 应用

1) 设计阶段的 BIM 应用

美国 Gensler 建筑师事务所建立了多个 BIM 模型来帮助进行设计优化、功能优化等工作,具体体现在以下几个方面:

（1）参数化设计

通过 BIM 参数化设计，设计师在整个设计过程中使用算法语言与变量参数，通过对规则的设定与判断来调整设计方案，包括调整建筑物的外观造型，控制幕墙单元板块的造型、尺寸，并通过设定的公式来对幕墙进行准确的分隔与定位（图 7-9）。

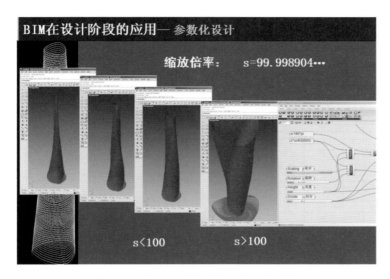

图 7-9　上海中心幕墙的参数化设计图

（2）可视化设计

基于 3D 数字技术所构建的"可视化"BIM 模型，为建筑师、结构工程师、机电工程师、开发商乃至最终用户等利益相关者提供"模拟和分析"的协作平台，各参与方可以直观地了解设计方的设计意图，从而使各参与方对项目理解达成统一，消除理解误差，大大提高沟通效率（图 7-10）。以主体塔楼的每区设备层为例，因为其空间桁架非常复杂，建筑师要想用 2D CAD 清楚地表示这些桁架间的空间关系要花费大量时间和精力。随着设计的深入，一旦结构调整桁架尺寸，那么就要再重复一次先前的工作。而通过搭建 BIM 模型，调整参数很容易改变构件尺寸，并可轻松导出想要的任意标高平面，节省了设计绘图及调整的时间。

图 7-10　上海中心设计阶段的
可视化设计图

287

（3）可持续设计

利用 BIM 模型及相关软件的扩展功能，对建筑物的通风、日照、采光等物理环境进行分析与评估，能方便快捷地得到直观、准确的分析结果。根据分析结果，对设计方案进行调整与完善，从而实现可持续性设计，提高建筑物的整体性能。例如在室外风环境方面，对上海中心周边的室外风环境进行模拟评估分析，冬季主导风为年平均风速时，上海中心周边风环境 1.5 m 高度处的人行区风速均小于 5 m/s；夏季时期上海中心标高 1.5 m 处室外风速流通顺畅，没有形成死角，周边风环境 1.5 m 高度处的人行区风速均小于 5 m/s。在室内采光方面，采用建筑光环境分析软件对 1 区各层及 2～8 区的一层、不同隔断层、典型层和顶层进行模拟计算，通过数据分析与设计完善，最终保证了 89.9% 的主要功能空间面积满足标准要求。

在这些应用的帮助以及其他专业工程师的共同努力下，上海中心项目获得了国家三星级绿色建筑设计标识证书（图 7-11）和美国 LEED 黄金级预认证（图 7-12），并将在项目结束时力争获得美国 LEED 黄金级认证。

图 7-11 国家三星级绿色建筑设计标识证书

图 7-12 美国 LEED 金级预认证

（4）多专业协同

在传统 2D CAD 的设计方式中，经常会发现门窗表统计错误，平、立、剖面图纸之间对照不上，管线之间、管线与结构之间相互打架等问题。究其原因就在于传统 2D 模式下生成的平、立、剖面及明细表之间是相对独立的，设计信息处于割裂的状态。当一张图纸发生变更的时候，其他关联图纸的修改需要通过人为的方式进行，多种原因都可能造成改动信息未能够准确、及时地反映在相关图纸上。另一方面，传统 2D 模式下进行各专业管线综合一直是设计师比较头疼的地方，由于无法 3D 具象化，这样就很难准确找出管线碰撞的位置，就不可避免会出现管线碰撞的问题。而规模越大的项目，设备管线多且错综复杂，碰撞冲突也越容易出现，返工的可能性就越大。一旦出现返工，就会出现工期延误、经济损失。

利用 BIM 技术，通过搭建各专业的 BIM 模型，一方面可对原有 2D 图纸进行审查，找出相关图纸设计的错误，从而提高设计图纸的质量，并优化了设计。另一方面设计师能够在虚拟的 3D 环境下方便地发现各专业构件之间的空间关系是否存在碰撞冲突，并可通过软件自动检测出碰撞点的方位和数量。这样便可针对这些碰撞点进行设计调整与优化，不仅能及时排除项目施工环节中可以遇到的碰撞冲突，显著减少由此产生的变更申请单，大大提高了管线综合的设计能力和工作效率，进而降低了由于施工协调造成的成本增长和工期延误。以上海中心设备层为例，由于大量桁架的存在，使可用于管道穿行的空间异常紧张且变化多端。通过搭建建筑、结构、机电等各专业 BIM 3D 模型并进行整合，发现并检测出各专业间的设计冲突，然后及时反馈给各专业设计者进行调整、修改模型，重新复核后将新的问题再次反馈给设计师。经过这样反复几个过程，最终完成设备层的管道综合。另外在此基础上，进一步优化管线的排布方案，以合理地利用空间，提高室内的净高（图 7-13）。

图 7-13　设计阶段的多专业协同价值

2）施工阶段 BIM 应用
（1）施工组织协调

施工组织是对施工活动实行科学管理的重要手段，它决定了各阶段施工准备工作的内容，协调了施工过程中各施工单位、各工种、各项资源之间的相互关系。施工组织设计是用来指导施工项目全过程各项活动的技术、经济和组织的综合性解决方案，是施工技术与施工项目管理有机结合的产物。通过 BIM 可以对项目的一些重要的施工环节进行模拟和分析，以提高施工计划的可行性；也可以利用 BIM 技术结合施工组织计划进行预演以提高复杂建筑体系（施工模板、玻璃装配、锚固等）的可建造性。借助 BIM 对施工组织的模拟，项目管理方能够非常直观地了解整个施工安装环节的时间节点和安装工序，并清晰把握在安装过程中的难点和要点，施工方也可以进一步对原有安装方案进行优化和改善，以提高施工效率和施工方案的安全性。

例如，本项目的核心筒四周布置有 4 台 M1 280D 大型塔吊。每台塔吊所处的位置都在其他 3 台的工作半径内，所以存在很大的冲突区域。在施工过程中，难免会有塔吊相互干扰的情况发生，所以需要事先制定一个运行规则。以前，总会需要开动塔吊——调整到临界状态，然后记录下来成为规则。现在则利用 BIM 模型来完全模拟现场实际的状况，通过建立塔吊族模型，调整模型参数设置，把每台塔吊都调整到临界状况，观察实际效果，并记录下所有的临界状态值。这样能够在很短的时间内就能够把所有不利状态——呈现出来，十分直观地看到塔吊相互影响的情况，通过对临界状态值的分析，可以直接在模型上试验应对措施是否切实可行，进而完善施工方案的合理性，并提高塔吊的工作效率（图 7-14）。

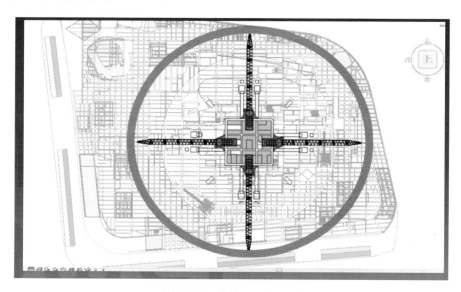

图 7-14　塔吊的施工模拟

（2）4D 施工模拟

建筑施工是一个高度动态的过程，随着工程规模不断扩大，复杂程度不断提高，使得施工项目管理变得极为复杂。当前建筑工程项目管理中经常用来表示进度计划的甘特图，由于其专业性强，可视化程度低，无法清晰描述施工进度以及各种复杂关系，难以准确表达工程施工的动态变化过程。通过将 BIM 与施工进度计划相链接，将空间信息与时间信息整合在一个可视的 4D（3D＋时间）模型中，可以直观、精确地反映整个建筑的施工过程，从而合理制订施工计划、精确掌握施工进度，优化使用施工资源以及科学地进行场地布置，对整个工程的施工进度、资源和质量进行统一管理和控制，以缩短工期、降低成本、提高质量。

在本项目中，结构比较复杂，工序也比较繁复，在制订施工计划时需要考虑众多的因素，难免存在顾此失彼的情形。在施工实践中利用了基于与现场实际情况相一致的 BIM 模型，结合预设的施工计划进行 4D 模拟，如图 7-15 所示，依次表现混凝土施工、钢结构吊装、钢平台系统运行和大型塔吊爬升等工况，直观地看到各工序之间存在的冲突，包括钢骨吊装时间过长导致钢平台爬升受限、混凝土施工与塔吊爬升存在一些冲突等问题。针对发现的这些问题，及时找寻解决方案，从而避免了在实际操作中造成不必要的经济损失和时间损失。

图 7-15　4D 施工进度模拟分析

（3）施工深化图

利用传统 2D CAD 设计工具进行机电、钢结构、幕墙等深化设计时，其精度和详细程度很难满足现场施工的要求，尤其是在构件加工图上，出错率更高，而在加工制造环节又不易察觉，直到现场安装的时候才会发现，只能重新返回到工厂加工,然后运输到现场进行再次安装。这样会严重影响施工的进度,造成工期延误和成本损失。而基于 BIM 模型辅助进行深化设计,可提供精准的信息参考以及统一的可视化环境,有效促进了项目团队对细节进行沟通;同时在施工深化设计的过程中,可发现已有施工图纸上不易发现的设计盲点,找出关键点,为现场的准确施工尽早地制订解决方案,从而降低成本,提高效率。

例如,本项目在钢结构的深化设计中,便将 BIM 模型用于钢结构详图设计和制造环节,这样便实现了从设计到制造的全数字化流程。重复利用设计模型不但提高了工作效率(节省了用于创建制造模型的时间),而且改进了制造质量(消除了设计模型与制造模型相互矛盾的现象)。此外,钢结构详图设计和制造软件中使用的信息是基于高度精确、协调、一致的 BIM 模型的数据,这些数据可完全放心地在相关的建筑活动中共享。在幕墙深化设计中,基于 BIM 模型可方便地生成各部位的平、立、剖面图纸,并校核原设计蓝图、修正设计。

另外在探讨与其他专业之间的接口设计,基于 BIM 模型不仅可直观地展现各专业之间的工作界面,更可方便、直观地与其他专业之间进行接口链接设计,保证交接面上工作的各方都可获得一个清晰的、可执行的设计方案(图 7-16)。

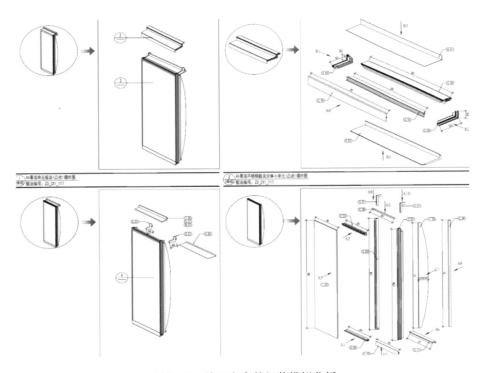

图 7-16　施工方案的组装模拟分析

(4)二维码扫描

上海中心大厦所有的大型设备上均安装了二维码标识(图 7-17),通过二维码扫描可获取管配件性能、物理参数、厂商资料、安装的具体位置、安装人姓名和安装时间等信息。

图 7-17 扫描设备二维码以获得设备信息

总之,在工程施工阶段,通过 BIM 技术在施工 3D 协调、施工深化图、施工现场监控、4D 施工模拟、幕墙和机电等专业的安装模拟等方面的应用,实现对施工质量、安全、成本和进度的有效管理和监控。

由于上海中心大厦项目的设计和施工 BIM 应用在本丛书其他分册会有重点介绍,这里只是将部分重点应用做了简要介绍。

7.1.4 施工监理方的 BIM 应用

1) BIM 在监理工作中的应用价值分析

监理单位受建设单位委托,根据法律法规、工程建设标准、勘察设计文件及合同,在施工阶段对建设工程质量、进度、造价进行控制,对合同、信息进行管理,对工程建设相关方的关系进行协调,并履行建设工程安全生产管理法定职责的服务活动。由于 BIM 是应用数字技术进行数据管理,工程监理工作过程中涉及海量、复杂的结构化的 BIM 数据,和异构、离散的非结构化的文档数据,所以将监理工作和 BIM 技术做合理的结合,可以为数据的有效存储、流转、更新、提取提供全新的模式和工作平台。

通常情况下,BIM 在监理工作中的应用价值主要体现在如下几个方面:

(1) 改变监理工作模式

传统模式中,监理主要在施工阶段参与到项目建设过程中。BIM 技术的实施使得监理的工作内容扩展到了设计阶段、施工准备阶段、施工阶段、竣工验收阶段。

① 在设计阶段,监理与各方一同对初始 BIM 模型进行验收确认。

② 在施工准备阶段,引入 BIM 实现项目的可视化管理,使得监理人员对工程项目有了更直观的了解,尤其是结构、外形复杂的项目。

③ 在施工阶段,利用 BIM 模型及信息平台等工具,展开相关质量、进度、安全管理工作。形成监理关键信息,与 BIM 模型相联系匹配,提高掌控力;同施工方一同负责确认 BIM 模型和信息的准确性。

④ 在竣工阶段,做好模型中监理关键信息的整理汇总,并与各方共同做好 BIM 模型的验收移交工作,给予物业最大便利。同时数据支持后期运营维护活动,实现项目全生命周期管理。

(2) 优化监理工作流程

在监理工作中引入 BIM 模型,可以使整个过程信息流转更加通畅,对整个过程进行动态监管。相关审查、审核、签认工作均可在网络协同工作平台内完成,提高信息的流转效率,减少信息传递过程中的丢失与断裂问题。且相关工作均有操作记录,提高工作透明度和合规性,消除了信息沟通不畅及错误理解等问题。

(3) 提高监理工作效率

① 数字化工作,更加高效真实全面

在施工过程,将 BIM 与数码设备相结合,实现数字化的监控模式,更有效地管理施工现场,监控施工质量和进度,这种模式使现场管理人员不用花费大量的时间进行现场的巡视监控,而是将更多的精力用于对现场实际情况的提前预控和对重要部位、关键产品的严格把关等工作,从而提高工作效率,尽早发现安全质量隐患。

② 精准分析,模拟施工过程,把握工作的重点、难点

监理单位应遵循事前控制和主动控制原则实施工程监理。结合工程特点,针对监理工作过程中可能出现的各种风险因素进行辨析,策划各项预防性措施,有效控制工程的质量、进度和造价。BIM 可以模拟建筑施工过程,进行虚拟施工,基于监理数据库对其中可能发生的问题及可能存在的危险进行预测,帮助监理把握施工过程中的关键工序的工程特点及管理控制难点,确定关键控制环节及相应的控制措施,从而提高施工阶段监理管理工作效率和控制效果。提高施工的质量和安全性,减少返工现象,提高工作效率。另外,基于 BIM 技术可以将施工过程与进度计划、成本计划整合,对施工方案进行优化,有助于建设单位对整个施工过程进行控制。

2) OurBIM 工程管理系统

工具是 BIM 技术实现的手段,上述价值点的实现都需要一套软件或者系统来完成,上海中心大厦项目中,由建设方牵头,监理方、顾问方共同参与,结合项目实际,一同开发了一套 OurBIM 工程管理系统,来逐步实现监理方乃至下游的施工阶段和运营维护的应用。

OurBIM 系统(图 7-18)是一套结合 BIM 模型,辅助大型工程进行过程管理的工具,开发者们正在努力将该系统开发成为一套能够记录历史、掌握现状、预测未来的系统,一套能够为建筑全生命周期服务的体系,并且简单易用,能让所有人员接受的工具。

图 7-18 OurBIM 工程管理系统

"记录历史"，就是通过模型记录汇总现场工况信息，并在数据库中保留。在将来通过模型追溯还原任何时段的现场情况。

"掌握现状"，就是通过现场采集数据实时传回到系统中，让所有的项目参与方均可以随时随地查看项目动态信息，方便对项目现状的掌控。

"预测未来"，就是通过对历史和现况数据的正确分析，对未来项目质量、进度和安全等方面进行合理的预测。

该系统由"一个平台"和"两套模型"基本组成。"一个平台"就是该系统管理平台，采用自主 3D 引擎，是该系统的基础。"两套模型"分别是 BIM 模型和采用高倍数码相机得到的全景模型，构成了项目中 BIM 应用的载体（图 7-19）。

(a) BIM模型   (b) 全景模型

图 7-19 OurBIM 系统中的两套模型

该系统中，一个创新词汇是"标签"，将标签引用至模型，记录信息、记录问题。从而让模型真正成为管理工具：管理标签即为管理问题，从而达到管理工程项目的目的。

在项目中，项目监理方已经使用该系统在进度管理、质量管理和安全管理上进行了很多的尝试，具体如下：

（1）进度管理

通过不同颜色标识来显示不同的工程进度，如图 7-20 所示，蓝色部分表示已经完成的工作内容，浅蓝色部分表示正在进行的工作内容，而白色部分表示还未开展的工作内容，依据每天的工作完成情况，现场工程师需要在表格中进行对应的输入，如图 7-21 所示。

图 7-20　不同颜色表示当前不同的进度情况

图 7-21　进度管理明细表中的控制内容

（2）质量管理

通过标签的方式，对现在的质量问题进行标记，如图 7-22 所示，对标签的操作包括以下内容：

① 标签浏览：可以在现场全景中点击标签图标浏览标签内容；可以在标签管理页面中筛选标签进行浏览。

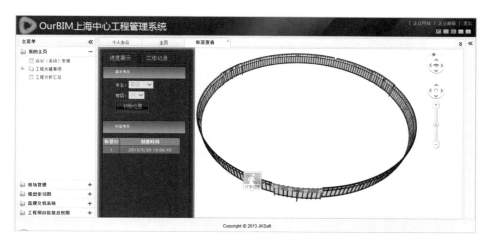

图 7-22 通过标签的方式对现在质量问题进行记录

② 标签定位：用户可以直接在标签内容页面中对标签进行定位，会直接跳转到该标签对应的现场环境。

③ 标签指令：用户可以根据标签的问题严重情况进行监理指令的编辑及派发；同时可以根据同类型问题标签追加到已有工单中。

（3）安全管理

针对每周的设施验收检查内容进行统计进行安全管理分析（图 7-23），对不符合要求的内容定期整改，并对整改的内容进行管理，如图 7-24 所示。

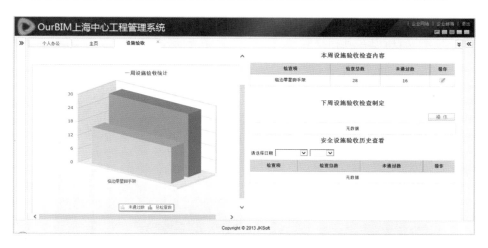

图 7-23 安全管理检查验收内容汇总

到目前为止，OurBIM 平台的安全管理、进度管理以及内外幕墙和土建结构专业的质量管理试用已经全面展开。随着项目的进行，该系统也将被持续改进，新的模块如专业间的协调管理，以及扩展到工程管理其他方面等的模块也将被逐步完善。

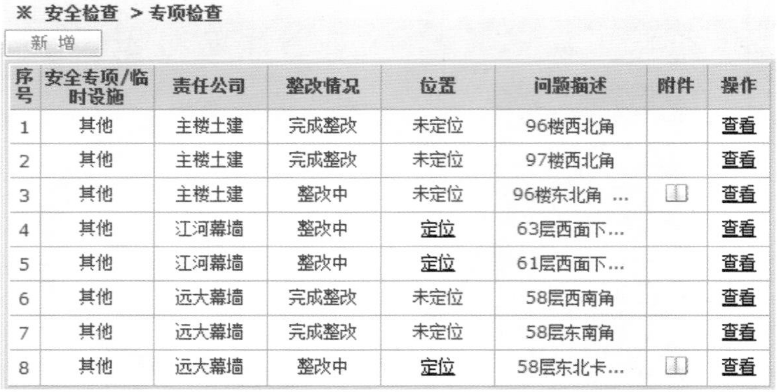

※ 安全检查 ＞ 专项检查

新 增

序号	安全专项/临时设施	责任公司	整改情况	位置	问题描述	附件	操作
1	其他	主楼土建	完成整改	未定位	96楼西北角		查看
2	其他	主楼土建	完成整改	未定位	97楼西北角		查看
3	其他	主楼土建	整改中	未定位	96楼东北角 …	📖	查看
4	其他	江河幕墙	整改中	定位	63层西面下…		查看
5	其他	江河幕墙	整改中	定位	61层西面下…		查看
6	其他	远大幕墙	完成整改	未定位	58层西南角		查看
7	其他	远大幕墙	完成整改	未定位	58层东南角		查看
8	其他	远大幕墙	整改中	定位	58层东北卡…	📖	查看

图 7-24　安全检查内容的管理和查看

3）监理方的其他相关 BIM 技术的应用

（1）3D 扫描和 BIM 技术的结合

基于 BIM 的扫描方式主要使用了两种：3D 激光扫描和全景扫描。在上海中心项目中，这两种扫描方式均被进行了应用。

① 3D 激光扫描

3D 激光扫描技术能够提供扫描物体表面的 3D 点云数据，因此可以用于获取高精度、高分辨率的数字模型。通过高速激光扫描测量，大面积高分辨率地快速获取被测对象表面的 3D 坐标数据。由于其出色的精准度，良好的后期浏览模式，以及契合度极高的与 BIM 模型转换效率，成为了对于工程总体记录的最好方式。但由于其对于现场扫描环境的要求颇高，且扫描器械本身敏感度颇高，所以在其扫描时如情况允许最好清场（图 7-25、图 7-26）。

图 7-25　扫描仪器在现场工作情况

图 7-26　扫描后生成的点云模型

　　3D 激光扫描在环境优良情况下,可以达到极高的精准度,但是扫描时间颇长,所以可用作大型时间节点上检验整体工程的方式。如在整层外环梁工序结束后,可花半天时间,进行整体扫描,配合全站仪进行双重验收,确保其验收准确度。

　　② 全景扫描

　　全景扫描是通过用成像设备(目前通常采用高像素数码相机)采集一系列图像序列,再经过软件对图像进行匹配拼接,最后融合成一张显示全部图像内容的"超级图像",可以视这个"超级图像"为全景。"超级图像"含测量数据及坐标数据,可直接与 BIM 模型、其他同视角"超级图像"进行对比。全景相机以其良好的即时性(即时输入、即时输出),能给予现场工程验收人员最快捷的帮助。对于全景相机扫描所输出的全景图像,结合 BIM 的设计模型,能够很流畅的进行交互式对比,即视角转到哪里,模型也能同步。另外全景相机扫描附带的测量功能,虽谈不上十分精准(偏差值在 5~10 mm),但对于部分无法到达的地方可以进行简易测量(图 7-27)。

图 7-27　监理人员正在现场进行全景扫描

　　利用全景扫描,便可以完整直观地记录现场发生的一切,并且由于其近乎即拍即得的高效率,回到办公室就得到扫描结果(图 7-28)。利用全景扫描的直观性,高效地完成了后续办公室内监理工作:监理日志的记录,通知整改单的发放,现场情况的交流等。并且在多次扫描并前后对比扫描结果后,能有效控制工程进度。利用全景扫描与模型图纸的互动,节省了大量翻阅图纸的时间。

图 7-28 全景扫描与 BIM 模型进行对比

（2）信息汇总

利用 Vault 平台以及扫描工具，可以最大效率地采集现场数据，并且利用 BIM 模型，将采集的信息汇总至 BIM 模型，得到完整的工程信息（图 7-29）。并且利用 Vault 平台，让各部门进行数据上传，将 BIM 模型、数据、文章、图纸、施工方案等进行汇总归档。

图 7-29 运用扫描方式与标注方式，现场进行数据记录

利用网络传输功能，将现场记录的数据信息即时上传至服务器。上传的信息包含坐标信息、编号信息等，将这些信息汇总到 BIM 模型中，使模型中每一个部件都拥有其特有属性，达到数据汇总目的。同时生成表格文档，便于纸质、电子文档归案，同时也达到数据汇总目的。之后再利用 Vault 平台，将数据上传与平台数据互动、结合，最终完成平台上的完整模型。也可利用此项功能与平台特性，让各分包也能提供类似数据资料，让监理员从平台下载部件材质、动工方案等数据信息，做到统一浏览，节省大量翻查时间。

7.1.5 运营阶段的 BIM 应用（展望）

对于即将进入的运营管理阶段，上海中心也将进行一系列的 BIM 应用和实施。建筑作为一个系统，当完成建造过程准备投入使用时，首先需要对建筑进行必要的测试和调整，以确保它可以按照当初的设计来运营。在项目完成后的移交环节，物业管理部门需要得到的不只是常规的设计图纸、竣工图纸，还需要能正确反映真实的设备状态、材料安装使用情况等与运营维护相关的文档和资料。BIM 能将建筑物空间信息和设备参数信息有机地整合起来，结合运营维护管理系统可以充分发挥空间定位和数据记录的优势，合理制订维护计划，分配专人专项维护工作，以降低建筑物在使用过程中出现突发状况的概率。对一些重要设备还可以跟踪维护工作的历史记录，以便对设备的适用状态提前作出判断，根据生成的维护记录和保养计划自动提示到期需保养的设备，对出现故障的设备从维修申请，到派工、维修、完工验收、回访等实现过程化管理。

在空间管理方面，也可以帮助管理团队记录空间的使用情况，处理最终用户要求空间变更的请求，分析现有空间的使用情况，合理分配建筑物空间，确保空间资源的最大利用率。所以，项目运营期以前所做的对整个 BIM 模型输入信息的正确性和完整性都是保证这些应用的基础，十分重要。

客户信息管理方面，通过客户信息的整合，实现对出租、退租的全过程管理，可通过设置在合同到期日多少天前自动提醒实现到期提醒，在界面上相应的租户以不同颜色显示，随时查询租户历史情况和现状以及加强对建设方及租户的沟通和管理。

利用 BIM 及相应灾害分析模拟软件，可以在灾害发生前，模拟灾害发生的过程，分析灾害发生的原因，制定避免灾害发生的措施，以及发生灾害后人员疏散、救援支持的应急预案。当灾害发生后，BIM 模型可以提供救援人员紧急状况点的完整信息，这将有效地采取突发状况应对措施。此外楼宇自动化系统能及时获取建筑物及设备的状态信息，通过 BIM 和楼宇自动化系统的结合，使得 BIM 模型能清晰地呈现出建筑物内部紧急状况的位置，甚至到紧急状况点最合适的路线，救援人员可以由此做出正确的现场处置决定，提高应急行动的成效等。

能耗管理方面，通过公共区域仪表的定义、维护，以及定期抄表，对抄表结果进行查询统计，对不同年度、不同项目之间的能耗情况进行对比和分析，从而实现能耗管理。

此外，BIM 信息还可以与以下的接口系统进行链接，如楼宇自控系统、门禁考勤系统、停车场管理系统、智能监控系统、安全防护系统、巡查管理系统等，实行集中后台控制和管理，实现通过网通、电信、移动等运营商的短信网关群发短信的功能，以及独有的动态、智能工单派发技术等。由于其后端一般均采用统一的计算机网络平台和系统平台技术，因而很容易实现各个系统之间的互联、互通和信息共享，帮助进行更好的运营管理。

7.1.6 小结

通过这几年的实践和应用,上海中心项目团队制定了 BIM 实施的战略目标,并完成了阶段性目标;结合项目制定的 BIM 标准流程与数据标准,从而更好地指导了项目的进行;设立的相关合同条款,很好地帮助管理协调实施 BIM 的设计方、施工方、运营方;同时制定的 BIM 实施过程审核和提交成果的相关规定等,都是保证最终的 BIM 成果准确有效的重要手段。伴随着项目的建设,上海中心项目各参与方均取得了快速成长,并利用 BIM 技术得到了较高的利润回报;组建了具有领导力的 BIM 管理团队,相信这支团队通过上海中心项目历练后,在今后的工作中将能做到驾轻就熟。

此外,通过基于 BIM 的多专业协同应用,上海中心在施工过程中大约减少了 85% 的施工返工。根据传统方式下施工返工的经济指标,如板结构开洞直接施工处理单价为 2 600 元左右,管道结构开洞为 1 600 元左右等得出平均单价 1 190.48 元(图 7-30),结合上海中心总建筑面积等数据,得出通过减少施工返工带来的经济效益近 7 400 万元。另一方面,根据相关统计在大中型工程项目中,信息沟通问题导致的工程变更和错误占工程总成本的 3% ～ 5%。通过两种估算方式,在采用 BIM 信息化技术手段后,预计节约费用在 7 400 万～3.6 亿元之间,占工程总投资的 0.5%～3%。考虑到上海中心项目的复杂程度及体量大小,保守估计本工程能节约由于施工返工造成的浪费至少超过 1 亿元人民币。

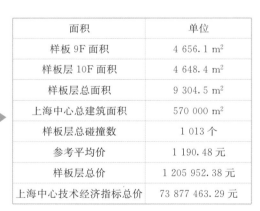

类型	直接施工处理单价(元)
板结构开洞	2 600
封堵结构洞口	19 800
墙、梁开洞	5 400
管道结构开洞	1 600
总碰撞数	8 400
总价	10 000 000
平均单价	1 190.48

类推

面积	单位
样板 9F 面积	4 656.1 m²
样板层 10F 面积	4 648.4 m²
样板层总面积	9 304.5 m²
上海中心总建筑面积	570 000 m²
样板层总碰撞数	1 013 个
参考平均价	1 190.48 元
样板层总价	1 205 952.38 元
上海中心技术经济指标总价	73 877 463.29 元

图 7-30 BIM 经济指标测算

在进行具体 BIM 技术的实施时,应根据不同企业的发展战略、业务定位、企业现有团队素质和应用基础、企业合作参与方的能力特点等,找到 BIM 信息化技术应用的切入点,循序渐进地将基于 BIM 的精益化管理模式应用于工程项目。

虽然本节介绍了一种新型的、基于 BIM 信息化技术的企业精益化管理模式,但是由于 BIM 信息化技术在国内的应用才处于起步阶段,我国尚无统一的 BIM 标准体系,而且也无关于 BIM 运用相关管理、推行的机制。因此,需要从多种渠道建议政府建立统一的 BIM 技术应用标准体系、规范使用制度,并应加大 BIM 技术的管理应用宣传力度。

人们一般将 BIM 技术看作为 20 世纪 90 年代初甩图板后工程建设行业的第二次信息化革命,而经过 21 世纪第一个十年在全球工程建设行业的实际应用和研究,它已经越来越体现出其作为未来提升建筑业和房地产业技术及管理水平核心技术的潜力。上海中心项目正是在此次革命中勇于探索的生力军之一。上海中心项目中,各参与方正在试图利用 BIM 技术全面改变传统低效的工程建设行业的操作模式,并且将"BIM"这个词的含义从最初单纯的建筑信息模型,上升到了帮助生产以及最终的管理之上(图 7-31)。相信随着 BIM 慢慢融入到整个建设流程中,工程建设行业从技术到管理的提升也将最终实现。

图 7-31　BIM 技术在上海中心项目中的多重含义

7.2　BIM 在预制装配式住宅中的应用

7.2.1　概述

1) 预制装配式住宅与 BIM 技术

近年来,中国建筑业发展迅速,据统计,中国每年竣工的城乡建筑总面积约 20 亿 m²,其中城镇住宅超过 6 亿 m²,是当今世界最大的建筑市场[1]。长期以来我国混凝土建筑主要采用传统的现场施工生产方式,存在施工效率低,施工周期长,施工质量不稳定等缺点,而且建造过程高消耗,高排放,对社会造成了沉重的能源负担和严重的环境污染。为解决上述问题,国家提出发展住宅产业化,以预制装配式建筑代替传统的现浇混凝土建筑。

预制装配式混凝土(Prefabricated Concrete,PC)建筑,即以工厂化生产的预制混凝土构件为主要构件,经装配、连接或结合部分现浇而成的建筑。其施工过程简单分为两个阶段:第一阶段在工厂中预制构件,第二阶段在工地上安装。其建造工序有设计、制作、运输、安装、装饰等[2]。与传统的混凝土建筑相比,预制装配式建筑主要具有以下优点:

(1)施工工期短,投资回收快。预制结构主要构件在工厂生产,现场进行拼装连接,模板工程少,减少了现浇结构的支模、拆模和混凝土养护的时间,同时采用机械化吊装,现场可与其他专业施工同步进行,所以大大缩短了整个工期,从而加快了资金的回收周期,提高了项目的综合经济效益。

(2)施工方便,节能环保。现场装配施工模板和现浇湿作业少,极大程度减少了建筑垃圾的产生、建筑污水的排放、建筑噪音的干扰和有害气体及粉尘的排放,有利于环境保护和减少施工扰民。同时预制构件工业化集中生产的方式减少了能源和资源的消耗,建筑本身更能满足"节能"和"环境友好型"设计的要求。

(3)高质量,具有出色的强度,品质和耐久性。PC 构件在工厂环境下生产,标准化管理,机械化生产,其品质本身比现浇构件要好。预制构件表面平整、尺寸准确并且能将保温、隔热、水电管线布置等多方面功能要求结合起来,有良好的技术经济效益。

虽然预制装配式建筑自身具有很多优点,但它在设计、生产及施工中的要求也很高。与传统的现浇混凝土建筑相比,设计要求更精细化,需要增加深化设计过程;预制构件在工厂加工生产、构件制造要求精确的加工图纸,同时构件的生产、运输计划需要密切配合施工计划来编排;预制装配式建筑对于施工的要求也较严格,从构件的物料管理、储存,构件的拼装顺序、时程到施工作业的流水线等均需要妥善的规划。

高要求必然带来了一定的技术困难。在 PC 建筑建造生命周期中信息交换频繁,很容易发生沟通不良、信息重复创建等传统建筑业存在的信息化技术问题,而且在预制装配式建筑中反映更加突出。主要表现在缺乏协同工作导致设计变更、施工工期的延滞,最终造成资源的浪费、成本的提高。在这样的背景下,引入 BIM 技术对预制装配式建筑进行设计、施工及管理,成了自然而又必然的选择。

BIM 模型是以 3D 数字技术为基础,建筑全生命周期为主线,将建筑产业链各个环节关联起来并集成项目相关信息的数据模型[3],这里的信息不仅是3D 几何形状信息,还有大量的非几何形状信息,如建筑构件的材料、重量、价格、性能、能耗、进度等等。Bilal Succar 指出,BIM 是相互交互的政策、过程和技术的集合,从而形成一种面向建设项目生命周期的建筑设计和项目数据的管理方法[4]。BIM 是一个包含丰富数据、面向对象的具有智能化和参数化特点的建筑项目信息的数字化表示[5]，它能够有效地辅助建筑工程领域信息的集成、交互及协同工作[6]，实现建筑生命周期管理。

本书在第 1 章介绍了 BIM 的技术特点，其实 BIM 的一些特点也可以用形象化的语言来描述：

一是"形神兼备"，"形"指建筑的外观，"神"指建筑所包含的信息与参数等。BIM 不只是一个独立的 3D 建筑模型，模型中包含了建筑生命周期各个阶段所要的信息，而且这些信息是"可协调、可计算的"，它是现实建筑的真实反映。所以说 BIM 的价值不是 3D 模型本身，而是存放在模型中的（建筑、结构、机电、热工、材料、价格、规范、标准等）专业信息。从根本上说，BIM 也是一个创建、收集、管理和应用信息的过程。

二是可视化与可模拟性。可视化不仅指 3D 的立体实物图形可视，也包括项目设计、建造、运营等全生命周期过程可视，而且 BIM 的可视化具有互动性，信息的修改可自动反馈到模型上。模拟性是指在可视化的基础上做仿真模拟应用，比如在建筑物建造前，模拟建筑的施工情况以及建成后使用的情况，模拟的结果是基于实际情况的真实体现，最终可以根据模拟结果来优化设计方案。

三是"一处修改，处处修改"。BIM 所有的图纸和信息都与模型关联，BIM 模型建立的同时，相关的图纸和文档自动生成，且具备关联修改的特性。这是 BIM 的核心价值——协同工作。协同从根本上减少了重复劳动和信息传递的损失，大大提高工程各参与方的工作效率。BIM 的应用不仅需要项目设计方内部的多专业协同，而且需要与构件厂商、业主、总承包商、施工单位、工程管理公司等不同工程参与方的协同作业。

BIM 改变了建筑行业的生产方式和管理模式，它成功解决了建筑建造过程中多组织、多阶段、全生命周期中的信息共享问题，利用唯一的 BIM 模型，使建筑项目信息在规划、设计、建造和运行维护全过程中充分共享，无损传递，为建筑从概念设计到拆除的全生命周期中的所有决策提供可靠的依据。BIM 使设计乃至整个工程的成本降低、质量和效率显著提高，为建筑业的发展带来巨大的效益。

为提高预制装配式建筑深化设计效率并解决其在设计、生产和施工各个阶段信息难以整合的问题，本章以某大型住宅基地预制装配住宅楼为应用对象，介绍如何将 BIM 技术融合到预制装配式建筑的设计、生产及施工过程中，为 BIM 技术在预制装配式建筑的具体应用提供行之有效的方法和技术手段。主要应用内容为如下两项：

① 通过 BIM 技术提高深化设计效率。基于预制构件深化设计流程，应用 BIM 技术从建模模型的导入、预制构件的分割、参数化配筋、钢筋的碰撞检查及图纸自动生成几个方面，提高预制装配式建筑深化设计的效益。

② 基于 BIM 技术，搭建预制装配式建筑建造信息管理平台，实现预制构

件设计、生产、施工全过程管理,减少各个阶段错误的发生,全面提高 PC 建筑产业链的整体效益。

2）应用案例工程概况

本工程属于某大型居住社区基地四期 A 块、五期经济适用房项目的一个子项。该项目由 03-02、05-02、06-01 共 3 个地块组成,均规划为居住用地。本工程范围东至牛肠泾、南至规划五路、西至规划二路、北至规划一路(图7-32)。

图 7-32 项目总平面图

根据建设单位安排并得到政府主管部门的支持,05-02 地块拟采用预制装配整体式混凝土住宅技术体系,同时该项目从业主、设计、生产、施工到运维均由同一企业承担,也是该企业国家住宅产业化基地的一个重要实践,为BIM 技术在预制装配式住宅全生命周期中的运用提供了良好的平台。地块用地面积 20 564 平方米,总建筑面积 51 459.82 m²(地上部分 44 959.79 m²,地下部分 6 500.03 m²),容积率为 2.1。住宅建筑全部由 14～18 层的高层住宅组成,建筑规划限高 60 m(图 7-33)。其概况如表 7-1 所示。

表 7-1 05-02 地块概况

单位工程名称	建筑总面积/m²	建筑层数	建筑高度/m	结构类型	PC 率
25、26、27、28 号楼	10 442	18 层	55.5	框架剪力墙	50%
29 号楼	4 133	14 层	44.3	框架剪力墙	70%

这里以 29 号楼为例,介绍 BIM 技术在预制装配式建筑设计、制造及施工过程中的应用。阐述 BIM 模型的建模方法,基于 BIM 的预制构件深化设计技术与流程,实现 BIM 技术在预制装配式建筑深化设计中的具体应用。通过

图 7-33　地块示意图

设计基于 BIM 的 PC 建筑建造信息管理平台,实现预制装配式建筑在设计、生产及施工全过程的管理。

3）应用案例采用的 BIM 软件

为了满足实际工程需要,在达到 BIM 软件基本功能的基础上,本工程应用的 BIM 软件应具备以下功能和特点:

（1）方便性。BIM 软件自身操作不复杂,设计人员经过简单的培训即可使用;同时可以生成 2D 的施工图纸,模型完成后,软件导出的图纸、工程量统计表及一些文档满足目前的设计要求与习惯,不需要进行大量的修改。

（2）较好的通用性。具有完备的"接口",可以和市场上已经广泛普及的各类专业软件实现良好的数据传输与转换,目前比较主流的是 IFC[①] 接口。由于 IFC 是专门为建筑业数据交换标准化发展起来的数据交换标准,用来表示建筑业软件应该共享和交换的信息内容及信息结构,因此支持 IFC 标准,能使各种 BIM 软件创建的工程信息相互兼容,并能应用到其他支持 IFC 标准的工程数据分析软件中。它使得建筑业中不同专业,以及同一专业中的不同软件可以共享同一数据源,从而达到数据的共享及转换。

（3）满足预制混凝土结构深化设计的需要。建立 BIM 结构模型后,软件可以方便地对预制构件进行深化设计并导出图纸,能满足预制构件加工的需要。

综合以上考虑本工程采用的软件为:

---

① 有关 IFC 的详细介绍请参看本书第 3 章。

① 建筑建模采用 Revit，选择 Revit 是因为它的通用性与广泛性，由于继承了 AutoCAD 的技术优势和市场，目前大多数的国内外设计团队都采用了 Autodesk Revit 进行 BIM 建模，Revit 支持 IFC 标准接口，可保证数据信息的传递；

② 结构建模及深化设计采用 Tekla Structures，该软件在混凝土深化设计领域应用广泛，它具有预制混凝土专用模块，比较适合预制装配式住宅，包含参数化节点，方便建模，Tekla 还提供了.NET 平台下的 API① 接口，可对该软件进行丰富的二次开发工作；

③ 施工仿真采用 DELMIA，该软件可以在实际建造前根据流程、时间、成本及资源内部的组合和关联关系，模拟验证实际建造的可能性。

7.2.2 BIM 在预制装配式住宅设计与深化设计中的应用

预制装配式建筑采用预制构件拼装而成的，在设计过程中，必须将连续的结构体拆分成独立的构件，如预制梁、预制柱、预制楼板、预制墙体等，再对拆分好的构件进行配筋，并生成单个构件的生产图纸。与传统现浇建筑相比，这是预制装配式建筑增加的设计流程，这也是预制装配式建筑深化设计过程。

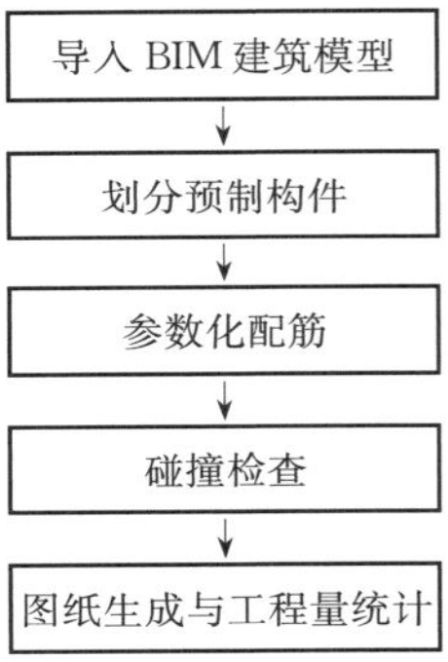

预制建筑的深化设计是在原设计施工图的基础上，结合预制装配式建筑构件制造及施工工艺的特点，对设计图纸进行细化、补充和完善。传统的深化设计过程是基于 CAD 软件的手工深化，主要依赖深化设计人员的经验，对每个构件进行深化设计，工作量大，效率低，而且很容易出错，将 BIM 技术应用于预制建筑深化设计则可以避免以上问题，其深化设计流程如图 7-34 所示，BIM 技术可实现构件配筋的精细化、参数化，以及深化设计出图的自动化，从而大幅提高深化设计效率。

图 7-34 基于 BIM 的深化流程图

导入 BIM 建筑模型 → 划分预制构件 → 参数化配筋 → 碰撞检查 → 图纸生成与工程量统计

1) 基于 BIM 的建筑建模技术

在建模之前首先要确定各专业分工和建模范围，并准备建模需要的订制构件和模型族，同时各专业建模负责人根据建模内容统一构件命名。命名方法原则上应考虑到后期应用的便利性。准备结束后，运用 Autodesk Revit 软件进行 BIM 模型建模工作，该 BIM 模型作为后期扩展应用的基础模型，能够通过软件转换生成为多种模型文件格式。

深化设计采用 Tekla 软件，将建好的 Revit 建筑模型转换成 IFC 文件格式，然后通过 Tekla 中的 IFC 接口转换为软件可编辑的模型（图 7-35）。转换完毕后会显示所有转换构件的清单（图 7-36）。

---

① API 是 Application Programming Interface（应用程序编程接口）的缩写。

图 7-35　Revit 模型通过 IFC 接口转换为 Tekla 模型

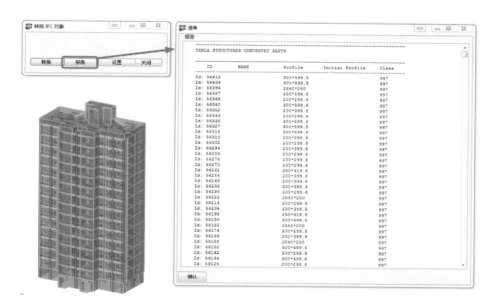

图 7-36　转换参考模型中的 IFC 对象

2）预制构件分割

将 Revit 建筑模型导入到 Tekla 中并修改成完整的结构模型，由于是建筑模型导入修改而来，模型中的楼板外墙等构件还都是一个整块，必须将连续的结构体拆分成独立的构件，以便深化加工。

预制构件的分割，必须考虑到结构力量的传递，建筑机能的维持，生产制造的合理，运输要求，节能保温，防风防水，耐久性等问题，达到全面性考虑的合理化设计。在满足建筑功能和结构安全要求的前提下，预制构件应符合模数协调原则，优化预制构件的尺寸，实现"少规格、多组合"，减少预制构件的种类。

为方便修改分割,对照 3D 建筑模型,在原有的 2D 建筑施工图纸上进行拆分,拆分好了再在结构模型中修改。以外墙板为例,分割示意如图 7-37 所示。基于 BIM 的深化设计尽管目前还是在 2D 图纸中拆分构件,但是在拆分过程中应参照 3D 的 BIM 模型,加深对结构的理解,避免了在 2D 图纸上不易发现的设计盲点和繁琐的对图工作,减少错误的发生,提高效率。

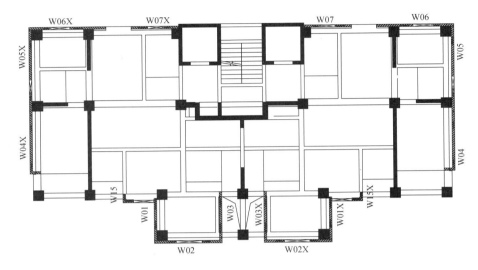

图 7-37 外墙板平面分割

3) 参数化构件配筋设计

（1）预制构件配筋

构件拆分完毕后对所有的预制构件进行配筋。预制构件的配筋比较复杂,对钢筋的精度要求很高,Tekla 软件提供了丰富的钢筋编辑手段,可以按照实际情况建立精确的钢筋模型,通过 Tekla 建立构件的钢筋,配筋顺序先纵筋后箍筋,有些构件的钢筋位置需要手工调整修改,相关构件如预制外墙和预制梁配筋如图 7-38 所示。

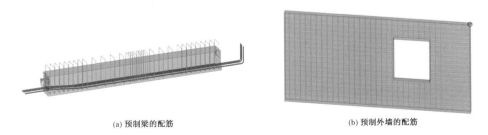

(a) 预制梁的配筋   (b) 预制外墙的配筋

图 7-38 预制构件的配筋

Tekla BIM 软件虽然可以直接基于构件进行钢筋建模,但是预制构件种类较多,钢筋形状也很复杂,如果对整栋楼直接配筋,工作量相当大,由于需要人工调整,配筋过程也容易出错,因此本项目对配筋过程进行二次开发和优化改进,提高效率,也可在更为复杂的预制建筑深化设计过程中应用。

(2) 参数化配筋设计

BIM 软件 Tekla 自身包含了数百个常用的配筋节点,在创建钢筋时十分方便,但是混凝土的配筋节点较少,而且由于装配式建筑预制构件钢筋的特殊性,软件自带的节点不能完全满足构件配筋的要求,经常需要手动创建钢筋或者在原节点基础上进行修改,导致建模工作量和错误增加,降低构件配筋的精确度,最终影响预制构件的加工生产。这对于整个工程的进度控制和质量控制是很不利的。

如何快速准确地建立钢筋模型?实践证明,通过参数化建模的方式可以实现这一目标。参数化建模是使用参数来确定图元的行为并定义模型组件之间的关系,它通过调整参数来确定构件的形状及特征,并且在修改构件参数后能自动完成关联部分的改动。由参数来实现对图形的驱动,可以大大提高建模速度,也便于用户的修改和设计。钢筋的参数化建模是指在 Tekla 中开发自定义、可满足预制构件配筋要求的参数化配筋节点。通过 Tekla 开放的节点库建立了一系列的参数化的配筋节点,并通过调整参数对构件钢筋及预埋件进行定型定位,实现对构件的参数化配筋,并将二次开发的参数化构件都保存在组件库中,供随时调用(图 7-39)。传统深化设计的配筋工作是参照设计图纸,逐个对构件进行配筋,效率低,易出错,通过参数化的方式配筋,简化了繁琐的配筋工作,保证了配筋的准确,提高了整体的效率。

图 7-39 组件库中的参数化构件

4）碰撞检测要点

预制构件进行深化设计,其目的是为了保证每个构件到现场都能准确地安装,不发生错漏碰缺。但是,一栋普通 PC 住宅的预制构件往往有数千个,要保证每个预制构件在现场拼装不发生问题,靠人工校对和筛查是很难完成的,而利用 BIM 技术可以快速准确地把可能发生在现场的冲突与碰撞在 BIM 模型中事先消除。

（1）碰撞检测

常规的碰撞检测,主要是检查构件之间的碰撞,深化设计中的碰撞检测除了发现构件之间是否存在干涉和碰撞外,主要是检测构件连接节点处的预留钢筋之间是否有冲突和碰撞,这种基于钢筋的碰撞检测,要求更高,也更加精细化,需要达到毫米级别。

在对钢筋进行碰撞检测时,为防止构件钢筋发生连锁的碰撞冲突增加修改的难度,先对所有的配筋节点作碰撞检测,即在建立参数化配筋节点时进行检查,保证配筋节点钢筋没有碰撞,然后再基于整体配筋模型进行全面检测。对于发生碰撞的连接节点,调整好钢筋后还需再次检测,这是由于连接节点处配筋比较复杂,精度要求又高,当调整一根发生碰撞的钢筋后可能又会引起与其他节点钢筋的碰撞,需要在检测过程中不断的调整,直到结果收敛为止。

对于结构模型的碰撞检测主要采用两种方式,一种是直接在 3D 模型中实时漫游,即能宏观观察整个模型,也可微观检查结构的某一构件或节点,模型可精细到钢筋级别,图 7-40 就是对试验楼的一个梁柱节点进行 3D 动态检查。

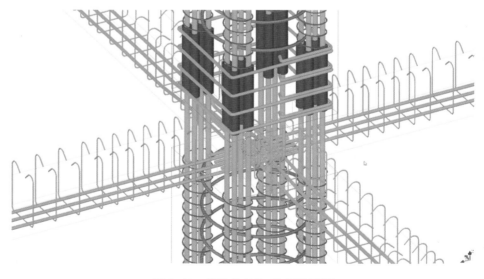

图 7-40　梁柱节点的 3D 漫游视图

　　第二种方式通过 BIM 软件中自带的碰撞校核管理器进行碰撞检测,碰撞检查完成后,管理器对话框会显示所有的碰撞信息,包括碰撞的位置,碰撞对象的名称、材质及截面,碰撞的数量及类型,构件的 ID,等等。软件提供了碰撞位置精确定位的功能,设计人员可以及时调整修改。

　　通过碰撞检查在住宅楼整体模型中检查出多处"钢筋打架"的地方,经过反复的调整,在误差允许范围内最终获取没有碰撞的配筋模型。图 7-41 是梁柱节点处,两根梁的纵筋发生了碰撞。对于节点容易发生碰撞在建模配筋时一定要避免,图 7-42 所示预制梁柱连接部位,a,b,c 三根梁都是搁置在预制柱 b 上,中间灰色区域是现浇的,该区域梁和柱的主筋密集交错,一旦发生碰撞,将给现场的安装和施工带来很大的困难,不管是返回到工厂调整还是在现场修改都将延误工期,造成人工及材料的浪费。这是深化设计阶段做钢筋碰撞检查的必要性所在,可避免施工阶段预制构件钢筋碰撞引起的窝工、返工,保证工期顺利完成。

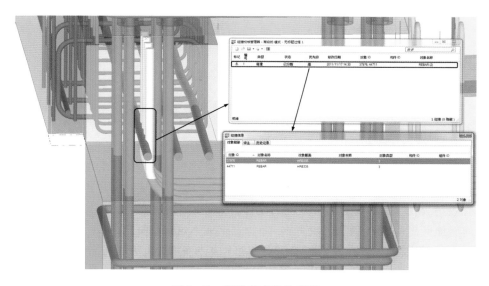

图 7-41　梁柱节点发生碰撞

（2）碰撞检测的优势

　　与传统设计过程中的人工错误校核相比,基于 BIM 技术的碰撞检测有着明显的优势及意义:

　　① BIM 模型是对整个建筑设计的一次演示,建模过程的同时也是一次全面的"3D 校核"过程,在这个过程中能发现许多隐藏在设计中的问题,这些问题大多跟专业配合紧密相关,而在传统的单专业校核过程中很难被发现。BIM 模型在建立的过程就相当于对整个模型做了一次预检。

　　② 免去了繁琐枯燥的"对图工作",优化了设计流程。传统设计流程很难避免碰撞问题,往往是出图后才发现问题,然后再对图修改,BIM 模型建好后先进行碰撞检测,优化模型后再出图。从设计流程上 BIM 技术可避免大部分

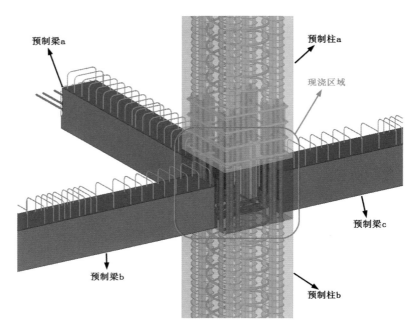

图 7-42　梁柱连接处的现浇节点

的碰撞问题,而且基于 BIM 模型的碰撞检测具有智能性,可根据制定的规则来做碰撞检查,检测的结果也很可靠。

③ 通过 BIM 技术进行碰撞检查,将只有专业设计人员才能看懂的复杂的平面内容,转化为一般工程人员可以很容易理解的形象的 3D 模型,能够方便直观地判断可能的设计错误或者内容混淆的地方。通过 BIM 模型还能够有效解决在 2D 图纸上不易发现的设计盲点,找出关键点,为只能在现场解决的碰撞问题尽早地制定解决方案,降低施工成本,提高施工效率。

④ 若因设计变更发生碰撞需要调整施工方案时,也为工程各方的协调决策提供了精准的信息参考及统一的可视化环境,从而提高了整个项目的质量和团队的工作效率。

5)图纸的生成与工程量统计

3D 模型和 2D 图纸是两种不同形式的建筑表示方法,3D 的 BIM 模型不能直接用于预制构件的加工生产,需要将包含钢筋信息的 BIM 结构模型转换成 2D 的加工图纸。Tekla 软件能够基于 BIM 模型进行智能出图,可在配筋模型中直接生成预制构件生产所需的加工图纸,模型与图纸关联对应,BIM 模型修改后,2D 的图纸也会随模型更新。

(1)构件加工图纸的自动生成

装配式住宅楼预制构件多,深化设计的出图量大,采用传统方法手工出图工作量相当大,而且很难避免各种错误。利用 Tekla 软件的智能出图和自动更新功能,在完成了对图纸的模板的相应定制工作后,可自动生成构件平、立、剖面图以及深化详图,整个出图过程无需人工干预,而且有别于传统 CAD 创建的 2D 图纸,Tekla 自动生成的图纸和模型是动态链接的,一旦模型数据发生修改,与其关联的所有图纸都将自动更新。图纸能精确表达构件相关钢筋的构造布置,各种钢筋弯起的做法,钢筋的用量等等,可直接用于预制构件的生产(图 7-43)。总体上预制构件自动出图,图纸的完成率在 80%～90% 之间。

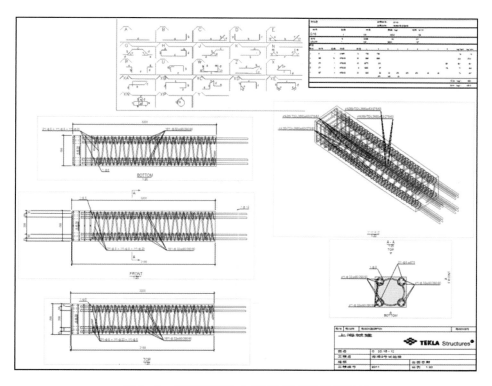

图 7-43 BIM 模型生成的预制柱深化设计图纸

(2)工程量的自动统计

在生成加工图纸时还需要对钢筋及混凝土的用量进行统计,以便加工生产,基于整体配筋模型,利用 Tekla 软件中自带的各类工程量模板进行快速的统计分析,减少人工操作和潜在错误,实现工程量信息与设计方案的完全一致。

根据需要可定制输出各种形式的统计报表。清单的输出内容包括构件的截面尺寸、编号、材质、混凝土的用量,钢筋的编号及数量,钢筋的用量等信息(图 7-44)。基于 BIM 软件 Tekla 直接生成加工图纸和工程量统计清单,减少了错误,提高了出图效率。

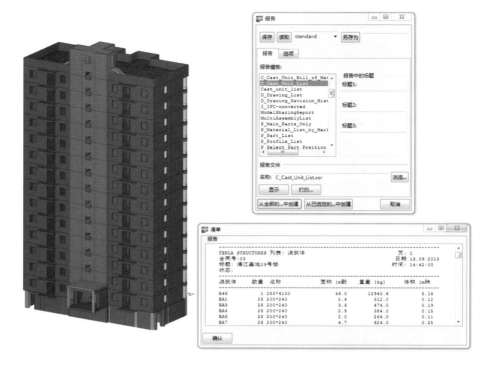

图 7-44　通过 Tekla 对预制柱进行工程量统计

7.2.3　BIM 在预制装配式建筑建造过程中的应用

1) 基于 BIM 的预制建筑信息管理平台设计

在该基地 05-02 地块预制装配式住宅的整个过程中,我们规划建立了基于 BIM 的 PC 建筑信息管理平台,平台的应用贯穿于工程建造全过程。通过平台系统采集和管理工程的信息,动态掌控构件预制生产进度、仓储情况以及现场施工进度。平台既能对预制构件进行跟踪识别,又能紧密结合 BIM 模型,实现建筑构件信息管理的自动化。信息管理平台在开发和设计时遵循原则如下:

(1) 建立统一的构件编码,全面、准确地共享构件信息。按照项目类别、构件种类及构件位置对预制构件进行统一编号,实现预制构件的跟踪管理,能够查询目标预制构件的历史状态和当前状态。

(2) 对预制构件的生产过程进行跟踪管理,通过对构件生产状态实时数据的采集,提供质量和构件追溯数据,实现全面的质量管控;并通过对构件生产各工序的实时监控,发现瓶颈工序,优化生产流程。

(3) 结合 BIM 模型,将建筑构件的组装过程、安装的位置、施工顺序记录在信息系统中,对施工方案进行 4D 仿真验证,基于 BIM 模型检验工程并对构件进行准确定位,减少施工安装的错误,缩短施工时间,更加精确有效地管理 PC 建筑的建造过程。

（4）平台相关系统通过 BIM 信息中心数据库与 BIM 模型双向关联,当系统信息更新,BIM 模型也会随之更新,管理者可通过 BIM 模型即时掌握工程状态,通过 WEB 远程访问实现 PC 工程施工进度 4D 监控。

基于 BIM 的 PC 建筑信息管理平台(图 7-45),以预制构件为主线,贯穿 PC 深化设计、生产和建造过程。该管理平台集成了一个中心数据库和三大管理模块,即 BIM 模型中心数据库以及深化设计信息管理模块、PC 构件生产管理模块、现场施工管理模块。三大模块包含相应的系统及工作流程。

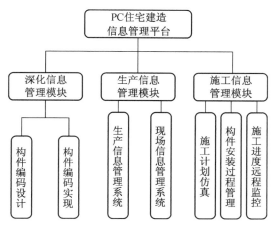

图 7-45　信息管理平台功能模块

PC 工程的 BIM 模型中心数据库用于存放具体工程建造生命周期的 BIM 模型数据。在深化设计阶段将构件深化设计所有相关数据传输到 BIM 中心数据库中,并完成构件编码的设定;在预制构件生产阶段,生产信息管理子系统从中心数据库读取构件深化设计的相关数据以及用于构件生产的基础信息,同时将每个预制构件的生产过程信息、质量检测信息返回记录在中心数据库中;在现场施工阶段,基于 BIM 模型对施工方案进行仿真优化,通过读取中心数据库的数据,可以了解预制构件的具体信息(重量、安装位置等),方便施工,同时在构件安装完成后,将构件的安装情况返回记录在中心数据库中。考虑到工程管理的需要,也为了方便构件信息的采集和跟踪管理,在每个预制构件中都安装了 RFID[①] 芯片,芯片的编码与构件编码一致,同时将芯片的信息录入 BIM 模型,通过读写设备实现了 PC 建筑在构件制造、现场施工阶段的数据采集和数据传输以及数字化管理。整个平台的信息流程如图 7-46 所示。

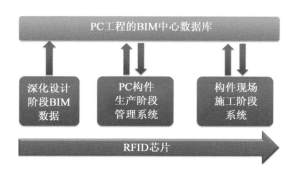

图 7-46　信息管理平台信息流程

---

①　RFID (Radio Frequency Identification,无线射频识别),是一项利用射频方式进行非接触双向通信以实现自动识别目标对象并获取相关数据的技术。

2) 预制构件信息跟踪技术

（1）构件编码设计

PC 建筑工程中使用的预制构件数量庞大，要想准确识别并管理每一个构件，就必须给每个构件赋予唯一的编码。然而不同的参与单位，都可能有其不同的构件编码方式。如设计单位在预制构件深化设计阶段，将连续的结构体进行分割后，再进行构件编码，构件编码以传统建筑构件分类符号表示（如柱 C、梁 B 等），而后逐步完成整个结构预制构件加工详图的出图工作。在构件生产阶段，构件制造单位按照设计单位提供的加工图纸进行构件制作，其构件编码与设计单位又有所不同，需要增加项目代码、楼层编号、构件流水号等信息，当构件生产完成后，构件生产厂商通常会将构件编码以墨笔书写在构件上或采用钢印的方式压于表面。在施工阶段，为方便辨识拼装，施工单位又会按施工时序和安装位置对构件进行编号。由于构件编码的不完全统一，使得各个阶段构件信息的沟通比较困难，构件管理效率较低。因此，为了便于建造全过程的管理，必须制订统一的编码体系。

综合 PC 建筑工程各个阶段各个单位的要求，我们编制了的预制装配式建筑构件的编码命名体系。建立的编码体系根据实际工程需要，不仅能唯一识别预制构件，而且能从编码中直接读取构件的位置等关键信息，兼顾了计算机信息管理以及人工识别的双重需要。

（2）编码原则

① 唯一性。每个构件实体与其标识代码唯一对应，即一个构件只有一个代码，一个代码只标识一个构件。构件标识代码一旦确定，不会改变。不允许出现几种构件用同一代码标识或者同一个构件有几个代码。

② 简易性。构件的编码要简明易了，便于完善和分类。同时应具有一定的可阅读性，即通过人工阅读也可以很清楚地理解编码构件所包含的信息。

③ 完整性。所建立的代码综合预制装配式建筑各个阶段编码的要求，构件代码能够完整表示实体的特定信息，参与项目的单位可基于代码获得各自所需的构件信息。

（3）编码体系

综合考虑以上原则，建立起共有 22 位的编码体系。例如：

01-03-25-BA-0001-09-1616B0E0，表示某公司某项目 25 号楼第 9 层编号为 0001 的次梁，具体位置在 16 轴线处，从 B 轴线到 E 轴线。

预制构件的编码体系是可以扩展和完善的，可以根据要求添加编码以适应不同类型的预制建筑及实际工程的需求，从而确保编码体系的可操作性。

（4）构件编码在设计阶段的实现

在深化设计阶段出图时，构件加工图纸需要通过二维条形码表达每个构件的编码，在深化出图时将二维条形码显示于图纸左上角（图 7-47）。构件生产时由手持式读写器扫描图纸条形码就能完成构件编码的识别，这就加快了操作人员对构件信息的识别并减少错误。

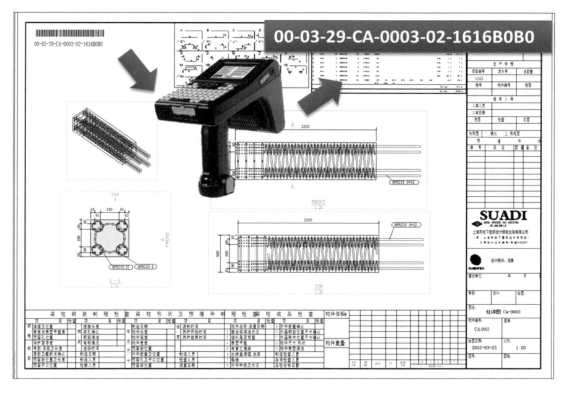

图 7-47　通过图纸条形码读出构件编码

（5）编码在构件生产和安装阶段的实现

构件编码通过人工管理方式来实现比较困难，可以利用 RFID 技术来实现构件生产和安装阶段的编码识别。在构件生产阶段，将 RFID 芯片植入到构件中，并写入构件编码，就能完成对构件的唯一标记。通过 RFID 技术来实现构件跟踪管理和构件信息采集的自动化，提高工程管理效益。

（6）RFID 芯片的选择

RFID 芯片选择适合混凝土构件的超高频无源芯片，为了便于安装在混凝土构件中，芯片形状为环形。同时设计了芯片的封装形式，如图 7-48 所示，将芯片置于卡扣内部，然后封装并埋设到预制构

图 7-48　超高频环形芯片及封装形式

件表面。

3) 构件生产过程信息管理

构件生产信息管理系统涉及构件生产过程信息的采集,需要配合读写器等设备才能完成,因此根据信息管理系统的需要开发了相应的读写器系统,以便快捷有效地采集构件的信息以及与管理系统进行信息交互。

(1) 系统功能及组织流程

① 功能结构

该系统是装配式住宅信息管理平台的基础环节,通过 RFID 技术的引入,使整个预制构件的生产规范化,也为整个管理体系搭建起基础的信息平台。根据实际生产的需要,规划系统的功能结构如图 7-49 所示。

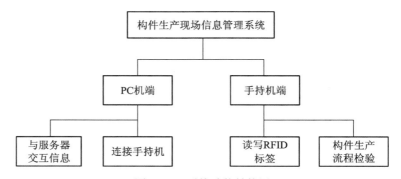

图 7-49 系统功能结构图

系统分为两个工作端,即手持机端和 PC 机端,其工作对象是预制构件的生产过程,通过与后台服务器的连接,初步构建整个体系的框架,为后续更加细致化的信息化管理手段打下基础。

手持机端主要完成两个工作:一是作为 RFID 读写器,完成对构件中预埋标签的读写工作;二是通过平台下的生产检验程序来控制构件生产的整个流程。

PC 机端通过自主开发的软件系统与读写器和服务器进行信息交互,也分两部分工作,一是按照生产需要从服务器端下载近期的生产计划并将生产计划导入到手持机中;二是在每日生产工作结束后将手持机中的生产信息上传到服务器。

② 系统组织流程

系统的组织流程如图 7-50 所示,上班前构件厂 PC 机链接系统服务器下载构件生产计划表,然后手持机链接 PC 机下载生产计划,生产过程中通过手持机对 RFID 芯片进行读写操作并作记录,下班后将构件生产信息储存到 PC 机,再通过网络上传到服务器中。

(2) 手持机工作流程设计

通过手持机系统检验构件的生产工序并对生产过程进行记录,保证生产流程的规范化。预制构件详细的生产流程如图 7-51 所示。根据生产流程设计手持机系统的应用流程。

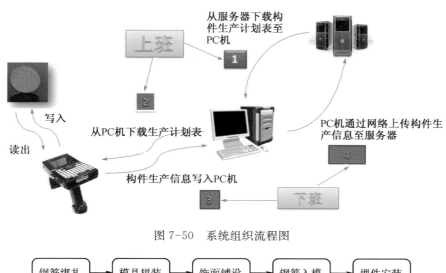

图 7-50 系统组织流程图

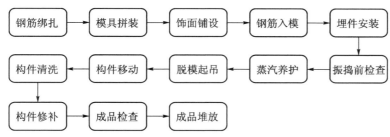

图 7-51 预制构件生产流程图

首先是手持机初始化工作,包括生产计划的更新,手持机的数据同步,质检员身份确认等过程。

钢筋绑扎是第一道工序,该工序完成后会将每个构件与对应的 RFID 芯片绑定。施工人员用手持机在生产车间扫描构件深化设计图纸上的条形码,正确识别后,进行钢筋绑扎的工作,绑扎完毕后由质检员进行钢筋绑扎质量的检查,当所有项目检查合格后扫描构件的 RFID 标签,完成在标签中写入构件编码、并写入工序信息,工序号、检查结果、施工人员编号、检查人员编号、完成时间等具体信息。具体流程见图 7-52。

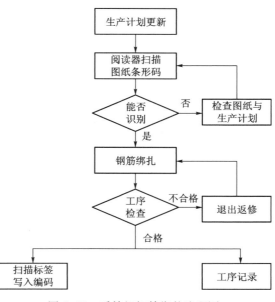

图 7-52 手持机钢筋绑扎流程图

构件生产过程每个工序必须进行检查和记录,如图 7-53 所示,某项特定工序完成后可通过扫描标签或扫描图纸条形码的方式进入系统相应的检查项目,按照系统界面进行相关操作,手持机系统会记录每个完成工序的信息,当天完工后,需将手持机记录的构件工序信息通过同步的方式上传到平台生产管理系统中。构件生产完成如果检查不合格,在根据相关的规定必须要报废的情况下,则质检员对该构件进行报废管理,构件的报废流程如图 7-54 所示。

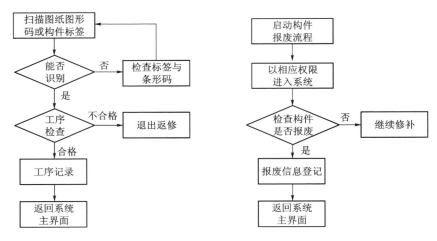

图 7-53 工序检查流程图　　　　图 7-54 构件报废流程图

构件生产检验合格后系统更新构件的信息并安排堆场存放。构件进场堆放时要登记检查,即用阅读器扫描构件标签,确认并记录构件入库时间,数据上传到系统后,系统会更新堆场构件信息。

4) 构件现场施工管理

构件现场施工管理模块主要包含基于 BIM 的施工方案验证、构件安装过程管理以及施工进度的远程管理。

(1) 基于 BIM 的施工计划验证

建筑施工是复杂的动态工作,它包括多道工序,其施工方法和组织程序存在多样性和多变性的特点,目前对施工方案的优化主要依赖施工经验,存在一定局限性。如何有效地表达施工过程中各种复杂关系,合理安排施工计划,实现施工过程的信息化、智能化、可视化管理,一直是待解决的关键问题。4D 施工仿真为解决这些问题提供了一种有效的途径。4D 仿真技术是在 3D 模型的基础上,附加时间因素(施工计划或实际进度信息),将施工过程以动态的 3D 方式表现出来,并能对整个形象变化过程进行优化和控制[7]。4D 施工仿真是一种基于 BIM 的技术手段,通过它来进行施工进度计划的模拟、验证及优化。

在这个项目中,首先用 Tekla 进行 4D 施工仿真模拟,Tekla 可以实现与 Microsoft Project 的无缝数据传递。在模型中导入 MS Project 编制完成的项目施工计划甘特图,将 3D 模型与施工计划相关联,将施工计划时间写入相应构件的属性中,这样就在 3D 模型基础上加入了时间因素,使其变成一个可模拟现场施工及吊装管理的 4D 模型。在 4D 模型中,可以输入任意一个日期去查看当天现场的施工情况,并能从模型中快速地统计当天和之前已经施工完成的工作量。

除了进行项目的 4D 模拟之外,还根据施工方案和 BIM 模型采用 Dassalt Delmia 软件中对项目进行动态的施工仿真模拟,在 Delmia 中赋予预制构件装配时间和装配路径,并建立流程、人和设备资源之间的关联,实现 PC 建筑的虚拟建造和施工进度的可视化模拟。

在 BIM 模型中针对不同 PC 预制率以及不同吊装方案进行模拟比较,实现未建先造,得到最优 PC 预制率设计方案及施工方案,如图 7-55—图 7-58 所示。

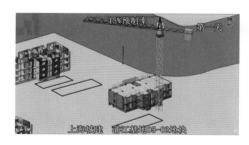
图 7-55　15％预制率

图 7-56　50％预制率

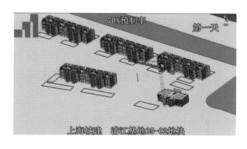
图 7-57　70％预制率

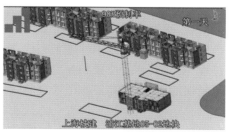
图 7-58　90％预制率

PC 建筑相比传统的现浇建筑,施工工序相对较复杂,每个构件吊装的过程是一个复杂的运动过程,通过在 BIM 模型中进行施工模拟,查找可能存在的构件运动中的干涉碰撞问题,提前发现并解决,避免可能导致的延误和停工。通过生成施工仿真模拟视频,实现全新的培训模式,项目施工前让各参与人员直观了解任何一个施工细节,减少人为失误,提高施工效率和质量,如图 7-59 所示。

（2）构件安装过程管理

施工方案确定后,将储存构件吊装位置及施工时序等信息的 BIM 模型导

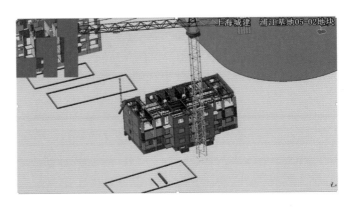

图 7-59   动态施工仿真

入到平板手持设备中,基于 3D 模型检验施工计划,实现施工吊装的无纸化和

可视化辅助,如图 7-60 所示。构件吊装前必须进行检验确认,手持机更新当日施工计划后对工地堆场的构件进行扫描,在正确识别构件信息后进行吊装,并记录构件施工时间,流程见图 7-61。构件安装就位后,检查员负责校核吊装构件的位置及其他施工细节,检查合格后,通过现场手持机扫

图 7-60   通过 PAD 对构件安装进行管理

描构件芯片,确认该构件施工完成,同时记录构件完工时间。所有构件的组装过程、实际安装的位置和施工时间都记录在系统中,以便检查。这种方式减少了错误的发生,提高了施工管理的效率。

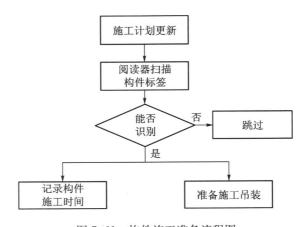

图 7-61   构件施工准备流程图

（3）施工进度远程监控

当日施工完毕后，手持机将记录的构件施工信息上传到系统中，可通过WEB 远程访问，了解和查询工程进度，系统将施工进度通过 3D 的方式动态显示。深色的构件表示已经安装完成，红色的构件表示正在吊装的构件（图7-62）。

图 7-62 远程施工进度监控界面

7.2.4 小结

随着国家对建筑信息化技术的推动，BIM 技术在建筑中的应用将越来广，本章以预制装配式住宅作为试点，建立了 BIM 结构模型并完成了 BIM 技术在预制建筑深化设计中的应用研究，基于 BIM 技术构建了预制建筑建造信息管理平台，研究制定了构件编码规则并结合 RFID 技术对预制构件进行动态管理，尝试了 BIM 技术在预制装配式建筑在设计、生产及施工全过程管理中的应用。主要成果有三个方面：

（1）整合运用 AutoDesk Revit，Tekla Structures，Dassault Delmia 等BIM 软件，通过 IFC 格式实现各软件间的数据交换，发挥各软件的应用优势，提高各阶段 BIM 的应用效率。

（2）通过 BIM 技术实现在预制建筑深化设计全过程的应用，建立参数化的配筋节点，提高配筋效率；基于 BIM 模型进行碰撞检测，减少错误，而且设计团队基于可视化的 3D 模型进行沟通协调，也能提升团队设计效率；最终通过 BIM 软件智能出图，提高出图效率。

（3）通过搭建基于 BIM 的预制建筑信息管理平台，整合预制建筑工程产业链，实现 PC 建筑从深化设计、到构件生产直至现场施工全过程的建造生命周期管理,实现预制构件生产、安装的信息智能、动态管理,提高施工管理效率。

本章对 BIM 技术在预制装配式建筑中的应用作了比较全面的研究,具有较好的参考价值,但目前 BIM 技术的应用和研究仍处于起步阶段,在标准、流程、软件、政策等方面还需要进一步研究完善甚至改变。目前国内缺乏系统化的、可实施操作的 BIM 标准,这些标准包括数据交换标准、存储标准、交付标准、分类和编码标准、应用标准等。除了标准以外,BIM 的发展还面临着许多问题,包括法律法规、建筑业现存的商业模式、BIM 工具等。尽管有这些问题,但 BIM 代表着先进的生产力,在建筑业进行全生命周期的 BIM 应用将是未来的发展方向。

参 考 文 献

[1] 黄小坤,田春雨. 预制装配式混凝土结构研究[J]. 住宅产业,2010,(9):28-32.

[2] 薛伟辰. 预制混凝土框架结构体系研究与应用进展[J]. 工业建筑,2002,32(11):47-50.

[3] 刘爽. 建筑信息模型(BIM)技术的应用[J]. 建筑学报,2008(2):100-101.

[4] Succar B. Building information modeling framework: a research and delivery foundation for industry stakeholders [J]. Automation in Construction, 2009, 18 (3): 357-375.

[5] 丁士昭. 建设工程信息化导论[M]. 北京:中国建筑工业出版社,2005.

[6] Vanlande R, Nicolle C, Cruz C. IFC and building lifecycle management [J]. Automation in Construction, 2008, 18(1): 70-78.

[7] Wang H J, Zhang J P, Chau K W, et al. 4D dynamic management for construction planning and resource utilization [J]. Automation in Construction, 2004, 13(5): 575-589.

[8] 葛清,赵斌,何波. BIM 第一维度——项目不同阶段的 BIM 应用[M].北京:中国建筑工业出版社,2013.

[9] 吴颖华,徐蓉. 政府投资项目代建制模式探究[J]. 中外建筑,2012(2):90-91.

[10] 贺玉德,刘军. 我国政府投资项目代建制存在的问题及成因分析[J]. 石家庄铁路职业技术学院学报,2011,10(1):86-90.

[11] 刘萌. 关于工程项目中 EPC 模式的探讨[J]. 科技致富向导,2011(11):26-27.

[12] 清华大学 BIM 课题组. 中国建筑信息模型标准框架研究[M].北京:中国建筑工业出版社,2012.

[13] 刘照球,李云贵. 建筑信息模型的发展及其在设计中的应用[J]. 建筑科学,2009,25(1):96-99.

[14] 何关培,李刚. 那个叫 BIM 的东西究竟是什么[M]. 北京:中国建筑工业出版社,2011.

[15] 何关培,王轶群,应宇垦. BIM 总论[M]. 北京:中国建筑工业出版社,2011.

[16] 葛文兰,于晓明,何波. BIM 第 2D 度——项目不同参与方的 BIM 应用[M].北京:中国建筑工业出版社,2011.

BIM

附录 A buildingSMART 简介

介绍 buildingSMART 必须从它的前身——国际协作联盟（International Alliance for Interoperability，IAI）说起。

A.1 International Alliance for Interoperability

IAI 的成立可追溯到 1994 年 8 月，当时美国 12 个不同公司的人员为了探索不同的建筑工程软件在一起工作的可能性而聚集在一起研讨。此后他们共同努力，攻克了其中的关键问题，在一年后一个会议上展示了他们的研究成果。这项成果引起很多与会者的兴趣，并吸引了更多的组织和人员加入来一起研究，在研究过程中，他们迫切感到实现软件之间互用性的重要性，因此促成了 IAI 于 1995 年 10 月在北美成立。IAI 的会员包括建筑业的方方面面，有科研院所、学术团体、标准协会、设计事务所、工程公司、软件开发商等，其会员资格对外开放。

IAI 声称它是一个非赢利、公私营机构合作的组织。联盟建立的目的是为全球建筑工程项目合作者应用的各式各样的工程软件之间创建数据交换的体系结构和标准。IAI 成立伊始，就着眼于在建筑工程全生命周期中信息交换、生产率、工期、成本和质量的改善，有步骤地为改进建筑业的信息共享提供一个共同的基础，积极为全球建筑业制订信息交换标准。

IAI 的宗旨迅即得到其他国家同行的认可,很快在 1995 年 12 月就成立了德语分会,1996 年 1 月成立了英国分会,第一届 IAI 的国际会议 1996 年在英国伦敦举行。其后北欧分会、澳新分会等相继成立,到 2005 年,IAI 在全球已有包括中国分会在内的 13 个分会。而 IAI 原来在北美始创的部分则改称为 IAI 北美分会(IAI- NA)。

IAI 的相关工作也随即展开。他们的工作很有成效,在 1997 年就颁布了建筑产品数据交换标准 IFC (Industry Foundation Classes,工业基础类)的第一个版本 IFC 1.0,1999 年发布了 IFC 2.0,随后又发布了多个版本。到了 21 世纪,随着 BIM 技术的迅速发展,IFC 已经成为建筑产品数据交换的国际标准,成了 BIM 应用不可或缺的主要技术。IAI 进行的有关 IFC 的一系列工作,为 BIM 的推广提供了技术支持。

除了致力于制定 IFC 标准外,IAI 还同时研究制定 ifcXML。ifcXML 是基于 XML (Extensible Markup Language,可扩展标记语言)开发出来的一种适用于表达 IFC 标准的 XML。有了 ifcXML,基于 IFC 标准的建筑业专用符号就很容易在因特网上传输。

A. 2 buildingSMART International

IAI 的工作卓有成效,影响日渐扩大,但由于它的名字长而复杂且比较费解,在 2006 年 IAI 执行委员会的会议上,决定把 IAI 的名字改为 buildingSMART International (bSI),一般就简称为 buildingSMART,原来的 IAI 的成员也就自然地成为 buildingSMART 的成员。他们认为,新词"buildingSMART"能更好地反映这个机构的宗旨。

bSI 在它的网页上向全世界宣告:它是一个中立的、国际的和独一无二的非营利组织,它通过开放 BIM 支持建筑工程的全生命周期[①]。bSI 的工作就是要提供真正的互用性,推动 BIM 的发展。目前,bSI 联合会已经发展成为一个全球性国际组织,其地区分会也进行了调整,目前全球共有欧洲、北美、大洋洲、亚洲和中东 5 个地区分会,共有 35 个国家参与其中。

bSI 委员会的最高领导机构是国际理事会(International Council),下面设执行委员会(Executive Committee),是 bSI 主要的执行机构,负责事务管理、市场营销、教育、产品管理等工作。执行委员会下面设有两个委员会,分别是国际技术管理委员会(International Technical Management Committee,

---

① 原文为:A neutral, international and unique non for profit organisation supporting open BIM through the life cycle. http://www. buildingsmart. org/organization。

ITM)和国际用户组(International User Group，IUG)，他们分别在管理相应的工作(图 A-1)。

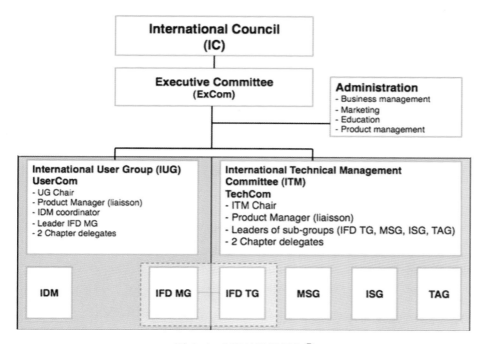

图 A-1　bSI 的组织架构①

buildingSMART 继续致力于完善 IFC 标准的工作，IFC4 正式版于 2013 年 3 月发布，正是其持之以恒努力的结果。除此之外，buildingSMART 还同时展开研究制订 IFD 和 IDM 的工作，它们和 IFC 一道构成了建筑信息交换的三项核心技术。

开放 BIM(Open BIM)是 buildingSMART 积极提倡的。开放 BIM 是基于开放的标准和透明的工作流程的一种工作模式，也是关于建筑物从协同设计、建成，到运营的一种通常的做法。开放 BIM 是 buildingSMART 和几个领先的软件厂商应用开放的 buildingSMART 数据模型始创的。

为了保证各工程软件开发商的软件产品能够无缝地与其他开放 BIM 解决方案链接，buildingSMART 还有一项很重要的工作就是对建筑工程软件开展的 IFC 认证工作。世界各大工程软件开发商如 Autodesk，Bentley，Graphisoft，Gehry Technologies，Tekla ……都把它们开发的软件送到 bSI 来认证。

---

①　IDM 即 International Framework for Dictionaries（国际字典框架）；IFD 即 Information Delivery Manual（信息传递手册）；IFD MG 即 IFD 的 Management Group（管理组）；IFD TG 即 IFD 的 Technical Group（技术组）；MSG 即 Model Support Group（模型支持组）；ISG 即 Implementation Support Group（实施支持组）；TAG 即 Technical Advisory Group（技术咨询组）。

此外，buildingSMART 还积极举行各种国际交流活动，以拉近软件开发商与用户之间的距离，促进 BIM 技术研发创新的步伐。

buildingSMART 也很注重 BIM 学术研究的交流与发展，buildingSMART 主办的第一届 BIM 国际会议于 2013 年 6 月 20—21 日在葡萄牙的波尔图召开。会议对 BIM 在全球的推广、应用起到了积极的作用。

buildingSMART 中国分部成立大会于 2013 年 9 月 24 日在北京召开，buildingSMART 中国分部挂靠在中国建筑标准设计研究院。从此，我国和 buildingSMART 的合作进入了新的阶段。

A.3 buildingSMART alliance

buildingSMART alliance（bSa）是美国国家建筑科学研究院（National Institute of Building Science，NIBS）下属的一个专门负责推广应用建筑数字技术的机构。

如前所述，原来的 IAI 的始创于美国，在全球各地都成立起 IAI 的分会后，IAI 原来在北美始创的部分则改称为 IAI 北美分会（IAI-NA）。

在 2006 年，IAI 更名为 buildingSMART International。到了 2007 年初，NIBS 决定，为了更好地推动建筑数字技术的应用，以现有的资源组建一个新的机构 buildingSMART alliance。新成立的 buildingSMART alliance 包括 NIBS 原来下属的 IAI-NA、设施信息委员会（Facilities Information Council）、美国国家 BIM 标准项目委员会（U. S. National Building Information Model Standard Project Committee）、美国国家 CAD 标准项目委员会（U. S. National CAD Standard Project Committee）。另外，诸如 NIBS 下属的设施维护与运营委员会（Facility Maintenance and Operations Committee）的施工运营信息交换（Construction Operations Building Information Exchange，COBIE）项目的启动、与美国总承包商协会（Associated General Contractors of America）合作的项目 AGCxml 等一些项目也明确由 bSa 管理。

这样，bSa 就成为了 NIBS 一个专门负责在建筑业中推广应用先进的建筑数字技术的机构，其中最重要的工作之一就是对 BIM 应用的宣传推广，包括对 BIM 标准的修订。同时，bSa 也是 buildingSMART 美国分部。

bSa 每年出版两期有关 BIM 的期刊 *Journal of Building Information Modeling*，分别在春季和秋季出版（图 A-2）。期刊的下载网址是：http://www.wbdg.org/references/jbim.php.

图 A-2　bSa 出版的期刊 *Journal of Building Information Modeling*2012 年秋季号的封面

参 考 文 献

［1］李建成,卫兆骥,王诂. 数字化建筑设计概论［M］.北京:中国建筑工业出版社,2007.

［2］bSI. About building SMART［EB/OL］.［2013－05－16］. http://www. building-smart. org/organization/.

［3］bSa. About the building SMART alliance ［EB/OL］.［2013－05－16］. http://www. buildingsmartalliance. org/index. php/about/.

附录 B   NBIMS-US 简介

NBIMS-US 是 National Building Information Modeling Standard-United States(美国国家 BIM 标准)的缩写。早在 2005 年,美国国家建筑科学研究院 (National Institute of Building Science,NIBS) 就成立了美国国家 BIM 标准项目委员会 (National Building Information Model Standard Project Committee-United States),展开 NBIMS-US 的研究和编制工作。该委员会的成员来自建筑业及相关行业的各个方面,既有从事建筑设计、建筑施工的专业人员,也有来自高校、科研机构的专家,还有来自软件公司、政府机构的人员,总人数超过 200 人。委员会成立的时候,它是由 NIBS 下属的设施信息委员会(Facilities Information Council,FIC)来管理的。在 2007 年 1 月,NIBS 将下属的 FIC 等几个机构合并组建成一个新的专业委员会(buildingSMART alliance,bSa),此后 BIM 标准项目委员会就改由 bSa 管理。

B. 1   NBIMS-US V1

NBIMS-US 的第一个版本于 2007 年底发布,发布时其全称为《美国国家 BIM 标准第一版第一部分:概述、原理与方法》(National Building Information Modeling Standard, Version 1 – Part 1:Overview, Principles, and Methodologies,NBIMS-US V1)(图 B-1)。有趣的是,直到第二版发布时,第一版已发布的内容依然只有第一部分。

NBIMS-US V1 一共有 5 章、3 个附录。前两章是对标准的概要介绍,第三章介绍信息交换的概念,第四章介绍信息交换的内容,第五章介绍国家

图 B-1　NBIMS-US V1 的封面

BIM 标准开发流程。三个附录分别是：IFC, OmniClass 和 IFD。[1]

　　该标准封面的标题下有这么一段文字："通过开放和可交互操作的信息交换改变建筑供应链。"也许这正是 NBIMS-US 想实现的目标。该标准提供了数据的组织和分类手段，以促进建筑物整个生命周期各个阶段以及不同专业之间信息的交换，从而促进包括业主、设计方、施工承包商、分包商、材料供货商……项目各参与方之间的沟通。NBIMS 是一个完整的 BIM 指导性和规范性的标准，它规定了基于 IFC 标准的 BIM 模型在不同行业之间信息交互操作的要求，实现信息化促进建筑市场发展的目的。

　　NBIMS-US V1 的发布，是国际上第一个 BIM 的国家标准，因而在国际上对其他国家产生了很大的影响，也推动了 BIM 的普及与推广。

B. 2　NBIMS-US V2

　　从一开始起，bSa 就把 NBIMS-US 定位为一个充满活力的、渐进发展的文件，把 NBIMS-US 的制订作为一个持续发展的进程，与时共进，不断完善。

---

　　[1]　IFC, OmniClass 和 IFD 参看本书第 3 章。

第一版发布后的几年时间里,BIM 应用得到了很大的发展,在实践中取得了很多宝贵的经验。与此同时,包括信息交换在内的许多国际标准都有了新的发展。随着 BIM 影响力的扩大,NIBS 积极与多个专业组织进行合作,意在促进 NBIMS-US 具有更大的适应性。从 2010 年开始,bSa 就展开了 NBIMS-US 第二版的修订工作。

修订第二版的目的是进一步鼓励建筑业界人员,包括建筑师、各专业工程师、承包商、业主、运营商等所有成员,也就是所谓的 AECOO① 都能真正在建设工程项目全生命周期中应用 BIM 进行生产实践,让项目各参与方的人员都可以在开放的、共享的、标准的环境下工作。

第二版的修订工作是根据 ISO/IEC② 共同制定的 *ISO/IEC Directives-Part 2：Rules for the structure and drafting of International Standards*(ISO/IEC 导则—第 2 部分:国际标准的结构和起草规则)进行的。bSa 希望,他们制定的 NBIMS-US 将来能够发展成为国际标准。经过 BIM 标准项目委员会的努力,2012 年 5 月,NBIMS-US V2(图 B-2)正式公布,与第一版的发布时间相隔了 5 年。

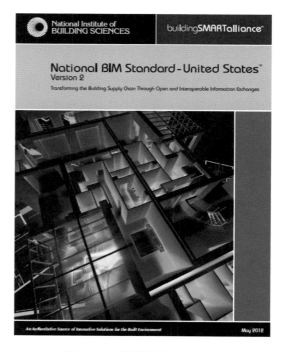

图 B-2 NBIMS-US V2 的封面

---

① AECOO 是 architect，engineer，contractor，owner，and operator 的缩写。

② ISO 是 International Organization for Standardization(国际标准化组织)的缩写；IEC 是 International Electrotechnical Commission(国际电工委员会)的缩写。

与第一版相比,第二版有重大的变动,并做了大量的补充。第二版根据 ISO/IEC 的导则,对新版的架构进行重组。原来第一版附录 A 的 IFC,附录 B 的 CSI OmniClass,附录 C 的 IFD 都被放到第二版正文各章中,而第一版正文 的所有内容都变成第二版的附录 B。具体来说,第二版正文共 5 章,另有两个 附录。第一章讲的是标准适用范围;第二章是参考标准,其中用大量的篇幅引 用了 OmniClass 信息分类法和其他的一些;第三章是术语与定义;第四章是 信息交换标准;第五章是实践文档。附录 A 是 BIM 标准项目委员会的管理 规则;附录 B 则是第一版正文的所有内容。由于建筑信息的分类非常复杂, NBIMS-US V2 仍然有些问题尚待解决,但与第一版相比,其更接近具备实 用性。

需要指出的是,bSa 将 NBIMS-US 视为一个持续进化与成长的标准,目 前 NBIMS-US V3 的项目已经启动,标准条文正在紧锣密鼓地编制之中,最终 内容包括参考标准、信息交互、实践文件以及定义表四部分。可以相信, NBIMS-US V3 的颁布将会有力地推动 BIM 的发展。

参 考 文 献

[1] NIBS. National BIM Standard-United States [S/OL]. [2013-05-13]. http://www. buildingsmartalliance. org/index. php/nbims/.

[2] 筑龙网. 推动国际建筑标准交流　促进 BIM 国家战略升级——APEC 会议政府专 家与标准院联合召开 BIM 研讨沙龙[EB/ OL][2014-08-15]. http://news. zhulong. com/read/detail193067-1. html.